ArcGIS Python
编程基础与应用

芮小平　张彦敏　编著

電子工業出版社
Publishing House of Electronics Industry
北京 • BEIJING

内 容 简 介

Python 是目前最热门的开发语言之一，ESRI 公司已经将 Python 作为 ArcGIS 产品的主要二次开发语言。在 ArcGIS 开发中使用 Python 语言，既可以高效地调取 ArcGIS 地理数据处理的功能，又可以便捷地使用众多 Python 的开源资源。本书结合大量地理实际应用代码和数据，重点介绍了 Python 的基础知识、ArcGIS 中 Python 的使用方法、地图文档和图层的访问与管理、空间数据访问与操作、矢量数据和栅格数据分析、地图制图、自定义工具、插件制作等内容。

本书可供地理学、生态学等相关专业从事地理数据处理的人员学习使用，从而快速掌握 ArcGIS Python 编程方法。

图书在版编目（CIP）数据

ArcGIS Python 编程基础与应用/芮小平，张彦敏编著. —北京：电子工业出版社，2021.5
ISBN 978-7-121-40980-6

Ⅰ. ①A… Ⅱ. ①芮… ②张… Ⅲ. ①地理信息系统－应用软件－软件开发 Ⅳ. ①P208

中国版本图书馆 CIP 数据核字（2021）第 068383 号

审图号：GS（2020）1410 号

责任编辑：徐蕾薇 文字编辑：崔 彤
印 刷：涿州市般润文化传播有限公司
装 订：涿州市般润文化传播有限公司
出版发行：电子工业出版社
北京市海淀区万寿路 173 信箱 邮编：100036
开 本：787×1092 1/16 印张：16.75 字数：348 千字
版 次：2021 年 5 月第 1 版
印 次：2024 年 12 月第 7 次印刷
定 价：89.00 元

凡所购买电子工业出版社图书有缺损问题，请向购买书店调换。若书店售缺，请与本社发行部联系，联系及邮购电话：（010）88254888，88258888。

质量投诉请发邮件至 zlts@phei.com.cn，盗版侵权举报请发邮件至 dbqq@phei.com.cn。

本书咨询联系方式：（010）88254438，xuqw@phei.com.cn。

前　　言

Python 作为一种高级程序设计语言，凭借其简洁易读及可扩展性强的特点日渐成为程序设计领域备受推崇的语言。使用 Python 作为 ArcGIS 的脚本语言将大大提升 ArcGIS 数据处理的效率，更好地实现 ArcGIS 内部的任务自动化。

本书是一本 ArcGIS Python 编程的工具书，以基础理论结合 GIS 开发实例的方式，详细介绍了 Python 在 ArcGIS 开发中的基本应用和相关技巧。本书共分 7 章，第 1 章由张彦敏完成，第 2 章~第 7 章由芮小平完成。

第 1 章介绍 Python 的发展历史、特点，以及 Python 语言编程的基础知识。

第 2 章介绍 ArcPy 编写地学数据处理程序的相关内容。

第 3 章介绍使用 ArcPy 对地图文档和图层进行管理的方法。

第 4 章在介绍 ArcPy 中游标的定义和使用的基础上，重点介绍属性字段的访问，空间数据的查询，二进制数据的操作，基于属性条件和空间位置关系的数据查询。

第 5 章介绍矢量数据中属性数据操作、几何数据操作、矢量数据的专题图与符号设置、栅格数据操作、栅格数据专题图、空间数据的地图打印输出。

第 6 章介绍使用 ArcPy 对矢量数据和栅格数据进行空间分析的常用方法、Arctoolbox 工具的定义和调用方法、基于 ModelBuilder 建模的 ArcPy 使用方法。

第 7 章介绍 Add-In 的基本类型和组成、Python Add-In 插件的制作方法、安装和共享插件、管理 Add-In、插件编程方法及实例等内容。

本书是作者根据多年的教学与科研经验总结而成的，所有示例和相关数据均已在网上共享，以便读者快速入门。本书可供地理学、生态学等相关人员学习使用，从而快速掌握 ArcGIS Python 编程方法。

本书由国家重点研发计划项目（2017YFB0503702）、国家自然科学基金（41771478）和中央高校基本科研业务费专项资金（2019B02514）资助出版。

目录 CONTENTS

第 1 章　Python 基础

1.1　Python 发展历史及特点

1.1.1　Python 发展历史

Python 是由 Guido van Rossum 于 20 世纪 80 年代末 90 年代初，在荷兰国家数学和计算机科学研究所设计出来的。Python 本身也是由诸多其他语言发展而来的，包括 ABC、Modula-3、C、C++、Algol-68、SmallTalk、UNIX Shell 和其他的脚本语言等。像 Perl 语言一样，Python 源代码同样遵循 GPL（GNU General Public License）协议。现在 Python 由一个核心开发团队在维护，Guido van Rossum 仍然占据着至关重要的地位，指导 Python 的进展。

Python 是一种具有解释性、编译性、互动性且面向对象的高层次脚本语言。Python 编写的程序具有很强的可读性。相比其他语言经常使用英文关键字和标点符号，Python 的语法结构更有特色。

近几年使用 Python 进行开发的人数大大增加，Python 已经成为目前最为流行的开发语言之一。表 1.1 给出了 2019 年 11 月 TIOBE 排行榜前五名的编程语言。Python 已经稳居 TIOBE 排行榜最流行的编程语言前五名。

表 1.1　2019 年 11 月 TIOBE 排行榜前五名的编程语言

2019 年 11 月排名	2018 年 11 月排名	编程语言	比　例	变　化
1	1	Java	16.25%	−0.50%
2	2	C	16.04%	1.64%
3	4	Python	9.84%	2.16%
4	3	C++	5.61%	−2.68%
5	6	C#	4.32%	0.36%

1.1.2　Python 特点

Python 作为一门开发语言，具有以下特征。

（1）Python 是一种解释型语言：这意味着开发过程中没有了编译这个环节，类似于PHP 和 Perl 语言。

（2）Python 是交互式语言：可以在 Python 的提示符后面直接互动执行程序。

（3）Python 是面向对象语言：Python 是支持面向对象的编程语言，可以将代码封装在类里。

（4）Python 是初学者的语言：Python 对初级程序员而言，是一种伟大的语言，它支持广泛的应用程序开发，如从简单的文字处理到浏览器和游戏开发设计。

Python 语言之所以吸引了大量用户，是因为它具有众多的优点，主要如下：

（1）易于学习：Python 有相对较少的关键字和一个明确定义的语法，结构简单，学习起来更加容易。

（2）易于阅读：Python 代码定义得更清晰。

（3）易于维护：Python 的源代码是相当容易维护的。

（4）拥有丰富的跨平台库：Python 最大的优势之一是拥有丰富的跨平台库，在 UNIX，Windows 和 Macintosh 上兼容得都很好。

（5）支持互动模式：Python 支持互动模式，使用者可以从终端输入执行代码并获得结果。

（6）可移植：基于其开放源代码的特性，Python 已经被移植到许多平台。

（7）可扩展：使用者如果需要一段运行很快的关键代码，或者想要编写一些不愿开放的算法，可以使用 C 或 C++完成那部分程序，然后从 Python 程序中调用。

（8）提供数据库接口：Python 提供所有主要的商业数据库接口。

（9）支持图形界面编程：Python 支持图形界面编程，且 Python 开发的程序可以被许多系统调用。

（10）可嵌入：Python 可以被嵌入 C/C++程序，让程序的用户获得“脚本化”的能力。

1.2 Python 语言基础

1.2.1 入门概念

我们虽然可以使用 ArcGIS 的 Python 脚本编写地学数据处理代码，但是仍然需要学习基本的 Python 语法。Python 是一种比较简单的编程语言。

本节介绍 Python 基本的语法，用户能够初步掌握变量的定义与赋值。使用不同的语句、对象、读写数据文件及导入第三方的 Python 代码，就可以尝试在 ArcGIS 中用 Python 编写代码来处理地学数据了。

每种编程语言都有一系列规则，描述在那种语言中什么样的字符串被认为是有效程序。这些规则定义了语法。Python 语言也不例外，其也是通过自身的语法定义的一种编程语言。下面介绍 Python 的语法基础。

1. 标识符

字母、数字、下画线组成了 Python 的标识符。在 Python 中，所有标识符可以以英文、下画线开头，但是不能以数字开头；Python 的标识符区分字母大小写；以下画线开头的标识符是有特殊含义的，如以单下画线开头的变量（_abc）表示不能直接访问的类属性，需要通过类提供的接口进行访问，不能用 from *** import *导入；以双下画线开头的变量（_ _abc）表示类的私有成员；以下画线开头并以下画线结尾的变量（_abc_）表示 Python 中特殊用法的专用标识，如“_init_()”标识类的构造函数。

2. 注释代码

Python 脚本语言具有通用的代码结构。脚本开始时，应说明代码的编写人员姓名、代码的功能描述，代码编写日期和修改日志等基本信息，便于代码的阅读。此外，在代码编写过程中通常可以使用注释的方式来对程序功能、思路等进行描述。多写注释是一种良好的编程风格。

可以用#或##开头的语句表示注释。注释符号后的任何内容都不会被编译执行。

3. 导入模板

Python 除语言内置的一些函数外，最大的特点就是可以调用外部模块的函数功能。比如，可以通过 math 模块进行数值计算，可以通过 R 模块进行数理统计方面的计算。网络上有大量的模块资源，用户可以根据需要进行调用，这是使用 Python 最大的优点之一。

模块通过 import 语句导入，如用户要使用 ArcGIS 提供的地学数据处理模块，必须首先导入 ArcPy 模块。可以在程序的第一行添加导入该模块的语句（一般写在整个程序注释说明的后面），如下：

```
import ArcPy
```

1.2.2　变量、函数和类的定义使用

1. 变量的定义

在创建变量时，变量名必须符合以下规则：

（1）变量名中可以有数字、字母和下画线；

（2）变量名的第一个字符必须是字母；

（3）除下画线外，变量名中不允许出现其他特殊字符；

（4）变量名不能和 Python 语言自带的关键词相同。

Python 语言自带的关键词常见的有 class、if、for、while 等。

下面是几个命名合法的变量名：

- ✓ featureClassParcel
- ✓ filedPopulation
- ✓ filed2
- ✓ my_name

下面是几个命名不合法的变量名：

- ✓ class（Python 关键词）
- ✓ return（Python 关键词）
- ✓ $featureClass（非法字符、没有以字母开头）
- ✓ 2fileds（没有以字母开头）
- ✓ parcels&class（非法字符）

需要注意的是，Python 语言属于 C 语言系列，它是一种对大小写敏感的编程语言。使用 Python 语言编程时，变量的名字必须一致，比较常用的策略是采用驼峰型的变量，也就是第一个字符采用小写，变量后续中有独立词义的第一字母取大写。下面是一个例子：

```
filedOwnerName
```

2. 变量的类型

在 Python 语言中，变量是动态生成的，所谓动态生成是指在编程时可以定义一个变量并给它赋值，而不需要先定义该变量的类型。变量主要包括简单的数据类型和复杂的数据类型。简单的数据类型有字符串型（string）、数值型（number）等；复杂的数据类型有列表型（list）、元组型（tuple）、字典型（dictionary）和对象型（object）等。

在其他语言中，通常在使用变量时必须首先定义变量的名称和类型。但是在 Python 语言中却不需要这样做。Python 中的变量不需要声明，变量的赋值操作就是变量声明和定义的过程。每个变量在内存中被创建，包括变量的标识、名称和数据等信息。在使用前必须对每个变量赋值，变量赋值以后该变量才会被创建。

等号运算符（=）用来给变量赋值。等号运算符左边是变量名，右边是存储在变量中的值，如下：

```
counter = 100 # 赋值整型变量
```

下面详细介绍 Python 的数据类型。

1）简单的数据类型

Python 有很多简单的数据类型。字符串型数据有很多操作功能，在编程时使用也非常广泛，因此首先介绍字符串数据类型。

✓ 字符串型（string）

字符串是字符按照一定顺序排列的集合，主要用于存储和表达文本信息。字符串型数据在赋值时由一对单引号或双引号表示。在地理信息系统（Geographic Information System，GIS）中，字符串型数据常用来表示地址名称、对象名称、where 子句的条件或其他可用文本表示的信息。

Python 语言对字符串型数据有很多操作方式。字符串连接是用得最多的操作方式之一，可以使用“+”操作符实现两个字符串的连接，连接后产生一个新的字符串，如下：

```
shpStreets = "c:\\GISData\\Streets" + ".shp"
print shpStreets
```

运行这段代码后，会得到以下结果：

```
>>> c:\GISData\Streets.shp
```

字符串是否相等可用“==”算子判断。这里一定要注意，不要把两个变量是否相同的判断算子和赋值算子混淆，给变量赋值使用一个等号，而判断两个变量是否相同使用两个等号。

```
firstName = "Eric"
lastName = "Jerry"
print firstName == lastName
```

运行这段代码后，结果如下：

```
>>> False
```

字符串能够用 in 算子测试包含关系，如果第一个字符串包含在第二个字符串里，则返回 True，如下：

```
fcName = "FloodPlain.shp"
print ".shp" in fcName
```

运行这段代码后，结果如下：

```
>>> True
```

还可以通过索引（indexing）取到字符串里的每一个字符，或者通过截取（slicing）取到一个子字符串。字符可以通过“[]”下标取到。例如，想取到上面 fcName 中的第一个字符，可以使用 fcName[0]获得，这里的索引号可以使用负数，表示从字符串的最后一个字符向前提取。需要注意的是，字符串中的最后一个字符如果要用负数提取，下标为“-1”，如上面的例子，提取 fcName 字符串中最后一个字符可以用 fcName[-1]来实现。下面举几个字符串提取的例子。

```
fcName = "FloodPlain.shp"
print fcName[0]
print fcName[10]
print fcName[13]
```

这里的索引号，下标是从 0 开始的，这要和 VB 等语言区别。进一步提取字符串的方法和上面类似，不过要给出偏移字符的数量，如下：

```
fcName = "FloodPlain.shp"
print fcName[0:10]
```

运行这段代码后，结果如下：

```
>>> FloodPlain
```

字符串操作还有很多算子，如求字符串的长度、大小写转换、删除空格符号、从某个字符串中查找特定字符、替换字符、分割字符及格式化字符输出等，读者可以自行查阅相关的资料。

在使用 Python 处理 ArcGIS 地学数据时，经常需要访问存储在本地或者服务器上的文件。通常使用一个字符串来存储这个文件全名。Python 将反斜杠“\”用作转义字符。例如，“\n”表示换行符，“\t”表示制表符。在 Python 语言中反斜杠字符用于表示 escape 字符和续行字符，因此要表示文件路径时，必须采用双反斜杠（而不是一条）或一个正斜杠“/”或一个反斜杠前加一个 r 来表示，才能避免语法错误。下面给出几个例子。

非法的路径变量赋值：

```
fcParcels = "c:\Data\Parcels.shp"
```

合法的路径变量赋值：

```
fcParcels = " E:/chinamap/国家.shp"
fcParcels = " E:\\chinamap\\国家.shp"
fcParcels = r" E:\chinamap\国家.shp"
```

✓ 数值型（number）

Python 数值型主要支持 int、long、float 和复杂的数据。数值型数据赋值方法和上面类似，只是不需要单引号或者双引号，并且赋的值必须是个数字。

Python 支持数值的基本操作，如加、减、乘、除等。内置的数值方法只提供了对数值的基本运算功能，如果想用更加复杂的运算，如绝对值、三角函数、对数、指数等，可以通过 math 模块完成，math 模块中有很多数值计算函数。当然，使用 math 模块时，必须在程序前面首先导入 math 模块，语句如下：

```
import math
```

可以通过 dir 命令查看 math 库中的函数，方法如下：

```
>>> dir(math)
```

运行后结果如下：

```
['__doc__', '__name__', '__package__', 'acos', 'acosh', 'asin',
'asinh', 'atan', 'atan2', 'atanh', 'ceil', 'copysign', 'cos', 'cosh', 'degrees',
'e', 'erf', 'erfc', 'exp', 'expm1', 'fabs', 'factorial', 'floor', 'fmod',
'frexp', 'fsum', 'gamma', 'hypot', 'isinf', 'isnan', 'ldexp', 'lgamma', 'log',
'log10', 'log1p', 'modf', 'pi', 'pow', 'radians', 'sin', 'sinh', 'sqrt', 'tan',
'tanh', 'trunc']
```

dir(module)是一个非常有用的命令，可以通过它查看任何模块中所包含的工具。在 math 模块中，可以计算 sin(a)、cos(a)、sqrt(a)等各种常见的数值。

这些计算的方式我们称为函数。模块 math 中提供了各种计算函数，如计算乘方，可以使用 pow 函数。但是这些函数怎么用呢？Python 提供了 help 命令，可供使用者查看每个函数的使用方法。如要想查看 pow 函数的用法，可以输入以下命令：

```
>>> help(math.pow)
```

输出结果如下：

```
Help on built-in function pow in module math:

pow(...)
    pow(x, y)

    Return x**y (x to the power of y).
```

第一行意思是说，这里是 math 模块的内建函数 pow 的帮助信息（built-in 称为内置函数，代表这个函数是 Python 默认就有的）。第三行表示这个函数的参数有两个，也是函数的调用方式。第四行是对函数的说明，返回“x**y”的结果，并且在后面解释了“x**y”的含义。读者可以使用这个命令查看不同函数的用法。

2）复杂的数据类型

序列是 Python 中最基本的数据结构。序列中的每个元素都分配有一个数字，即它的位置或索引，第一个索引是“0”，第二个索引是“1”，以此类推。序列的顺序也可以反过来，反过来最后一个索引是“-1”，倒数第二个索引是“-2”，以此类推。Python 有 6 个序列的内置类型，但最常用的是列表型和元组型。

✓ 列表型（list）

列表是最常用的 Python 数据类型，列表的命名规则就是一个方括号“[]”，数据项以方括号内的逗号分隔出现。列表的数据项不需要具有相同的类型。创建一个列表，只要把逗号分隔的不同的数据项使用方括号括起来即可，如下所示：

```
list1 = ['physics', 'chemistry', 1997, 2000]
list2 = [1, 2, 3, 4, 5 ]
list3 = ["a", "b", "c", "d"]
```

要访问列表中的元素，只需按照下标索引操作即可，如下面的例子：

```
list1 = ['physics', 'chemistry', 1997, 2000]
list2 = [1, 2, 3, 4, 5, 6, 7 ]
print "list1[0]: ", list1[0]
print "list2[1:5]: ", list2[1:5]
```

输出：

```
list1[0]: physics
```

```
list2[1:5]: [2, 3, 4, 5]
```

可以替换列表元素：

```
list = ['physics', 'chemistry', 1997, 2000];
print "Value available at index 2 : "
print list[2];
list[2] = 2001;
print "New value available at index 2 : "
print list[2];
```

就会输出：

```
Value available at index 2 :
1997
New value available at index 2 :
2001
```

可以使用 del 语句删除列表的元素：

```
list1 = ['physics', 'chemistry', 1997, 2000];
print list1;
del list1[2];
print "After deleting value at index 2 : "
print list1;
```

输出：

```
['physics', 'chemistry', 1997, 2000]
After deleting value at index 2 :
['physics', 'chemistry', 2000]
```

✓ 元组型（tuple）

Python 的元组与列表类似，不同之处在于元组的元素不能修改，元组使用圆括号，列表使用方括号。元组创建很简单，只需要在圆括号中添加元素，并使用逗号隔开即可。实例如下：

```
tup1 = ('physics', 'chemistry', 1997, 2000);
tup2 = (1, 2, 3, 4, 5 );
tup3 = "a", "b", "c", "d";
```

✓ 字典型（dictionary）

字典也是 Python 语言提供的一种对象集合管理方式，它和列表比较类似，但是字典是非排序的对象集合。和列表通过索引序号访问列表对象不同，字典主要通过关键字（key）存储和获取对象。在字典中，每个关键字都有对应的值。和列表类似，字典通过 dictionary 类提供了对象集合增加元素和删除元素的操作方法。

下面给出创建和操作字典对象的例子：

```
{'name':'coco','country':'china'}
```

✓ 对象型（object）

在 Python 中可以对对象进行赋值等各种操作。在 ArcPy 中会大量使用对象，读者将在后面的介绍中看到 ArcPy 中对象操作的具体方法，这里不再赘述。

综上所述，可以给变量赋值的数据类型如表 1.2 所示。

表 1.2　可以给变量赋值的数据类型

数据类型	数据示例	代码赋值示例
string	“Streets”	fcName= “Streets”
number	3.14	perRad=3.14
boolean	true	ftrChanged=true
list	Streets，Parcels，Streams	lstFC=[“Streets”，“Parcels”，“Streams”]
dictionary	‘0’：Streets，‘1’：Parcels	dicFC={ ‘0’：Streets，‘1’：Parcels }
object	Extent	spatialExt=map.Extent

3．函数

函数是组织好的、可重复使用的、用来实现单一或相关功能的代码段。函数能提高应用的模块性和代码的重复利用率。Python 提供了许多内置函数，如 print()等。用户也可以自己创建函数，这被称为用户自定义函数。

用户可以定义一个自己想要功能的函数，以下是简单的规则。

（1）函数代码块以 def 关键词开头，后接函数标识符名称和圆括号。

（2）任何传入参数和自变量必须放在圆括号中间，圆括号可以用于定义参数。

（3）函数的第一行语句可以选择性地使用文档字符串，用于存放函数说明。

（4）函数内容以冒号起始，并且缩进。

（5）以 return [表达式] 结束函数时，选择性地返回一个值给调用方。不带表达式的 return 相当于返回 None。

1）函数的定义

以下为一个简单的 Python 函数，它将一个字符串作为传入参数，再打印到标准显示设备上。

```
def printme( str ):
    #打印传入的字符串到标准显示设备上
    print str
    return
```

2）函数的调用

定义一个函数需要给定函数名称，指定函数里包含的参数和代码块结构。

这个函数的基本结构完成以后，可以通过另一个函数调用执行，也可以直接从 Python 提示符执行。以下实例调用了 printme()函数：

```
# -*- coding: UTF-8 -*-
# 定义函数
def printme( str ):
    #打印任何传入的字符串
    print str;
    return;
# 调用函数
printme("我要调用用户自定义函数!");
printme("再次调用同一函数");
```

在 Python 中，strings、tuples 和 numbers 是不可更改的对象，而 list 和 dictionary 等则是可以更改的对象，因此需要注意这些参数在函数传递时是否可更改。Python 函数的参数传递有以下两种。

（1）不可变类型：类似 C++的值传递，如整数、字符串、元组。例如，fun（a）传递的只是 a 的值，没有影响 a 对象本身。在 fun（a）内部修改 a 的值，只是修改另一个复制的对象，不会影响 a 本身。

（2）可变类型：类似 C++的引用传递，如列表、字典。例如，列表变量 la 作为参数，调用函数 fun（la），则是将 la 真正传递过去，修改后 fun 外部的 la 也会受影响。

Python 中一切都是对象，严格意义上不能说值传递还是引用传递，应该说传不可变对象和传可变对象。

4．类

类和对象是面向对象编程的基础。Python 虽然总体上是一种面向过程的语言，但是也支持面向对象的编程。在面向对象的编程语言中，类主要用于创建对象的实例，一个类可以创建多个对象实例，每个对象都享用类相同的属性和方法，但是每个对象中的数据通常是不一样的。在 Python 语言中，对象是一种复杂的数据类型，包括属性和方法，也能像其他数据类型的变量一样赋值。

1）面向对象技术的几个基本概念

（1）类（class）：用来描述具有相同属性和方法的对象的集合。它定义了该集合中每个对象所共有的属性和方法。对象是类的实例。

（2）类变量：在整个实例化的对象中是公用的。类变量定义在类中且在函数体之外。类变量通常不作为实例变量使用。

（3）数据成员：类变量或者实例变量用于处理类及其实例对象的相关数据。

（4）方法重写：如果从父类继承的方法不能满足子类的需求，可以对其进行改写，这个过程叫作方法覆盖（override），也称为方法重写。

（5）实例变量：定义在方法中的变量，只作用于当前实例的类。

（6）继承：即一个派生类（derived class）继承基类（base class）的字段和方法。继承也允许把一个派生类的对象作为一个基类对象对待。

（7）实例化：即创建类的实例、类的具体对象。

（8）方法：类中定义的函数。

（9）对象：通过类定义的数据结构实例。对象包括两个数据成员（类变量和实例变量）和方法。

2）类的定义

使用 class 语句来创建一个新类，class 之后为类的名称且类以冒号结尾。

```
class ClassName:
    '类的帮助信息'    #类文档字符串
    class_suite       #类体
```

以下是一个简单的 Python 类的例子。

```
#!/usr/bin/python
# -*- coding: UTF-8 -*-
class Employee:
    '所有员工的基类'
    empCount = 0
    def __init__(self, name, salary):
        self.name = name
        self.salary = salary
        Employee.empCount += 1
    def displayCount(self):
        print "Total Employee %d" % Employee.empCount
    def displayEmployee(self):
        print "Name : ", self.name,  ", Salary: ", self.salary
```

empCount 变量是一个类变量，它的值将在这个类的所有实例之间共享，可以在内部类或外部类使用 Employee.empCount 访问。

第一个__init__()方法是一种特殊的方法，被称为类的构造函数或初始化方法，当创建了这个类的实例时就会调用该方法。如果开发者没有为该类定义任何构造方法，那么 Python 会自动为该类定义一个只包含一个 self 参数的默认构造方法。

self 代表类的实例，self 在定义类的方法时是必须有的，虽然在调用时不必传入相应的参数。

3）类的使用

定义好类之后，要使用类的功能时，必须首先将类实例化，并将其赋给一个对象，通过这个对象可以访问类的属性和方法。

（1）创建实例对象。

实例化类在其他编程语言中一般使用关键字 new，但是在 Python 中并没有这个关键字，类的实例化类似函数调用方式。

以下使用类的名称 Employee 来实例化，并通过 __init__()方法接受参数，Python 在进行类的实例化时，不需要使用 new。

```
#"创建 Employee 类的第一个对象"
emp1 = Employee("Zara", 2000)
#"创建 Employee 类的第二个对象"
emp2 = Employee("Manni", 5000)
```

（2）访问属性。

可以使用点“.”来访问对象的属性，如以下使用类的名称访问类变量

```
emp1.displayEmployee()
emp2.displayEmployee()
print "Total Employee %d" % Employee.empCount
```

1.2.3 语句

在 Python 中，每一行代码称为一条语句。Python 中有许多不同类型的语句，如变量创建和赋值语句、判断语句、循环语句等，它们同样都要遵循 Python 的语法规定。上面已经介绍了变量的创建和赋值语句，下面介绍判断语句、循环语句、try 语句、with 语句、break 与 continue 语句、pass 语句。

1. 判断语句

在 Python 中主要使用 if/elif/else 实现判断语句。通过判断条件是否满足(true/false)，判断语句可以帮助用户控制程序的流程。需要注意的是，在 Python 里面是没有 switch 语句的，多分支判断需要用别的方式来实现。下面举几个判断语句的例子。

1）单分支判断语句（if）

```
a = 2
if a > 1:
    print 'a>1'
```

2）双分支判断语句（if else）

```
a = 2
if a>1:
    print 'a > 1'
else:
    print 'a < 1'
```

3）多分支判断语句（if elif else）

```
a = 13
if a<0:
```

```
    print 'a<0'
elif a % 2 == 0:
    print 'a is 13'
else:
    print 'success'
```

通过对判断语句的简单介绍，相信读者已对 Python 的判断语句有了一个比较好的认识。读者只需要熟练掌握上面的 3 个句法，就能写出所需要的控制结构。

2. 循环语句

1）while 循环

Python 编程中 while 语句用于循环执行程序，即在某种条件下，循环执行某段程序，以处理需要重复处理的相同任务，其基本形式为：

```
while 判断条件:
执行语句
```

实例：

```
count = 0
while (count < 9):
    print 'The count is:', count
count = count + 1
print "while 循环结束! "
```

运行结果是：

```
The count is: 0
The count is: 1
The count is: 2
The count is: 3
The count is: 4
The count is: 5
The count is: 6
The count is: 7
The count is: 8
While 循环结束!
```

while 语句还有另外两个重要命令——continue 和 break，continue 用于跳过循环，break 则用于退出循环。

2）for 循环

Python 中的 for 循环可以遍历任何序列的项目，如一个列表或者一个字符串。for 循环的语法格式如下：

```
for  item  in  iterable:
    执行语句
```

实例：

```
fruits = ['banana', 'apple', 'mango']
for fruit in fruits:
    print '当前水果 :', fruit
print "for 循环运行结束"
```

运行结果是：

```
当前水果 : banana
当前水果 : apple
当前水果 : mango
for 循环运行结束
```

3）嵌套循环

Python 语言允许在一个循环体内嵌入另一个循环。嵌套循环可以是 while 与 while 的嵌套、while 与 for 的嵌套，也可以是 for 与 for 的嵌套。

另外，while 循环、for 循环、嵌套循环都有循环控制语句来更改语句执行的顺序。Python 提供了 break、continue、pass 三个循环控制语句。

3. try 语句

与其他语言相同，在 Python 中，try 语句主要用于处理程序正常执行过程中出现的一些异常情况，如语法错误（Python 作为脚本语言没有编译的环节，在执行过程中对语法进行检测，出错后发出异常消息）、数据除零错误、从未定义的变量上取值等。

默认情况下，在程序段的执行过程中，如果没有提供 try/except 的处理，脚本文件执行过程中所产生的异常消息会自动发送给程序调用端，如 Python shell，而 Python shell 对异常消息的默认处理是终止程序的执行并打印具体的出错信息。这也是在 Python shell 中执行程序错误后所出现的出错打印信息的由来。

Python 主要提供了两种 try 语句：try/except/else（处理异常）和 try/finally（无论是否发生异常都将执行最后的代码）。

1）try/except/else 语法格式

```
try:
    执行语句
except <名字> :
    执行语句
except <名字> ,<数据>:
    执行语句
else:
    执行语句
```

2）try/finally 语法格式

```
try:
```

```
    执行语句
finally:
    执行语句
```

下面给出一个简单的例子说明 try 语句的使用，读者可以修改变量 number 的值测试不同的运行结果。

```
#指定多个异常
number="hello"
try:
    #有可能出错的语句
    number=int(number)
except ValueError:
    print("ValueError 出错了")
except Exception:
    print("Exception 出错了")
else:
    print("没错误时执行的语句")
finally:
    print("无论是否发生异常，都会执行的语句")
```

4．with 语句

有一些任务，可能需要事先设置，事后做内存自动清理工作。对于这种情况，Python 的 with 语句提供了一种非常方便的处理方式。

下面给出一个例子，获取一个文件句柄，从文件中读取数据，然后关闭文件句柄。

不用 with 语句，代码如下：

```
file = open("/tmp/text.txt")
data = file.read()
file.close()
```

这里会出现两个问题：

（1）可能忘记关闭文件句柄；

（2）文件读取数据发生异常，没有进行任何处理。

下面是处理上面两个问题的加强代码：

```
try:
   f = open('xxx')
except:
   print 'fail to open'
   exit(-1)
try:
   do somthing
```

```
except:
  do somthing
finally:
  f.close()
```

上面的代码虽然解决了两个问题，但是代码冗长。Python 提供的 with 语句不仅可以“优雅地”解决问题，而且还可以很好地处理上下文环境产生的异常。下面是使用 with 语句的代码：

```
with open("/tmp/foo.txt") as file:
   data = file.read()
```

5. break 与 continue 语句

在 Python 中，break 和 continue 语句用于改变普通循环的流程。通常情况下，循环遍历一段代码，直到判断条件为 False 时结束循环，但有时，可能在一定的需求下应该终止当前迭代甚至整个循环，这种情况下需要使用 break 和 continue 语句。

1）break 语句

在 Python 中，break 语句终止当前循环中下一条语句的继续执行。break 的最常见用途是一些外部条件被触发需要从循环中跳出。break 语句可用在 while 循环和 for 循环。例如：

```
for letter in 'python':
if letter == 'h':
break
print 'Current Letter :', letter
```

运行结果：

```
Current Letter : p
Current Letter : y
Current Letter : t
```

2）continue 语句

continue 语句用于结束当前循环中所有语句的执行，将控制返回到循环的顶部，进行下一次循环。continue 语句可用在 while 循环和 for 循环语句。例如：

```
for letter in 'python':
  if letter == 'h':
      print 'This is pass block'
               continue
  print 'Current Letter :' , letter
print "Good bye!"
```

运行结果：

```
Current Letter : p
Current Letter : y
Current Letter : t
This is pass block
Current Letter : o
Current Letter : n
Good bye!
```

6. pass 语句

当编写一个程序时，若执行语句部分思路还没有完成，可以用 pass 语句来占位，也可以将其理解成一个标记，即要过后来完成的代码。例如：

```
def ArcPython():
  pass
```

上述代码的含义：定义一个函数 ArcPython()，但是函数整体部分暂时还没有完成，又不能空着不写内容，因此可以用 pass 来代替，占一个位置。

pass 语句也常用于为复合语句编写一个空的主体，比如令一个 while 语句无限循环，每次迭代时不需要任何操作，可以这样写：

```
while True:
  pass
```

这只是一个例子，现实中最好不要编写这样的代码，因为执行代码块为 pass 也就是什么也不做，这时 Python 会进入死循环。

1.2.4　数据文件操作

掌握了 Python 语言的基本语法后，首先要运用 Python 语句对数据文件进行读和写的操作。在计算机硬盘上读取或写入文件是最重要的操作，Python 内置的对象提供了多种读写文件的功能，本书只介绍其中最基本的部分。读写文件最重要的功能主要包括打开文件、关闭文件、从文件读取数据和向文件写入数据。

Python 的 open()函数创建了一个 file 对象，该对象提供了获取计算机上文件的一个链接。读写文件时，必须使用 open()函数。open()函数有两个参数，第一个参数是要读写文件的路径，第二参数是操作文件的模式。操作文件的模式主要有 3 种：read(r)、write(w)和 append(a)。如果只有 r 参数，表示只打开文件读取数据；w 参数则表示打开文件后往文件中写入数据，这会覆盖文件中已有的数据内容，所以这种模式要谨慎使用；a 参数表示追加模式，允许用户打开文件并往文件中写入数据，但是写入的数据只是追加在文件的最后，而不会覆盖原来的数据内容。下面介绍文件读取的例子：

```
f = open('snow.txt','r')
```

完成读写操作后，一定要使用 close()函数关闭文件。

1．读取文件数据

当一个文件被打开后，就可以采用不同的方法来读取数据了。最典型的数据读取方式是按行读取，这种方法主要针对文本文件。Python 提供了 readline()函数读取文件的一行数据。readline()函数能够一次读取文本文件的一行数据，并交给一个字符串变量。接下来需要使用一个循环机制，一行一行地读取下面的文件，只到文件结束。如果想要一次直接读取整个文件并赋值给一个变量，可以使用 read()函数，它可以直接从文件头读到文件尾。如果想一次读取整个文件，并将文件的内容按照行分割成不同的字符串，则可以使用 readlines()函数。

下面给出一个例子，读取气象雨量计的文本文件，统计一个月的下雨量。

```
# 读文件代码
import ArcPy
try:
    ArcPy.Env.workspace = "C:\mypython 代码"
    RainVolume = 0
    f = open('C:\mypython 代码\RC400311.007','r')
    lstFile = f.readlines()
    for rain in lstFile:
        if 'C4003' in rain:
            continue
        tmpDay=rain[0:2]
        tmpHour=rain[2:4]
        #print tmpDay +' '+ tmpHour
        for i in range(1,60):
            TmpMinute = rain[2*i+2:2*i+4]
            if TmpMinute != "--" and TmpMinute != "00":
                Tmprain =float(TmpMinute)
                RainVolume = RainVolume + Tmprain;
    print "雨量：" + str(RainVolume)
except:
    print ArcPy.GetMessages()
finally:
    f.close()
```

2．写入文件数据

Python 提供了很多可以往文件中写入数据的方法，write()函数是一种比较简单的写文件的方法，该函数只需要一个参数。

```
# 写文件代码
import ArcPy
try:
    ArcPy.Env.workspace = "C:\mypython 代码"
    outfile = open('C:\\mypython 代码\\test.txt','w')
    fcList = ["Streams","Roads","Counties"]
    outfile.writelines(fcList)
except:
     print ArcPy.GetMessages()
finally:
outfile.close()
```

1.2.5　数据库操作

数据库操作是地理专业常用的功能，目前 ArcGIS 很多地方都涉及地学数据库的概念，这就要求使用者掌握 Python 读写数据库的基本技能。这里以 Python 操作 Access 数据库为例，介绍 Python 操作数据库的一般功能，其他数据库操作大同小异，读者可以类推。在 Python 操作 Access 数据库之前，首先应安装了 Python 和 Python for Windows extensions。Python 操作 Access 数据库步骤如下。

1．建立数据库连接

```
import win32com.client
conn = win32com.client.Dispatch(r'ADODB.Connection')
DSN  =  'PROVIDER=Microsoft.Jet.OLEDB.4.0;DATA  SOURCE=e:/chinamap/
mapdata/DBPoint.mdb;'
conn.Open(DSN)
```

2．打开一个记录集

```
Rs = win32com.client.Dispatch(r'ADODB.Recordset')
rs_name = ' GPS 坐标加时间'  #表名
Rs.Open('['+rs_name+']',conn,1,3)
#也可以写成这样
Rs.Open('Select * FROM GPS 坐标加时间', conn,1, 3)
```

3．对记录集操作

```
# 注意：如果一个记录是空的，将导致一个错误，所以加了一句判断，防止错误
if Rs.recordcount==0:
    sys.exit()
Rs.MoveFirst()
```

```
While not Rs.EOF:
    print Rs.Fields.Item(1)
    Rs.MoveNext()
```

4. 关闭记录集和连接句柄

```
Rs.Close()
conn.Close()
```

1.2.6 中文字符操作

在 GIS 操作中会大量使用到中文目录或者中文的文件名，Python 2 对中文的支持还不太完善，而 Python 3 则基本解决了中文问题。在使用 Python 2 编程时，需要对中文字符进行特殊处理，才能使程序正确运行。若在程序中直接使用了汉字字符串，则必须使用编码转换，如 Grouplayer_name == "图层组 1".decode('gb2312')。这里 decode 的作用是将其他编码的字符串转换成unicode编码，表示将gb2312编码的字符串str1转换成unicode编码。encode 的作用是将 unicode 编码转化成其他编码的字符串，表示将 unicode 编码的字符串 str2 转换成 gb2312 编码。因此，转码的时候一定要先明确字符串 str 是什么编码，然后 decode 成 unicode，最后根据需要再 encode 成其他编码。

下面假设电脑桌面上有中文文件夹“中文测试文件夹”，该文件夹中有一个中文文件“测试文档.txt”，以 Python 读取中文路径为例，介绍几种常见的处理方式。

1. 路径拆分单独编码

```
# -*- coding: utf-8 -*-
import sys
reload(sys)
sys.setdefaultencoding('gbk')
import os
# 如果读取路径中含有中文，可将路径拆分，并对中文部分进行unicode编码
filenames = os.listdir("C:\\Users\\ruixp\\Desktop")    # 纯英文路径
filenames2 = os.listdir("C:\\Users\\ruixp\\Desktop"+u"\\中文测试文件夹")
for f in filenames:  # type: str
    if f==u"中文测试文件夹":
        print unicode(f, encoding="gbk")
for f1 in filenames2:
    print f1
```

程序运行后输出如下：

```
中文测试文件夹
测试文档.txt
```

需要注意的是，拆分时，第一个部分最后不能是反斜杠，即不能这样拆分

```
C:\Users\ruixp\Desktop\"+u"中文测试文件夹"
```

否则会报错，具体可自行测试。

这个程序还用到了中文字符的判断比较，判断文件夹名是否等于“中文测试文件夹”，这个用法在后面的编程中非常有用，如在地理信息系统二次开发中经常要判断图层名是否为所需的图层名，字段名是否为所需字段名，这就涉及中文字符串的比较，读者可以参考这个例子来实现自己想要的判断。

两者的区别是一种用 UTF-8 编码（也会转化成 unicode 供内存读取），另一种用 unicode 直接供内存读取。

2．将路径整体编码为 unicode 格式

将上述代码中读取中文测试文件夹部分改为以下代码：

```
path=unicode("C:\\Users\\ruixp\\Desktop\\中文测试文件夹","utf-8")
filenames1 = os.listdir(path)
for f in filenames1:  # type: str
    if f==u"测试文档.txt":
        print f
```

程序运行后输出如下：

```
测试文档.txt
```

3．用 raw_input 方式输入路径

路径中可以含有中文字符，但是需要将终端的输入编码通过 decode 函数转换成 unicode 编码，例子如下：

```
path = raw_input(u"请输入文件目录:").decode(sys.stdin.encoding)
filenames1 = os.listdir(path)
for f in filenames1:  # type: str
    if f==u"测试文档.txt":
        print f
```

第 2 章　ArcPy 编写地学数据处理程序

2.1　ArcPy 概述

地学数据处理工作往往带有一定的重复性，数据量大也非常耗时，采用 ArcGIS 进行操作需要很大的工作量。如果使用编程的方法让这些工作自动执行，将大大提高数据处理的效率。ArcPy 提供了很好的编程环境，可以帮助用户实现很多地学数据处理的功能，并根据用户的需要自动执行。

一个地学数据处理工具往往有一个输入数据集，通过处理后，会产生新的地学数据，产生的数据又可以作为其他地学数据处理工具的输入数据集。利用 ArcGIS 提供的地学数据处理框架可以构造一个很复杂的数据处理流程。

使用 ArcPy 可以通过编程使这些处理流程自动执行。第 1 章介绍了使用 IDLE（Integrated Development Environment ArcGIS 默认提供的开发环境）开发环境编写 Python 程序的方法，本章重点介绍在 ArcGIS 环境中调用 Python 的方法。当然 Python 有很多开发环境，用户可以根据习惯自己选择。

2.1.1　什么是 ArcPy

ArcPy 是一个以 arcgisscripting 模块为基础并继承了 arcgisscripting 功能构建而成的站点包，为 Python 执行地学数据分析、数据转换、数据管理和地图自动化等 GIS 功能提供实用高效的方式。

Python 的所有优点在 ArcPy 中均能得到体现。例如，ArcPy 具有代码自动完成功能（输入关键字和点即可获得该关键字所支持的属性和方法的弹出列表，从中选择一个属性或方法并按 Tab 键即可将其插入）。

2.1.2　为什么使用 ArcPy

Python 是一种通用的编程语言，是一种支持动态输入的解释型语言，适用于交互式操作及为一次性程序快速制作原型，同时其具有编写大型应用程序的强大功能。用 ArcPy 编写的 ArcGIS 应用程序的优势在于，可以使用由来自多个不同领域的 GIS 专业人员和程序员组成的众多 Python 小群体开发的附加模块。

从大的方面讲，使用 ArcPy 能够实现很多任务，主要包括以下几个方面。

✓ 使重复性的工作通过 ArcPy 编程实现自动化；

✓ 让用户自定义地学数据处理工具；

✓ 将地学处理工具添加到 Web 应用中；

✓ 让用户自定义桌面应用；

✓ 扩展 ArcGIS 的功能。

从小的方面讲，ArcPy 在 ArcGIS 桌面程序中能够实现众多 ArcGIS 桌面操作能够实现的功能，如：

✓ 访问 ArcGIS 所有的地学数据处理工具；

✓ 实现 ArcGIS 各种数据转换和数据管理的功能；

✓ 实现 ArcGIS 中各种数据分析的功能；

✓ 实现 ArcGIS 的自动化制图。

总的来说，使用 Python 和 ArcPy，可以帮助用户开发出大量用于处理地学数据的实用程序，同时结合 Python 大量开源的库，可以帮助用户更加深入地进行地学数据分析。

2.2 ArcGIS Python 编程环境简介

安装了 ArcGIS 桌面软件后，Python 也会自动安装到计算机中。ArcGIS 10.X 默认的 Python 版本为 2.7.X。Python 提供了一个集成的开发环境 IDLE。使用 IDLE 进行 ArcPy 程序编写的步骤如下。

2.2.1 启动 Python shell 窗口

单击 Windows 系统的启动—所有程序—ArcGIS—Python 2.7—IDLE 启动 Python 的 IDLE 开发环境。注意 Python 的版本和安装的 ArcGIS 版本有关。例如，ArcGIS 10.0 使用的是 Python 2.6，ArcGIS 10.1 使用的是 Python 2.7。

启动 Python 编辑环境后弹出 Python Shell 窗口，如图 2.1 所示，该界面用于显示 Python 程序运行的结果和错误信息。很多初学者会把该窗口作为 Python 写代码的窗口，实际上 Python 提供了专门写代码的窗口。

虽然 Python Shell 窗口不能用于编写大段的程序代码，但是它提供了交互的代码编写环境，用户输入代码后可以马上得到相应的结果。

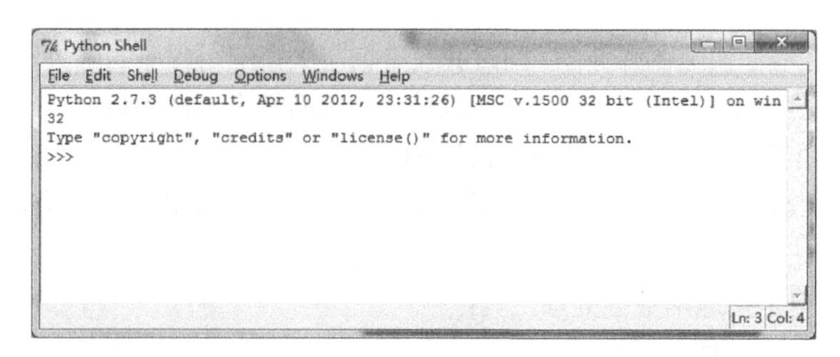

图 2.1　Python Shell 窗口

2.2.2　启动 Python 脚本编辑窗口

用户可以启动 Python 脚本编辑窗口来编辑整段代码。可以在 Python Shell 窗口的 File 菜单下单击“New Window”命令，系统就会弹出 Python 脚本编辑窗口，如图 2.2 所示。

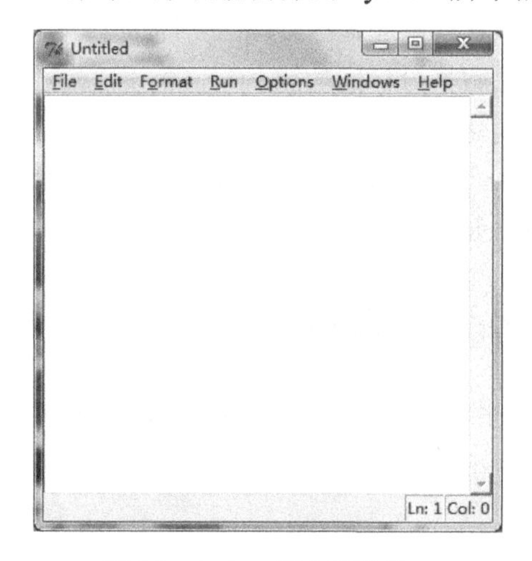

图 2.2　Python 脚本编辑窗口

可以在 Python 脚本编辑窗口中输入 Python 代码。和别的编程语言一样，代码也要保存在计算机中。Python 代码文件的后缀名是“.py”。

用户也可以用 Python 脚本编辑窗口打开已经编写好的代码。打开方法是在 Windows 资源管理器中找到 Python 程序文件并右击，如图 2.3 所示，在右键快捷菜单中选择“Edit with IDLE”。

单击“Edit with IDLE”，就能打开 Python 的代码，用户可以进一步编辑和修改代码，如图 2.4 所示。

在 Python 代码编辑界面下完成代码编写后，可以运行 Python 代码。单击该窗口的“Run”菜单项，然后单击“Run Module”命令即可，也可以直接按 F5 键，如图 2.5 所示。

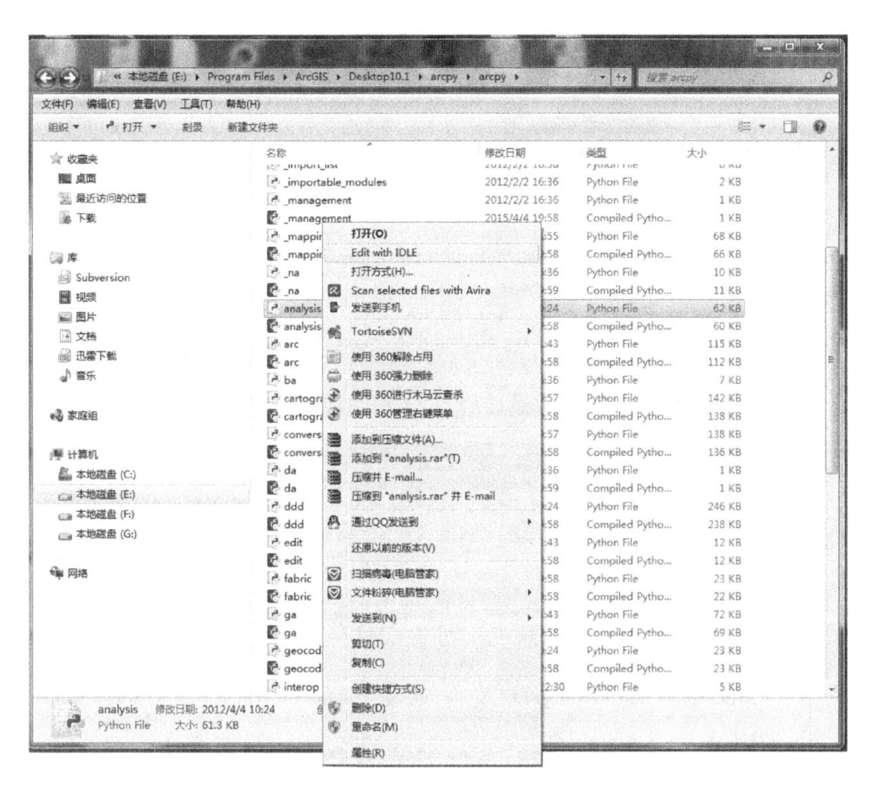

图 2.3　用 IDLE 打开 Python 程序

```
analysis.py - E:\Program Files\ArcGIS\Desktop10.1\arcpy\arcpy\analysis.py
File  Edit  Format  Run  Options  Windows  Help
# -*- coding: utf-8 -*-
#COPYRIGHT 2012 ESRI
#
#TRADE SECRETS: ESRI PROPRIETARY AND CONFIDENTIAL
#Unpublished material - all rights reserved under the
#Copyright Laws of the United States.
#
#For additional information, contact:
#Environmental Systems Research Institute, Inc.
#Attn: Contracts Dept
#380 New York Street
#Redlands, California, USA 92373
#
#email: contracts@esri.com
"""The Analysis toolbox contains a powerful set of tools that perform the most
fundamental GIS operations. With the tools in this toolbox, you can perform
overlays, create buffers, calculate statistics, perform proximity analysis, and
much more. Whenever you need to solve a spatial or statistical problem, you
should always look in the Analysis toolbox."""
__all__ = ['Buffer', 'Clip', 'Erase', 'Identity', 'Intersect', 'SymDiff', 'Update', 'Split', 'Near', 'P
__alias__ = u'analysis'
from arcpy.geoprocessing._base import gptooldoc, gp, gp_fixargs
from arcpy.arcobjects.arcobjectconversion import convertArcObjectToPythonObject

# Extract toolset
@gptooldoc('Clip_analysis', None)
def Clip(in_features=None, clip_features=None, out_feature_class=None, cluster_tolerance=None):
    """Clip_analysis(in_features, clip_features, out_feature_class, {cluster_tolerance})

        Extracts input features that overlay the clip features.Use this tool to cut out
        a piece of one feature class using one or more of the
        features in another feature class as a cookie cutter. This is particularly
        useful for creating a new feature class—also referred to as study area or area
        of interest (AOI)—that contains a geographic subset of the features in another,
        larger feature class.
                                                                        Ln: 1 Col: 0
```

图 2.4　Python 的代码

图 2.5 执行 Python 程序

ArcGIS Python 窗口是 ArcGIS 软件内嵌的，比较适合处理程序量较小的代码，通过它可以很好地学习 Python 的基础知识，构建一些简单的处理流或者工具。当程序量较大时，需要在 IDLE 或者其他稳定的开发环境下编写代码。对于初学者来说，ArcGIS Python 窗口是很好的 Python 入门工具。

ArcGIS Python 窗口也有很多编辑程序的功能，可以把它编写的代码存盘或重新编辑。ArcGIS Python 窗口可以是浮动的，也可以是停泊的，用户可以定制该窗口中界面的相关属性，如字体、颜色、大小等。

在 ArcGIS 桌面版界面中，可以在主工具栏上单击“ArcGIS Python 窗口”按钮打开 ArcGIS Python 窗口。当打开一个地图文档时，ArcGIS 中调用的 Python 窗口如图 2.6 所示。

ArcGIS Python 窗口实际上是一个命令窗口，允许用户在>>>后面输入一个 Python 语句。这个窗口的右边是个帮助窗口，用户在输入代码后，只要按 F1 键就可以显示与该行代码有关的帮助。

在窗口中右击，弹出快捷菜单后，可以单击“Load”加载已有的程序，如图 2.7 所示。

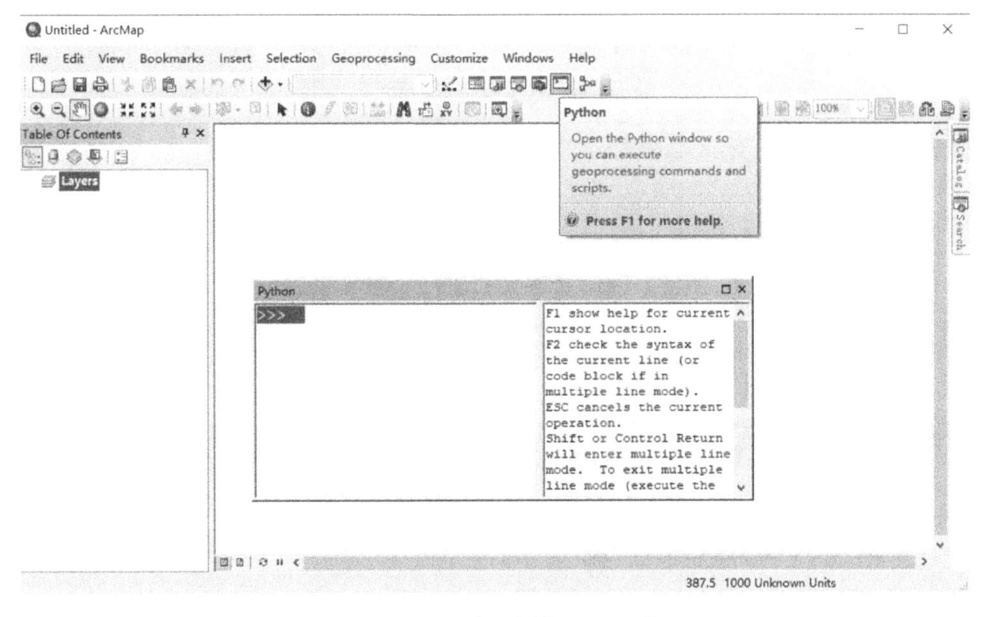

图 2.6　ArcGIS 中调用的 Python 窗口

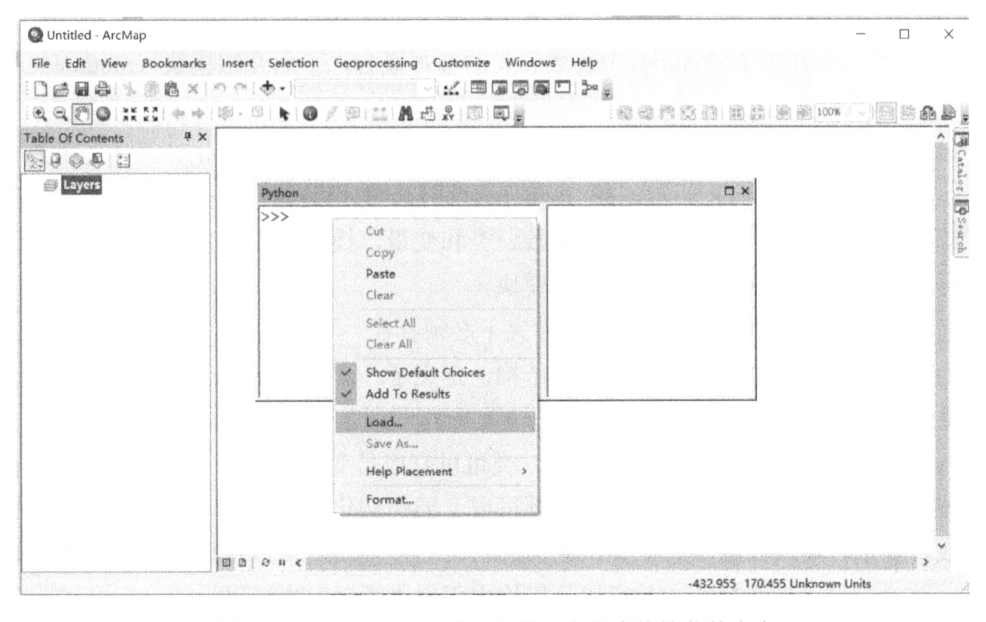

图 2.7　ArcGIS Python 窗口加载已有程序快捷菜单命令

也可以设置 ArcGIS Python 窗口编辑器的格式，只要在窗口中右击，然后单击“Format”命令按钮，就可以弹出设置窗口，如图 2.8 所示。

需要注意的是，用户可能在计算机上也安装了其他版本的 Python 及 Python 的编辑环境，如果想用其他编辑环境进行 ArcPy 程序的编译，必须在该编辑软件中将 Python 的编译环境设置为 ArcGIS 自带的 Python 编译器，这样才能运行 ArcPy 的程序。

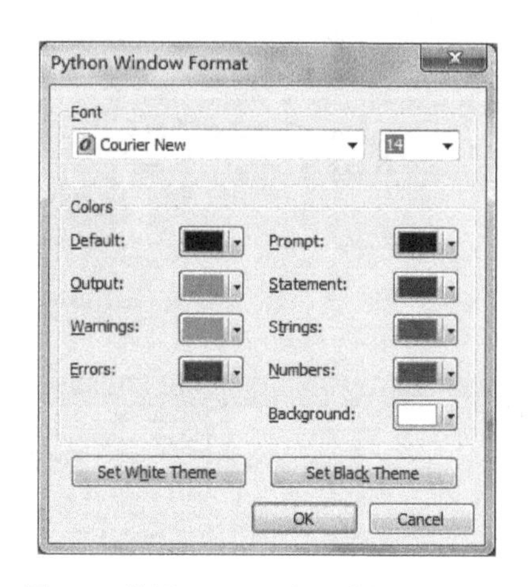

图 2.8　设置 Python 窗口编辑器的格式

2.3　ArcPy 中的函数和类

2.3.1　基本概念

第 1 章已经介绍了 Python 中函数和类的基本概念，下面介绍模块（module）和包（package）的概念。

模块是一个 Python 文件，且模块以“.py”结尾，包含了 Python 对象定义和 Python 语句。模块可以让用户有逻辑地组织 Python 代码段。把相关的代码分配到一个模块里能让代码更好用、更易懂。模块能定义函数、类和变量，模块里也能包含可执行的代码。编程时需要使用 import 命令导入需要的模块。

简单来说，包就是文件夹，但该文件夹下必须存在 __init__.py 文件，该文件的内容可以为空。它是一个分层次的文件目录结构，定义了一个由模块、子包、及子包下的子包等组成的 Python 的应用集合。

Python 中类和函数的区别主要在于，类可以有成员变量和各种方法，而函数没有。函数被调用运行时，返回或者不返回值都可以。类实例化为对象后，可以访问类中的方法和成员变量。模块如果没有把类声明为私有，其他模块就可以使用这个类，方法是使用 import 命令导入这个模块，然后用从模块中引用“类名”来调用。

ArcPy 实际上是一个 Python 包，是 ESRI 公司在 ArcGIS 10.0 中推出的。安装 ArcGIS 桌面软件后，在安装目录下有一个 ArcPy 文件夹。

ArcPy 包含有 Python 函数、类和模块。 ArcGIS 10.6 中的 ArcPy 有 105 个函数、39 个类、5 个模块（每个模块下又包含多个函数和类）。在不同版本的 ArcGIS 中，ArcPy 的函数、类及模块变化不是很大。

从本质上来说，ArcPy 实际上是对 ArcObjects 的相关组件类进行封装，使用户可以利用 Python 语言调用 ArcObjects 的相关组件类。因此，ArcPy 必须在 ArcGIS 环境下使用，脱离 ArcGIS 环境无法使用 ArcPy。用户往往还在计算机上安装了其他的 Python 编程环境，这时如果把其他的 Python 包放在 ArcPy 下面是可以使用的，但是如果把 ArcPy 的包复制到其他 Python 环境的包文件夹中，则无法使用。

2.3.2　常用函数

ArcPy 提供了很多函数，用以完成简单的空间数据访问或处理，这里首先介绍常用的 ArcPy 函数，这些函数在编程中随时都可能被调用。

1. Describe 函数

Describe 函数定义为 Describe (value)，用以获取 ArcPy 中对象（如空间图层等）的基本属性，返回的 Describe 对象包含多个属性，如数据类型、字段、索引及许多其他属性。该对象的属性是动态的，这意味着所描述的数据类型如果不同，就会有不同的描述属性可供使用。

Describe 属性被组织成一系列属性组。任何特定数据集都将至少获取其中一个组的属性。例如，如果要描述一个地学数据库要素类，可访问要素类、表和数据集属性组中的属性。所有数据，不管是哪种数据类型，总会获取通用 Describe 对象属性。

实际应用中常用该函数获取图层的基本属性，如图层的数据类型（Data Type，矢量还是栅格）、shape 文件类型（Shape Type，点线面中的哪一类）和地学数据的空间参考（Spatial reference）等。下面给出一个例子，用以获取“中国政区.shp”文件的基本属性。

```
import ArcPy
dsc1 = ArcPy.Describe("e:\chinamap\中国政区.shp")
print dsc1.DatasetType
print dsc1.Extent
print dsc1.FeatureType
print dsc1.ShapeType
print dsc1.ShapeFieldName
print dsc1.HasZ
print "Data Type of Fc1 is: "
print dsc1.DataType
print "Catalog Path of Fc1 is: "
print dsc1.CatalogPath
print ""

dsc2 = ArcPy.Describe("e:\chinamap\Road.mdb")
```

```
        print "Data Type of Fc2 is: "
        print dsc2.DataType
        print "Catalog Path of Fc2 is: "
        print dsc2.CatalogPath
```

运行该段程序后，结果如下：

```
        FeatureClass
        73.4469604492188 18.1608963012695 135.085830688477 53.5579261779785
NaN NaN NaN NaN
        Simple
        Polygon
        Shape
        False
        Data Type of Fc1 is:
        ShapeFile
        Catalog Path of Fc1 is:
        e:\chinamap\中国政区.shp

        Data Type of Fc2 is:
        Workspace
        Catalog Path of Fc2 is:
        e:\chinamap\Road.mdb
```

用户可以根据需要获取图层的其他属性，这些属性的获取可以为用户在后面的程序中判断如何处理空间数据提供依据。

2. Exists 函数

Exists 函数定义为 Exists (dataset)，该函数用于判断一个数据是否存在，可以用于测试矢量数据、表、数据集、shape 文件、工作空间、图层、当前工作空间中的文件是否存在。该函数返回一个布尔变量，表示数据是否存在。这个函数非常重要，当处理产生新的文件或者用到某个数据时，最好首先判断一下该文件是否存在，可以根据判断结果进行下一步操作。下面给出一个删除文件前判断文件是否存在的例子。

```
        import ArcPy
        # 设置当前工作目录
        ArcPy.Env.workspace =r "E:\chinamap"
         # 在进行删除操作之前，先判断该文件是否存在
        if ArcPy.Exists("roadbuffer"):
            ArcPy.Delete_management("roadbuffer")
```

3. 列表函数

使用 ArcPy 编程的主要目的之一就是实现特定功能的自动化批处理工作，列表函数

的主要功能就是列出特定信息的所用内容，可以方便地从头到尾遍历这些信息。列表函数可以为地学数据处理的批量工作提供极大的便利。

列表函数用于返回当前工作空间的数据列表及数据集中的字段、索引列表等。其中，数据列表可以指定数据类型及利用通配符参数（wild_card）对列表数据进行筛选条件的限定，字段列表可以指定字段类型。

常用的列表函数如表 2.1 所示。

表 2.1 常用的列表函数

函 数	含 义
ListFiles（wild_card）	返回当前工作空间中的文件列表
ListDatasets（wild_card,feature_type）	返回当前工作空间中的数据集列表
ListFeatureClasses（wild_card,feature_type）	返回当前工作空间中的要素类列表
ListRasters（wild_card,Raster_type）	返回当前工作空间中的栅格数据列表
ListTables（wild_card,Table_type）	返回当前工作空间中的表格数据列表
ListWorkspacees（wild_card,Workspace_type）	返回当前工作空间中的工作空间列表
ListFields (dataset, {wild_card}, {field_type})	返回数据集中的字段列表
ListIndexes (dataset, {wild_card})	返回数据集中的索引列表
ListVersions (sde_workspace)	返回版本列表

下面给出几个列表函数常用功能的例子，这几个例子在批量处理空间数据时具有重要的参考价值，很多复杂的批量处理程序都由下面的例子作为基础扩充而成。

1）列出所有工作空间

```
import ArcPy
ArcPy.Env.workspace = "e:/chinamap"
# List all file geodatabases in the current workspace
workspaces = ArcPy.ListWorkspaces("*", "Folder")
for workspace in workspaces:
  # Compact each geodatabase
print workspace
```

这段代码的作用是列出“e:/chinamap”目录下所有工作空间类型为“Folder”（文件夹）类型的工作空间，也就是找出该目录下的所有子目录。ArcPy 支持的工作空间类型主要有 Access、Coverage、FileGDB、Folder 和 SDE 五种类型。

2）列出某工作空间中所有矢量数据文件名

```
import ArcPy
from ArcPy import Env
Env.workspace = "E:/chinamap/mapdata"
fcs = ArcPy.ListFeatureClasses()
for fc in fcs:
```

```
    print fc
```

这段代码的作用是列出“E:/chinamap/mapdata”目录下所有的矢量数据文件名。

3）列出某个 shape 文件所有属性字段

```
    import ArcPy
    fds = ArcPy.ListFields ("E:\\ chinamap\\mapdata\\ 公 路 .shp","",
"String")
    for fd in fds:
        print fd.name
```

这段代码的作用是列出“公路.shp”文件的所有字段名称。

4）列出某个 shape 文件所有含有“p”字符的属性字段

```
    import ArcPy
    fds = ArcPy.ListFields (' E:\\ chinamap\\mapdata\\包头.shp',"p*","")
    for fd in fds:
        print fd.name
```

这段代码的作用是列出“包头.shp”文件的字段名中第一个字符为“p”的字段名称。这个例子里面就用到了通配符，用户可以根据需要设置通配符，筛选出满足条件的数据。

4．临时图层生成函数

在处理地学数据时，会产生大量的中间文件，有些中间文件不需要保留，因此可以使用临时内存图层的方式创建，数据处理完毕后可以从内存清除。创建临时图层使用CreateScratchName()函数，它可以指定数据类型创建唯一的临时路径名称。如果未给定工作空间，则使用当前工作空间，函数格式如下：

```
    CreateScratchName ({prefix}, {suffix}, {data_type}, {workspace})
```

该函数的参数意义说明如下：

prefix：添加到临时名称的前缀。

suffix：添加到临时名称的后缀。后缀可为空的双引号字符串。

data_type：用于创建临时名称的数据类型。有效数据类型有：Coverage、Dataset、FeatureClass、FeatureDataset、Folder、Geodataset、GeometricNetwork 、ArcInfoTable、NetworkDataset、RasterBand 、RasterCatalog、RasterDataset 、Shapefile 、Terrain 和Workspace。

Workspace：用于确定待创建临时名称的工作空间。如果未指定，则使用当前工作空间。

下面给出一段代码，说明创建临时图层的用法。

```
    import ArcPy
    # 创建临时图层
    scratch_name = ArcPy.CreateScratchName("temp",data_type="Shapefile",
```

```
                        workspace=ArcPy.Env.scratchFolder)
    # 执行 Buffer 工具，使用临时图层作为该工具执行后的输出文件
    #
    ArcPy.Buffer_analysis("Roads", scratch_name, "1000 meter")
    # 执行 Clip 工具，使用临时图层作为输入图层
    #
    ArcPy.Clip_analysis(scratch_name, "CityBoundary", "CityRoads")
    # 删除临时图层
    ArcPy.Delete_management(scratch_name)
```

2.3.3　常用类

ArcPy 中的类在使用时需要进行实例化，通常需要构造类的对象来访问类的属性和方法。类在实例化时可以通过构造函数直接赋属性值，也可以先实例化，然后再进行赋值。下面给出一个实例化点对象和访问该对象属性的例子。

```
    import ArcPy
    # 采用两种方式创建点对象
    # point = ArcPy.Point(2000, 2500)
    point = ArcPy.Point()
    point.X = 2000
    point.Y = 2500

    # 输出点对象的属性值
    print("Point properties:\n")
    print(" ID: {0}".format(point.ID))
    print(" X:  {0}".format(point.X))
    print(" Y:  {0}".format(point.Y))
```

ArcPy 提供了很多类用于处理各种空间数据，这里先介绍几种常用的类及其使用方法。

1. Extent 类

Extent 类是范围类，用于表示地图左下角和右上角坐标给定的一个矩形，主要通过使用 *X* 最小值、*Y* 最小值、*X* 最大值和 *Y* 最大值确定，其完整的定义如下：

```
    Extent ({XMin}, {YMin}, {XMax}, {YMax}),
```

由于范围实际上是一个矩形，属于几何对象，因此范围类也提供了多个方法对其进行各种空间关系的判断，判断的方法与几何对象空间关系判断的方法类似，读者可以参考第 5 章的相关内容。

2．工作环境类（Env 类）

工作环境类 Env 类是 ArcPy 中最常用的类之一，可以控制地学数据处理工具运行的环境。工作环境类的属性非常多，超过 50 个。ArcPy 中的工作环境以 Env 类属性的方式公开，可以通过 ArcPy.Env.<环境名称>的方式来设置，在实际编程时，不同的空间数据处理使用的环境是不同的，需要根据需求来进行设置。表 2.2 给出了常用的工作环境属性。

表 2.2　常用的工作环境属性

属　性	说　明	数据类型
cellSize(读写)	栅格单元尺寸	string
extent(读写)	支持"范围"环境的工具只会处理落入此设置中所指定范围内的要素或栅格	string
mask(读写)	支持"掩膜"环境的工具只会考虑运行过程中落入分析掩膜范围内的像元	string
NoData(读写)	支持 NoData 环境设置的工具将仅处理其中 NoData 有效的栅格	string
overwriteOutput (读写)	管理工具在运行时是否自动覆盖任何现有输出。设置为 True 时，工具将执行并覆盖输出数据集。设置为 False 时，将不会覆盖现有输出，工具将返回错误	boolean
workspace (读写)	将指定的工作空间用作地学数据处理工具输入和输出的默认位置	string

下面分别介绍表 2.2 中各个环境属性设置的方法。

1）cellSize（栅格单元尺寸）

cellSize 是支持栅格单元尺寸环境设置的工具，可以设置输出栅格单元的大小或分辨率。默认输出分辨率由最粗的输入栅格数据集决定。一般在栅格数据分析时，会产生新的栅格数据，可以根据需要为新产生的栅格数据设置栅格单元尺寸，对应的 ArcPy 语句如下：

```
ArcPy.Env.cellSize = cellsize_option
```

cellsize_option 表示该参数是可选参数，能够设置为下面四种形式：

（1）MAXOF：输入最大值——所有输入数据集的最大像元大小。这是默认设置。

（2）MINOF：输入最小值——所有输入数据集的最小像元大小。

（3）number：直接使用指定的像元大小。

（4）layer_name：使用指定图层或栅格数据集的像元大小。

下面给出一个设置栅格单元尺寸的例子。

```
import ArcPy
# 使用关键词设置栅格单元尺寸
ArcPy.Env.cellSize = "MINOF"
# 使用数字设置栅格单元尺寸
ArcPy.Env.cellSize = 30
# 使用已有栅格数据的单元尺寸
ArcPy.Env.cellSize = "e:/chinamap/北京11.img"
```

2）extent（范围）

范围环境设置让地学数据处理工具只处理设置范围内的要素或栅格。

范围环境设置实际上定义了地学数据处理工具要处理的要素或栅格。通过该项设置，可以让地学数据处理工具只处理大型数据集中的一部分，从而提高工具的运行效率。可将此项设置视为用于选择输入要素或栅格的一个矩形，任何穿过矩形的要素或栅格均将被处理。值得注意的是，矩形只用于选择要素，选择穿过矩形范围的要素参与地学数据处理，而非裁剪要素，因此输出数据集的范围通常会大于该设置项的范围。范围环境属性、穿过范围的要素和输出数据集的范围之间的关系如图 2.9 所示。

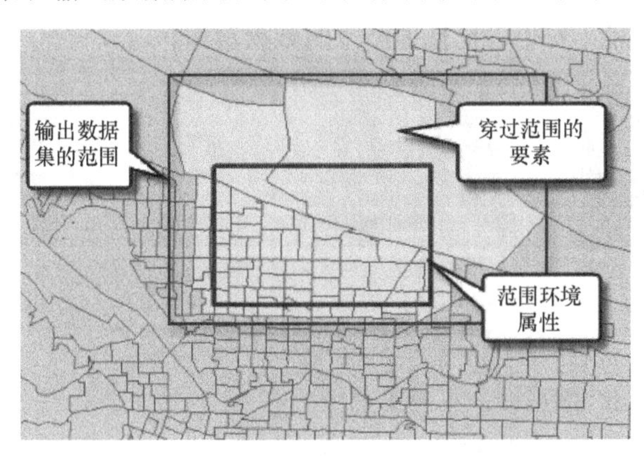

图 2.9　范围环境属性、穿过范围的要素和输出数据集的范围之间的关系

范围环境设置的语句如下：

```
ArcPy.Env.extent = extent
```

等号右边的 extent 也是一个可选参数，可以取以下内容为值。

（1）extent 对象：用于定义范围的 extent 对象。

（2）MINOF：所有输入要素或栅格叠置的范围（彼此相交）。需要注意的是，有可能所有要素都不叠置，因此可能生成空范围（宽度和高度均为零），这种情况下不会处理任何要素或像元。

（3）MAXOF：所有输入数据的组合范围，将处理所有要素或像元。

（4）XMin、YMin、XMax、YMax：用于定义范围的以空格分隔的坐标，用于存储输入数据的坐标系。

（5）pathname：数据集的路径，将使用该参数所选数据集的范围。

下面给出一个用代码设置范围环境属性的例子。

```
import ArcPy
# 用关键词设置范围环境属性
ArcPy.Env.extent = "MAXOF"
```

```
# 用范围类设置范围环境属性
ArcPy.Env.extent = ArcPy.Extent(-107.0, 38.0, -104.0, 40.0)

# 用坐标字符串设置范围环境属性
ArcPy.Env.extent = "-107.0 38.0 -104.0 40.0"
```

3）mask（掩膜）

掩膜的功能与上述范围属性有些类似，设置“掩膜”环境属性后，运行过程中地学数据处理工具只考虑落入掩膜范围内的像元。使用掩膜的地学数据处理过程如图 2.10 所示。“掩膜”在 GIS 插值运算中使用特别多，一般采用某个研究区的边界（如行政边界、流域边界等）作为掩膜，可以保证插值产生的数据覆盖整个研究区。

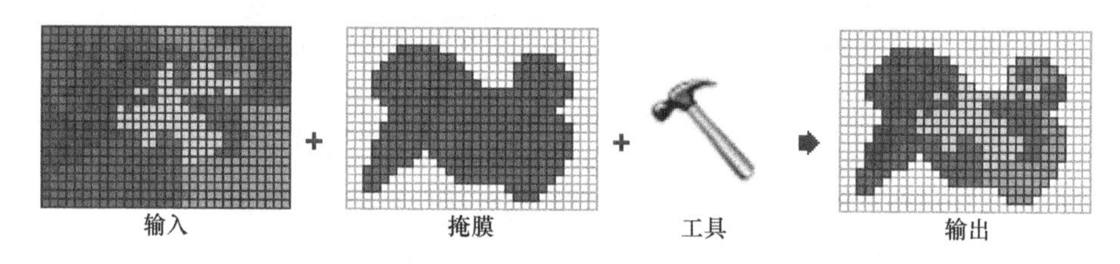

图 2.10　使用掩膜的地学数据处理过程

掩膜环境设置的语句如下：

```
ArcPy.Env.mask = mask_source
```

mask_source 定义掩膜的数据集，它可以是栅格数据，也可以是矢量要素数据集。如果数据集是栅格，含值的像元将构成掩膜，而掩膜中的所有 NoData 像元部分在输出中都将为 NoData。

下面为设置掩膜的一个简单示例。

```
ArcPy.Env.mask = "e:/chinamap/北京11.img"
```

4）NoData（无值）

支持 NoData 环境设置的工具将仅处理图层中 NoData 有效的栅格。当输入的 NoData 值需要传递到输出结果栅格时，可使用此环境。可以通过该设置指定哪个值将用来指定为输出中的 NoData 值。

无值环境设置的语句如下：

```
ArcPy.Env.nodata = "mapping_method"
```

参数“mapping_method”选择使用哪种 NoData 制图方法。

（1）None（无）：不存在任何适当的 NoData 值规则。如果输入和输出具有相同的值范围，将传送 NoData 且不进行任何更改。但是，如果值范围有所改变，则输出中没有针对 NoData 的值。这是默认方法。

（2）Maximum（最大值）：输出数据范围中的最大值可用作 NoData 值。

（3）Minimum（最小值）：输出数据范围中的最小值可用作 NoData 值。

（4）Map values up（提升最低值）：提升范围中的最低值，且最低值将变为 NoData。如果数据无符号，零值会变为 1，NoData 值将为零，其余值保持不变。如果数据有符号，则会提升范围中的最低值，且最低值将变为 NoData。例如，对于 8 位有符号的整数数据，-127 会变为-126 且 NoData 值将为-127。

（5）Map values down（降低最高值）：NoData 值是数据范围中的最大值，数据范围中的最高值会变为一个较小的值，而其余的值保持不变。例如，对于 8 位无符号的整数数据，NoData 值原来为 255，采用该参数后 255 会变为 254，其余值保持不变。

（6）Promotion（提升）：如果 NoData 值超出了输入的数据范围，则输出的像素深度可能会提升到下一个可用级别，而 NoData 会采用新数据范围内的最大值。例如，将值 256 作为 8 位无符号整数数据集的 NoData 时，由于 256 超过了 8 位无符号整数数据集所能表达的最大数（255），因此系统会自动将数据集提升到 16 位，并且 NoData 的值变为 16 位能表达的最大值（$2^{16}-1$）。

下面为设置无值属性的一个简单示例。

```
import ArcPy
# 将无值环境设置为提升方式
ArcPy.Env.nodata = "PROMOTION"
```

5）overwriteOutput（输出覆盖）

在地学数据处理过程中，经常会产生一些新的文件，这些文件有可能与已有的文件重名。如果程序没有对新文件进行判断，直接生成新文件，则程序会报错。如果不想对新文件进行判断，而让新文件直接覆盖已有的文件，则需要在环境属性里设置 overwriteOutput 属性。overwriteOutput 是一个布尔型的属性，ArcPy 默认 overwriteOutput 为 False，不允许覆盖已有的文件，如果想要覆盖已有文件，则需将该属性改为 True，代码如下：

```
ArcPy.Env.overwriteOutput = True
```

6）workspace（当前工作空间）

“当前工作空间”环境设置是将指定的工作空间作为当前空间数据处理工具输入输出的默认位置，该功能的语法如下：

```
ArcPy.Env.workspace = path
```

path 是一个合法的数据处理空间，可以是文件目录、地学数据库和网络空间等。

下面为设置当前工作空间的一个简单示例。

```
import ArcPy
# 设置当前工作空间
ArcPy.Env.workspace = "e:/chinamap"
```

3. 空间参考类

空间参考是地理信息系统中的重要概念，所有的地学数据集（包括各种矢量数据和栅格数据）都应该具有一个空间参考，用于定义该数据集的坐标系。空间数据分析的前提是所有数据都统一到相同的空间参考下。如果空间参考不同，则需要进行各种空间参考的转换，而进行空间参考转换的前提是该数据集具有空间参考信息。ArcGIS 通过投影文件（.prj）指定数据的空间参考信息。ArcPy 提供了用以描述地学数据空间参考的 SpatialReference 类，利用该类可以方便地实现对各种空间参考的设置。

1）空间参考类的基本使用方式

空间参考类的实例化主要有四种方式。

（1）使用坐标系统的名称。

这种方式需要知道坐标系在 ArcGIS 软件中对应的名称，例子如下：

```
sr = ArcPy.SpatialReference("Hawaii Albers Equal Area Conic")
```

（2）使用投影文件（.prj）。

```
sr = ArcPy.SpatialReference("c:/coordsystems/NAD 1983.prj")
```

（3）使用坐标系统的编码（WKID）。

```
# NAD 1983 StatePlane Vermont FIPS 4400 (Meters)对应的wkid为32145
sr = ArcPy.SpatialReference(32145)
```

坐标系统的编码是一种简单的坐标系统表达方式。安装 ArcGIS 后，在安装目录 Program Files\ArcGIS\Desktop10.X\Documentation 下有两个 PDF 文件分别说明地理坐标和投影坐标的相关内容，里面介绍了不同坐标系对应的 WKID 码，这两个文件分别是 geographic_coordinate_systems.pdf 和 projected_coordinate_systems.pdf。

由于投影坐标系使用的 WKID 数量较多，这里只介绍我国常用的几种地理坐标（Geographic Coordinate System）对应的 WKID，分别如下：

- ✓ 4214　GCS_Beijing_1954
- ✓ 4326　GCS_WGS_1984
- ✓ 4490　GCS_China_Geodetic_Coordinate_System_2000
- ✓ 4555　GCS_New_Beijing
- ✓ 4610　GCS_Xian_1980

（4）使用坐标内容的文本字符串。

文本字符串实例化空间参考对象，实际上使用了投影文件中的文本内容。下面给出一个使用 WGS84 坐标系实例化空间参考对象的例子。

```
    wkt = "GEOGCS['GCS_WGS_1984', DATUM['D_WGS_1984', SPHEROID
['WGS_1984', 6378137.0, 298.257223563]], PRIMEM['Greenwich',0.0],UNIT['Degree',
0.0174532925199433]];-400 -400 1000000000;-100000 10000;-100000 10000;
8.98315284119522E-09; 0.001;0.001; IsHighPrecision"
```

```
sr = ArcPy.SpatialReference()
sr.loadFromString(wkt)
```

空间参考类虽然提供了多种属性和方法，但是实际应用中用到的属性很少，用到的方法主要有两个，分别是 createFromFile (prj_file)和 loadFromString (string)，读者可以在帮助中查阅这两个方法的用法。

2）定义矢量数据投影

空间数据具有相同的空间参考信息是进行数据分析的前提。当矢量数据缺少空间参考信息时，首先要为该矢量数据定义空间参考信息，然后再通过投影转换的方式将不同的空间参考坐标转换到相同的空间参考坐标系下。

对 shape 文件来说，空间参考信息缺失意味着 shape 文件中缺少 prj 信息，因此要通过定义投影坐标的功能，为 shape 文件创建这个 prj 信息。创建语句定义如下：

```
DefineProjection_management(in_dataset, coor_system)
```

其中，in_dataset 为缺失空间参考的数据，coor_system 为要创建的空间参考。

缺失空间参考的文件在 ArcMap 加载时会给出提示，本质上是该文件缺失对应的“.prj”文件，必须为该文件创建正确的坐标信息。下面给出一个利用已有 shape 文件的坐标信息为缺失空间参考的 tmp.shp 文件创建空间参考的例子。

```
import ArcPy
# 描述数据类型
fc = r"E:\chinamap\mapdata\tmp.shp"
template = r"E: \chinamap \mapdata\New_Shapefile.shp"
desc = ArcPy.Describe(template)
# 获得空间参考信息
sr = desc.spatialReference
# 定义投影
print sr.type
try:
   ArcPy.DefineProjection_management(fc, sr)
except:
   print ArcPy.GetMessages()
```

运行完这段代码后，系统自动会在“E:\chinamap\mapdata\”目录下创建一个“tmp.prj”文件。

3）矢量数据投影转换

如果矢量数据的空间参考信息不一致，则需要通过投影转换的方式，将不同的坐标系统转换到相同的坐标系中。矢量数据投影转换方法定义如下：

```
Project_management  (in_dataset,  out_dataset,  out_coor_system,
{transform_method}, {in_coor_system}, {preserve_shape}, {max_deviation})
```

投影转换实际上是利用投影转换公式对输入数据的坐标进行重新计算，产生一个新的文件，因此该函数需要有输入文件 in_dataset 和输出文件 out_dataset，还要有投影转换的方法 out_coor_system。如果两个坐标系的大地基准不同，还需要使用 transform_method 进行转换。因此，前面 4 个参数是进行投影转换最主要的参数，后面几个可以不用。

下面给出一个将“包头.shp”文件进行坐标系转换的例子，例子中使用了文本字符串和 WKID 实例化空间参考对象。

```
# -*- coding: utf-8 -*-
import ArcPy
from ArcPy import Env

Env.workspace = "E:\\mapdata"
# 输入数据
input_features = "包头.shp"
newinput = unicode(input_features, "utf-8")
# 输出数据
output_features = "包头_Project.shp"
newoutput = unicode(output_features, "utf-8")

# 创建待投影的坐标系
#out_coor_system="PROJCS['WGS_1984_Web_Mercator_Auxiliary_Sphere',
GEOGCS['GCS_WGS_1984',DATUM['D_WGS_1984',SPHEROID['WGS_1984',6378137.0,298
.257223563]],PRIMEM['Greenwich',0.0],UNIT['Degree',0.0174532925199433]],PR
OJECTION['Mercator_Auxiliary_Sphere'],PARAMETER['False_Easting',0.0],PARAM
ETER['False_Northing',0.0],PARAMETER['Central_Meridian',0.0],PARAMETER['St
andard_Parallel_1',0.0],PARAMETER['Auxiliary_Sphere_Type',0.0],UNIT['Meter
',1.0]]"

out_coor_system = ArcPy.SpatialReference(3857)

try:
    # 开始转换坐标
    ArcPy.Project_management(newinput, newoutput, out_coor_system)
except:
    print ArcPy.GetMessages()
```

4）栅格数据投影转换

栅格数据的投影不一致时同样也要通过投影转换的方式将坐标系统一。但是，栅格数据的投影转换要比矢量数据的投影转换复杂。栅格数据的投影转换除了确定采用哪种投影方式转换，还需要考虑生成的新栅格文件与原栅格文件栅格单元尺寸是否一致。栅格投影允许设置投影后产生的新文件的栅格单元尺寸，当新尺寸和原栅格单元尺寸不一致时，还要进行重采样。栅格数据投影转换方法定义如下：

```
        ProjectRaster_management (in_raster, out_raster, out_coor_system,
{resampling_type}, {cell_size}, {geographic_transform}, {Registration_Point},
{in_coor_system})
```

该函数的参数含义如下：

（1）in_raster：输入栅格数据集。

（2）out_raster：要创建的输出栅格数据集，可以为符合 ArcGIS 要求的 bmp、gif、img、tif、jpg 等格式。以地学数据库形式存储栅格数据集时，不需要定义扩展名。

（3）out_coor_system：输入栅格待投影到的目标坐标系。默认值将基于“输出坐标系”环境设置进行设定。

（4）resampling_type（可选）：要使用的重采样算法。默认设置为 NEAREST。

- ✓ NEAREST：这是最快的重采样方法，因为此方法可将像素值的更改内容最小化。此方法适用于离散数据，如土地覆被。
- ✓ BILINEAR：可采用平均化周围（距离权重）4 个像素的值计算每个像素的值，适用于连续数据。
- ✓ CUBIC：根据周围的 16 个像素拟合平滑曲线来计算每个像素的值。生成平滑影像，但可创建位于源数据中超出范围外的值，适用于连续数据。
- ✓ MAJORITY：基于 3×3 窗口中出现频率最高的值来确定每个像素的值，适用于离散数据。

需要注意的是，NEAREST 和 MAJORITY 适用于离散的分类数据，如土地利用分类。对连续数据（如高程表面）进行重采样时不能使用 NEAREST 或 MAJORITY 选项。BILINEAR 选项和 CUBIC 选项主要适用于连续数据，不建议对离散数据（如分类数据）使用这两个选项，因为可能会改变像元值，从而使得某类里的一些数据发生变化，影响原始数据分类的结果表达。

（5）cell_size（可选）：新栅格数据集的像元大小。默认像元大小为所选栅格数据集的像元大小。

（6）geographic_transform（可选）：在两个地理坐标系或基准面之间实现转换的方法。当输入和输出坐标系的基准面相同时，地理（坐标）变换为可选参数。如果输入和输出基准面不同，则必须指定地理（坐标）变换。

（7）Registration_Point（可选）：用于对齐像素的 x 坐标和 y 坐标（位于输出空间中）。

（8）in_coor_system（可选）：输入栅格数据集的坐标系。

下面给出一个栅格数据转换坐标系的例子，这个例子定义了一个转换栅格数据的函数 projectRaster，负责将 source 目录中 WGS84 坐标系的 TIF 格式栅格数据通过投影转换，转换到 target 目录下，转换的坐标为投影坐标 WGS_1984_UTM_Zone_49N。

```
# -*- coding:utf-8 -*-
##=========================
##批量栅格数据投影转换
import ArcPy,os,os.path
def projectRaster(rootPath):
    try:
        ##ArcPy 工作目录
        root_path = rootPath
        ArcPy.Env.workspace = root_path
        print rootPath
        ##待处理文件所在目录(相对于根目录)
        input_path = "source"
        output_path = "target"
        ##源坐标系 "WGS 84"
        sourceSR = ArcPy.SpatialReference(4326)
        ##目标坐标系(WGS_1984_UTM_Zone_49N)
        targetSR = ArcPy.SpatialReference(32649)
        ##遍历目录，查找栅格数据
        files = os.listdir(root_path+os.sep+input_path)
        for f in files:
            if os.path.splitext(f)[1].upper() == ".TIF":
                fileName = os.path.splitext(f)[0] + ".tif"
                in_dataset = input_path + os.sep + fileName
                out_dataset = output_path + os.sep + fileName
                print  "begin  project  "+in_dataset+"  from: "
+sourceSR.name+" to: "+targetSR.name
                ArcPy.ProjectRaster_management(in_dataset,
out_dataset, targetSR, "NEAREST","30", "#", "#",sourceSR)
                print "project success!"

    except ArcPy.ExecuteError:
        print "Project Raster example failed."
        print ArcPy.GetMessages()
################################################
if __name__ == '__main__':
    #指定处理文件根目录
    path = r"E:\chinamap\重庆"
    root_path = unicode(path,'utf-8')
projectRaster(root_path)
```

2.4　利用 ArcPy 编写第一个程序

ArcPy 是一个 Python 站点包，可通过 Python 高效地执行地学数据分析、数据转换、数据管理和地图自动化等操作。ESRI 公司从 ArcGIS 9.2 开始就提供了 ArcPy 来编写地学数据处理代码。目前 ArcPy 已经是 ArcGIS 重点支持的二次开发语言了，其功能也越来越强大。ArcPy 提供了丰富纯正的 Python 体验，并针对每个函数、模块和类提供了参考文档。

若要利用 ArcPy 提供的处理地学数据的功能，首先要在代码中导入 ArcPy 模块，这是在写代码时，应该在第一行写的语句。可以在 ArcGIS Python 窗口中输入如下代码（注意大小写，每输入一行代码后需要按下 Enter 键）：

```
import ArcPy
```

这样就可以使用 ArcPy 站点包的所有功能了。ArcPy 也提供了提示功能让用户更加方便地编程。由于 ArcPy 也是一种面向对象的语言，因此我们可以获取对象的属性和方法。比如在第二行输入“arcpy.env=”后，ArcPy 会自动出现提示，如图 2.11 所示，可以通过上下键选择相应的命令并用 Tab 键完成选择。

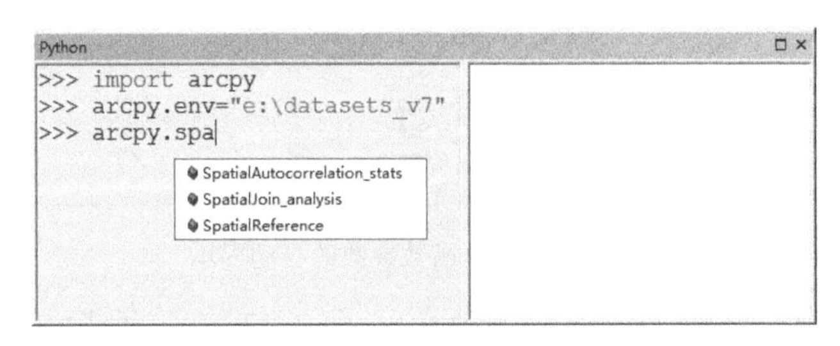

图 2.11　ArcPy 语句自动提示功能

如果只想使用 ArcPy 的部分功能（如模块或者公开的类），则可以使用部分功能导入语句：from-import。如想使用 ArcPy 的 Env 类功能时，使用 from-import 语句即可以满足需求。

```
from ArcPy import Env
Env.workspace = "c:/data"
```

可以使用 from-import-as 语句进一步为导入的部分功能设置一个别名，如上面的例子，可以写成如下代码：

```
from ArcPy import Env as myEnv
myEnv.workspace = "c:/data"
```

虽然使用用户设置的别名没有缩短程序，但是可以使程序的可读性大大增强。

from-import-as *语句可以直接使用模块的命名空间，也就是说，不需要再使用前缀（如“myEnv”）来引用特定的功能，而是直接可以写功能语句，如上例可以写成：

```
from ArcPy import Env as *
workspace = "c:/data"
```

下面以做一个缓冲区的例子详细介绍利用 ArcGIS Python 窗口实现的过程。

（1）启动 ArcMap，打开地图文档，本书以包头地区地学数据为例；

（2）启动 ArcGIS Python 窗口；

（3）导入 ArcPy 模块；

（4）设置工作空间，ArcGIS 的环境设置可以使用 Env 类的属性来获取，该类属于 ArcPy 的一部分。通过该类的调用，我们可以设置输入数据和输出数据的默认工作目录。

```
ArcPy.Env.workspace="E:\datasets_v7"
```

（5）调用缓冲区分析工具，如图 2.12 所示，输入“arcPy.Buffer_analysis(”后，ArcGIS Python 窗口的右侧部分自动弹出关于该功能的使用帮助，主要介绍该功能的参数说明。如果已经有地图文档打开，则系统会自动出现地图文档中的图层名，让用户选择，用户只要知道各个参数的含义，就可以轻松设置 Buffer_analysis 需要的各个参数，输入完毕后，按下 Enter 键，系统就开始自动执行缓冲区分析。

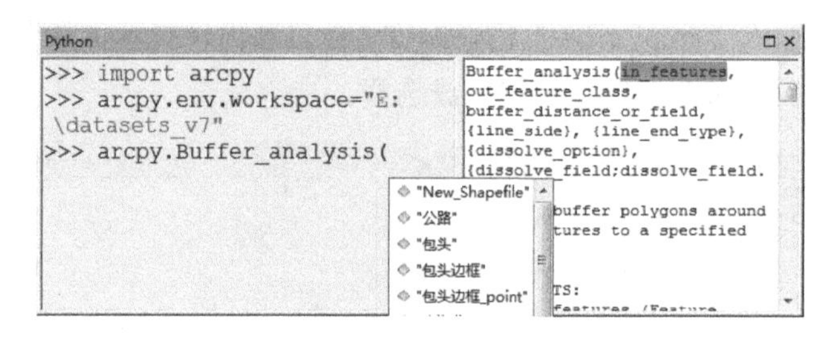

图 2.12　ArcPy 函数参数的自动提示

例如，本例输入：

```
ArcPy.Buffer_analysis("河流","riverbuffer",0.05)
```

执行缓冲区后产生的结果如图 2.13 所示。也可以使用变量来存储相关的数据。

除了提供基本的工具、函数和类，ArcPy 也提供了很多模块。模块实际是具有特定功能的 Python 库，包括不同的函数和类。ArcPy 中的模块主要包括地图模块（ArcPy.mapping）、数据存取模块（ArcPy.da）、空间分析模块（ArcPy.sa）、网络分析模块（ArcPy.na）和时间模块（ArcPy.time）。如果要使用这些模块的功能，必须首先导入模块。

下面详细介绍一个使用地图模块的例子，用户可以通过这个例子了解使用不同模块的功能。

（1）在 ArcMap 中打开一个地图文档。

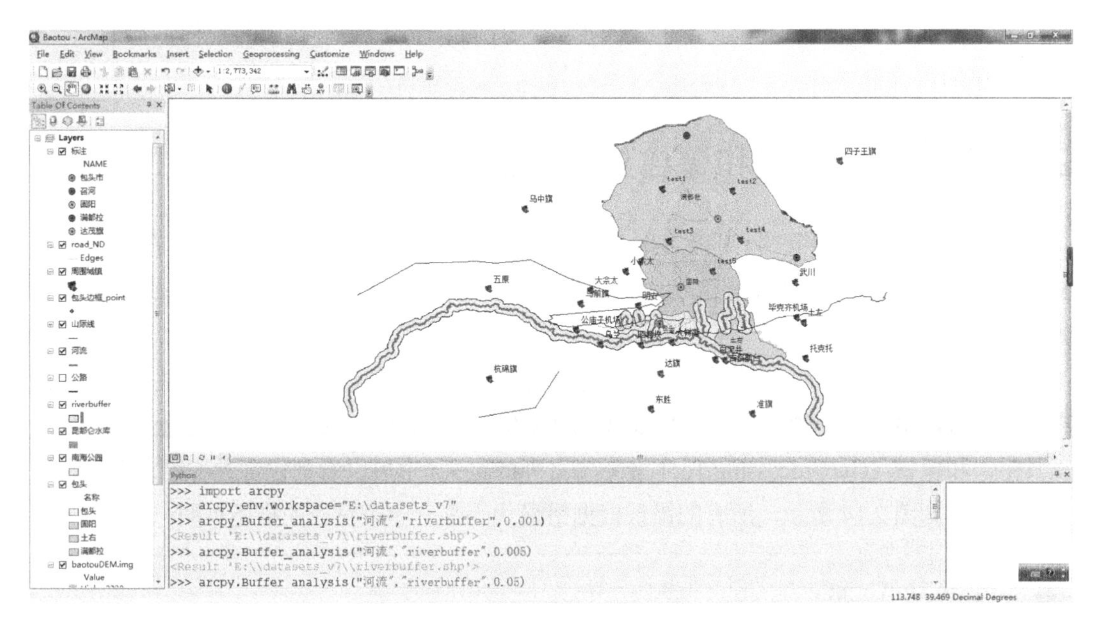

图 2.13　执行缓冲区后产生的结果

（2）打开 ArcGIS Python 窗口。

（3）在程序中写入导入地图模块的代码。

```
import ArcPy.mapping as mapping
```

（4）获得一个当前地图文档，并赋值给一个变量。这里需要注意的是，ArcMap 当前打开的地图文档用 current 表示，这是一个比较简便的方法，用户也可以写全文件名，同样也能打开这个地图文档。

```
mxd = mapping.MapDocument("current")
```

（5）调用地图模块的 ListLayers()函数，显示该地图文档所有的图层。

```
print mapping.ListLayers(mxd)
```

程序执行后，就会返回所有图层的图层名，并显示在该窗口。调用其他模块的方法与这个例子类似，因此用户可以非常方便地调用不同模块的功能。

在普通 Python 窗口的代码如下所示：

```
import ArcPy.mapping as mapping
mxd = mapping.MapDocument("E:\mapdata\Baotou.mxd")
print mapping.ListLayers(mxd)
```

细心的读者会发现，这里在导入地图模块时使用的语句与导入 ArcPy 模块的语句略有不同。在 Python 编程时，模块导入常用的模式主要有直接整体导入（import）和部分导入（from...import）两种。from...import 与 import 区别在于，import 直接导入指定的库，而 from....import 则是从指定的库中导入指定的模块或类。

import...as 的用法是 import A as B 的形式，表示给予 A 库一个 B 的别称，帮助记忆，提高程序的可读性。

2.5　ArcPy 的错误和警告处理机制

在使用 ArcPy 编程时，可能会因为各种原因出现程序运行出错，因此要在程序中可能出现异常情况的地方进行异常处理。这里简单介绍一下 ArcPy 的错误处理机制和警告处理机制。

地学数据处理工具返回的错误和警告都包含一个六位数字代码和一条描述性信息。用户在脚本中可以检测特定的错误代码并做出相应反馈。在 ArcGIS 帮助系统中的地学数据处理工具错误和警告（Geoprocessing Tool errors and warnings）中可以看到包含所有错误消息和代码的列表。如图 2.14 所示，所有的错误根据错误代码都有一个对应的描述页面。

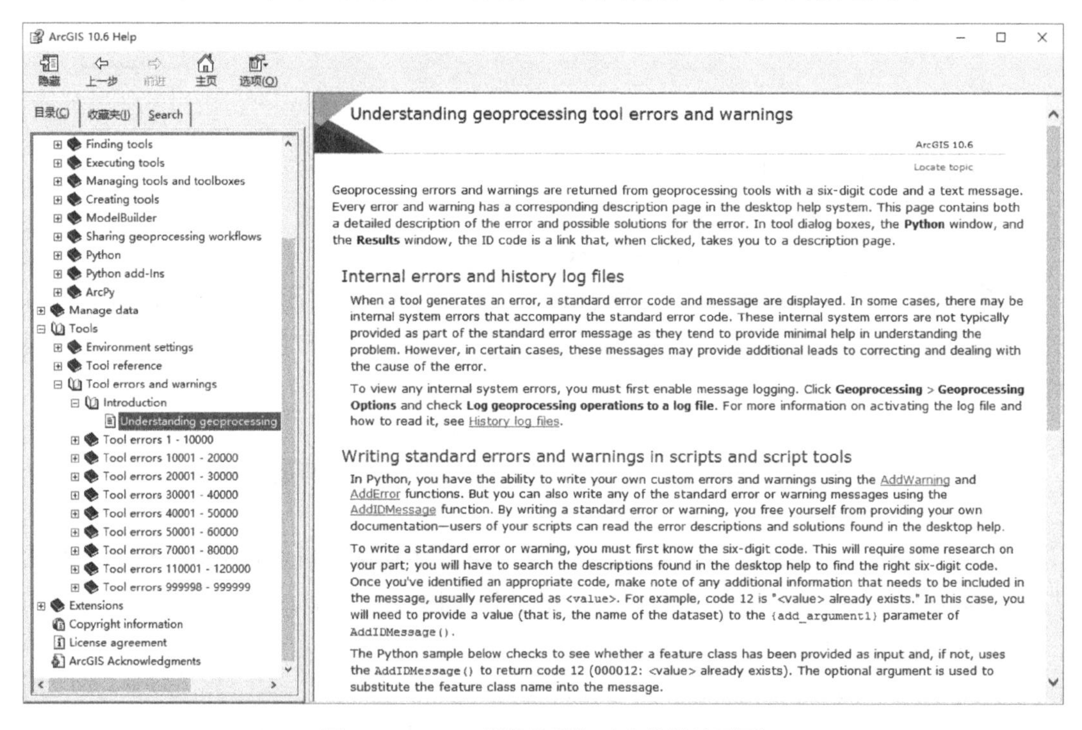

图 2.14　ArcPy 错误代码与对应的描述页面

2.5.1　ArcPy 的错误处理机制

try...except 语句可以用于捕捉并处理错误。通常的操作语句放在 try 块中，错误处理语句放在 except 块中。下面给出一个程序运行出错抛出提示信息的例子。

```
import ArcPy
```

```
myinput=r"C:\UsersyaoDocuments\ArcGISDefault.gdb\地级市"
try:
  ArcPy.CopyFeatures_management(myinput, myinput)
except ArcPy.ExecuteError:
  print ArcPy.GetMessages()
```

运行结果如下：

```
执行：CopyFeaturesC:\Usersyao\DocumentsArcGISDefault.gdb\地级市 C:\
UsersyaoDocuments\ArcGISDefault.gdb\地级市# 0 0 0
开始时间：Thu Oct 1316:45:46 2011
执行失败。参数无效。
ERROR 000725:输出要素类:数据集 C\:UsersyaoDocuments\ArcGISDefault.gdb\
地级市已存在。
执行(CopyFeatures)失败。
失败在 Thu Oct 1316:45:46 2017(经历的时间：0.00 秒)
```

在这个例子中，错误信息通过 GetMessages()函数获取。GetMessages()函数返回上一次执行工具过程中生成的所有消息。消息可以分为信息性消息、警告消息和错误消息三类，任何消息都可以被归类到三种消息类型中的一类。

消息类型可以通过一个严重性级别来指定。信息性消息（Informational messages）提供与工具执行有关的描述性信息，如工具执行进度、工具执行的开始和结束时间、输出数据特征等。信息性消息的严重性级别用数字 0 来表示。警告消息（Warning messages）在工具执行过程中出现的问题可能影响输出结果时生成。警告消息的严重性级别用数字 1 表示，同时并不会中止正在执行的工具。最后一个消息类型是错误消息（Error messages），该类型消息的严重性级别用数字 2 表示。错误消息表示有严重事件阻止工具运行。工具执行过程中会生成多个消息，这些消息都保存在列表中。

GetMessages()函数可用一个严重性级别参数筛选返回的消息。例如，用户可能只对工具执行过程中生成的错误消息感兴趣，对信息性消息和警告消息不感兴趣。调用 GetMessages(2)语句返回的消息中就仅包含错误消息。

从上面的例子还可以看到，地学数据处理工具失败时会抛出 ArcPy.ExecuteError 异常类。在 ArcPy 编程时可以将抛出的异常分为两种类型，一种是地学数据处理错误异常（抛出 ArcPy.ExecuteError 异常的错误），另一种是所有其他异常。

2.5.2　ArcPy 的警告处理机制

警告机制和出错机制的处理类似，主要抛出 ArcPy.ExecuteWarning 信息。地学数据处理工具遇到警告时，将触发 ExecuteWarning 异常类，并且 SetSeverityLevel 函数将严重性级别更新为 1。将严重性级别更新为 1 后，程序遇到警告时会指示 ArcPy 抛出 ExecuteWarning 异常。下面再给出一个程序运行抛出警告消息的例子。

```
import ArcPy
try:
    ArcPy.SetSeverityLevel(1)
    ArcPy.DeleteFeatures_management("C:UsersyaoDocumentsArcGISDefault.gdb\
地级市")
except ArcPy.ExecuteWarning:
    print ArcPy.GetMessages()
```

运行结果如下：

```
执行：DeleteFeaturesC:UsersyaoDocumentsArcGISDefault.gdb 地级市
开始时间：Thu Oct 1316:46:30 2017
WARNING 000117:警告:生成的输出为空。
成功在 Thu Oct 1316:46:31 2017 (经历的时间：1.00 秒)
```

这里注意要设置安全级别（SetSeverityLevel）为 1 才能触发警告。

第 3 章　管理地图文档与图层

图层是地理信息系统中非常重要的概念，矢量数据大都按照专题图层的方式存储，几乎所有的地图显示都与图层有关。图层是连接数据与符号渲染的重要桥梁，在出版的地图中，图层又与图例关联在一起。当然，图层最重要的就是组织数据，数据的分类、上下叠加、标注的显示等全部跟图层有关系。在地图模块（ArcPy.mapping）中，Layer 是一个非常重要的类型，ArcPy.mapping 提供了获取图层 Layer 信息的入口。在 ArcPy.mapping 中，Layer 有两个地方可以进入，一是通过地图文档（MapDocument）→数据框架（Dataframe），二是直接通过 lyr 文件进入。一般来说，第一种情况比较常用，可以针对某个地图文档的某个或者多个图层进行自动化修改，具体表现为对图层属性的细节进行修改。而通过 lyr 进入图层，更多的是在软件中完成某类图层的配置，然后整体更新（利用该 lyr 信息）或者插入地图文档中，其表现为粗放式修改。

ArcPy 的地图模块是 ArcGIS10.0 以后提供的一个新的功能模块，它具有很多操作地图的功能，主要包括地图文档管理、图层管理及和这些图层相关的数据管理，同时也支持地图的制图输出和打印，能够创建 pdf 地图集和 ArcGIS Server 地图服务需要的地图文档。这些功能是 GIS 软件中最基本的功能，在编程时经常会用到。本章重点介绍用地图模块管理地图文档和图层文件的功能。

3.1　使用当前地图文档

不论使用哪种 Python 的编辑环境运行地学数据处理代码，都需要对 ArcMap 中打开的地图文档进行操作，这是我们对地图数据操作最基本的一个步骤。

当操作一个地图文档时，首先需要在代码中获得这个地图文档的引用，可以调用 ArcPy.mapping 的 MapDocument 方法。我们可以引用 ArcMap 文档中当前激活的文档或者计算机硬盘上的某个 mxd 文件，如果是引用 ArcMap 文档中当前激活的文档，只要用关键字 current 作为 MapDocument 方法的参数即可。需要指出的是，这个写法主要在 ArcGIS Python 窗口中用，而在 IDLE 中使用这个参数则不能获得对当前激活文档的引用。另外，current 这个参数对大小写不敏感，用户可以根据自己的习惯来使用。

下面给出两个地图文档操作的例子。

3.1.1 将当前地图文档另存为其他地图文档

（1）在 ArcMap 中打开一个 mxd 文档，本例打开 boutou.mxd。

（2）在 ArcMap 主工具栏上单击 Python 窗口。

（3）通过以下代码导入地图模块。

```
import ArcPy.mapping as mapping
```

（4）引用当前激活的文档，并赋给一个变量。

```
mxd = mapping.MapDocument("CURRENT")
```

（5）打印当前地图的标题。

```
print mxd.title
```

（6）为当前地图设置一个新的标题。

```
mxd.title= "包头地图"
```

（7）将当前地图文档另存为一个新的文档。

```
mxd.saveACopy("E:\chinamap\mapdata\包头地图.mxd")
```

（8）运行代码。

在 ArcMap 中打开新存的地图文档，可以通过属性查看新设置的地图标题。

3.1.2 使用全文件名引用地图文档

除了引用 ArcMap 打开的当前地图文档，用户也可以引用计算机硬盘或者远程服务器上的地图文档，只需要知道地图文档的全文件名即可。这是获取地图文档更加通用的一种方法，因为用户可以使用其他 Python 语言编辑器来编写代码，如下面的例子是在 IDLE 里面编写代码访问地图文档。

（1）打开 IDLE 编辑环境。

（2）创建一个 IDLE 代码编辑窗口。

（3）导入地图文档。

```
import ArcPy.mapping as mapping
```

（4）引用刚才创建的地图文档。

```
mxd = mapping.MapDocument("E:\chinamap\mapdata\Baotou.mxd")
```

（5）为当前地图设置一个新的标题。

```
mxd.title= "包头地图"
```

（6）打印该地图文档的标题。

```
print mxd.title
```

运行代码，结果如下：

```
包头地图
```

3.2　获取地图数据框架

ArcMap 的数据表目录（Table Of Contents，TOC）由一个或多个数据框架（Data Frame）组成。每个数据框架可以包含多个图层和数据表。数据框架可用于筛选列表，只需使用不同的列表函数，如 ListLayers()函数，就可以实现列表筛选的功能。一个数据框架可以用作 ListLayers()函数的输入参数来限制返回的图层名称，从而将需要的图层名筛选出来，也可以使用数据框架来获取或者设置当前地图的范围。

例如，获得当前地图文档中一些特定的数据框架，操作步骤如下。

（1）在 ArcMap 中打开一个 mxd 文档，本例打开 boutou.mxd。

（2）在 ArcMap 主工具栏上单击 Python 窗口。

（3）通过以下代码导入地图模块。

```
import ArcPy.mapping as mapping
```

（4）引用当前激活的文档，并赋给一个变量。

```
mxd = mapping.MapDocument("CURRENT")
```

（5）调用 ListDataFrames()函数，筛选出地图数据框架中含有“L”的数据框架。

```
frames = mapping.ListDataFrames(mxd,"L*")
```

（6）使用循环打印出该符合条件的数据框架名称。

```
for df in frames:
  print df.name
```

运行代码，结果如下：

```
Layers
```

这个例子中，ListDataFrames()函数可以获取某个地图文档中特定的数据框架，当地图文档中数据框架较多时，可以通过这个方法进行筛选。

3.3　访问地图图层信息

ArcPy 的地图模块提供了多种获取地图图层、数据框架、数据表、数据元素的方法，这些方法主要使用列表函数来操作，这个列表函数返回的值是 Python 的 List 数据类型。我们可以使用 List 数据类型提供的方法访问列表中的元素。本节介绍访问地图图层信息的方法。

获得当前地图文档中所有图层，操作步骤如下。

（1）在 ArcMap 中打开一个 mxd 文档，本例打开 boutou.mxd。

（2）在 ArcMap 主工具栏上单击 Python 窗口。

（3）通过以下代码导入地图模块。

```
import ArcPy.mapping as mapping
```

（4）引用当前激活的文档，并赋给一个变量。

```
mxd = mapping.MapDocument("CURRENT")
```

（5）调用 ListLayers ()函数，获得地图框架中的所有图层。

```
layers = mapping.ListLayers(mxd)
```

此处注意，在 ListLayers()函数中使用了 mxd 作为参数，默认访问地图文档中的第一个数据框架。

（6）使用循环打印出该符合条件的数据框架名称。

```
for ls in layers:
  print ls.name
```

（7）运行代码，结果显示所有的图层名称。

ListLayers() 函数是 ArcPy 地图模块提供的最重要的功能之一，该模块还提供了 ListTableViews()函数获取数据表信息，ListDataFrames()函数获取数据框架信息，ListBookmarks()函数获取书签信息，相关函数的用法可以查阅有关帮助。

也可以用 ListLayers()函数筛选符合特定条件的地图图层信息。例如，获得当前地图文档中所有图层，操作步骤如下。

（1）在 ArcMap 主工具栏上单击 Python 窗口。

（2）通过以下代码导入地图模块。

```
import ArcPy.mapping as mapping
```

（3）引用当前激活的文档，并赋给一个变量。

```
mxd = mapping.MapDocument("CURRENT")
```

（4）通过 ListLayers()函数获得图层列表，将符合条件的图层名称赋给一个列表变量。

```
layers = mapping.ListLayers(mxd,'*')
```

（5）使用循环打印出该符合条件的图层名称。

```
for layer in layers:
   if (layer.name[0] == 'B'):
      print layer.name
```

（6）运行代码，结果显示所有第一个字符为“B”的图层名称。

也可以用下面的代码实现类似的功能。ListLayers()函数使用了 3 个参数，第二个参数为筛选参数，第三个参数为数据框架，这里使用上面例子获得的数据框架。

```
layers = mapping.ListLayers(mxd,"B*",frames[0])
for ls in layers:
  print ls.name
```

3.4　修改地图图层属性

地图图层属性基本上可以跟地图图层属性的标签页对应，包括数据源信息（datasetName、dataSource、workspacePath 均为只读），标注（labelClasses、showLabels 均为只读），常规属性如名称、可见比例等（name、maxScale、minScale 均为读写），图层过滤（definitionQuery 读写），图层类型判断（isFeatureLayer、isGroupLayer、isNetworkAnalyst Layer、isRasterizingLayer、isRasterLayer、isServiceLayer 均为只读），符号系统（symbology、symbologyType 均为只读），时态（time 只读）。当然，这只是一些基本的属性，还有一些比较常用属性，如 visible（图层可视性）、transparency（图层透明度）等，用户可根据实际需要进行设置。

图层提供的方法其实也不多，就是简单几个诸如获取图层范围（getExtent）、选择集合范围（getSelectedExtent、setSelectionSet）、保存图层（save 、saveACopy）、设置数据源（findAndReplaceWorkspacePath、replaceDataSource）、更新图层（updateLayer FromJSON）等操作，方法比属性要少得多，这也跟 ArcPy 粗粒度的定位是有关的。但尽管如此，这些方法和属性也基本覆盖了图层的所有操作。

每个数据框架都有一个 Extent 属性，是该地图框架的显示范围。在实际应用中经常有查询图层的操作，将满足条件的地图数据查询出来并将地图放大到查询结果的范围，操作步骤如下。

（1）在 ArcMap 中打开“baotou.mxd”文档。

（2）在 ArcMap 主工具栏上单击 Python 窗口。

（3）通过以下代码导入地图模块。

```
import ArcPy.mapping as mapping
```

（4）引用当前激活的文档，并赋给一个变量。

```
mxd = mapping.MapDocument("CURRENT")
```

（5）通过 ListLayers()函数获得图层列表，将符合条件的图层名称赋给一个列表变量。

```
layers = mapping.ListLayers(mxd,'*')
```

（6）使用循环打印出该符合条件的图层名称。

```
for layer in layers:
  if (layer.name == 'New_Shapefile'):
    mxd.activeDataFrame.extent=layer.getExtent()
    mxd.save()
```

（7）运行代码，结果显示将当前“baotou.mxd”显示范围调整为 New_Shapefile 图层的范围，并将结果保存。

下面再给出一个修改图层属性的例子，该例子清晰地显示了从地图文档到数据框架再到图层的访问模式，可以在 IDLE 中编辑运行。

```
import ArcPy
# 获取地图文档
mxd = ArcPy.mapping.MapDocument(r"E:\chinamap\mapdata\Baotou.mxd")
#获取地图文档中的第一个数据框架
df = ArcPy.mapping.ListDataFrames(mxd)[0]
#对第一个数据框架的图层进行修改
lyrs=ArcPy.mapping.ListLayers(mxd, "", df)
try:
    for layer in lyrs:
        if layer.name.lower() == "new_shapefile":
            print layer.name
            layer.showLabels = False
            layer.visible = False
    mxd.save()
except:
    ArcPy.GetMessages()
```

3.5 地图文档中的图层操作

图层操作是地理信息系统软件中比较常用的一个操作，主要包括添加不同来源的空间数据、删除图层、在地图文档中移动数据等，下面介绍几个常用的图层操作在 ArcPy 中的实现方法。

3.5.1 在地图数据框架中添加图层

1. 添加 shape 文件到地图文档

应用中经常需要在一个地图数据框架（DataFrame）中增加新的图层。ArcPy.mapping 提供了添加一个或一组图层到已有地图数据框架的功能，可以利用 ArcMap 的自动安排功能对图层进行显示顺序的排序。添加图层的功能由 AddLayer()函数实现，这个功能类似于 ArcMap 的 Add Data 功能。

要添加的这个图层可以是硬盘上已经存在的一个图层文件，也可以是地图文档中的一个图层，或者是其他地图数据框架中的一个图层。要添加一个图层到地图文档，首先要创建一个 Layer 类的实例，然后调用其 AddLayer()方法，这样图层就可以加入当前地图文档的数据框架中了，操作步骤如下。

（1）在 ArcMap 中打开一个 mxd 文档。

（2）在 ArcMap 主工具栏上单击 Python 窗口。

（3）通过以下代码导入地图模块。

```
import ArcPy.mapping as mapping
```

（4）引用当前激活的文档，并赋给一个变量。

```
mxd = mapping.MapDocument("CURRENT")
```

（5）获得当前地图数据框架，并赋给一个变量。ListDataFrames()函数可以获得当前地图文档的所有地图框架，该方法返回一个列表。由于一个 mxd 文件中可能有多个地图框架，因此可以使用索引号[0]获得地图文档中的第一个地图框架。

```
df=mapping. ListDataFrames(mxd)[0]
```

（6）创建一个 Layer 实例，用其表示一个图层。

```
newlayer = ArcPy.mapping.Layer(r"E:\mapdata\New_Shapefile.shp")
```

（7）将该图层添加到地图文档中。

```
mapping.AddLayer(df, newlayer, "TOP")
```

（8）运行程序，将图层添加到地图文档中。

下面再给出一个在 IDLE 中编写的添加 shape 文件的程序，用户可以将该代码复制到 ArcMap 的 Python 窗口运行。

```
import ArcPy
import ArcPy.mapping
# 获取地图文档
mxd = ArcPy.mapping.MapDocument("CURRENT")
# 获取数据框架
df = ArcPy.mapping.ListDataFrames(mxd,"*")[0]
# 创建一个图层
newlayer =
ArcPy.mapping.Layer(r"E:\chinamap\mapdata\New_Shapefile.shp")
# 将图层添加到数据框架的地图中
ArcPy.mapping.AddLayer(df, newlayer,"TOP")  #BOTTOM
# 刷新 TOC 和地图视图
ArcPy.RefreshActiveView()
ArcPy.RefreshTOC()
del mxd, df, newlayer
```

2. 将 gdb 数据添加到图层中

空间数据也常以地学数据库的形式进行存储，可以存储到不同类型的 geodatabase 中，下面给出一段代码，其目的是将存储在 personal geodatabase 中的河流图层加载到数据框架的地图中。

```
import ArcPy
import ArcPy.mapping
# 获取地图文档
mxd = ArcPy.mapping.MapDocument("CURRENT")
```

```
        # 获取数据框架
        df = ArcPy.mapping.ListDataFrames(mxd,"*")[0]
        #将数据库中的数据创建图层
        ArcPy.Env.workspace                                              =
unicode("e:\\chinamap\\mapdata\\PGeodatabase.mdb")
        newlayer = ArcPy.mapping.Layer("河流")
        # 添加图层
        ArcPy.mapping.AddLayer(df, newlayer,"TOP")  #BOTTOM
        # 刷新 TOC 和地图视图
        ArcPy.RefreshActiveView()
        ArcPy.RefreshTOC()
        del mxd, df, newlayer
```

3. 向地图文档中插入图层

AddLayer()函数可用来向地图文档中添加图层，根据其所选参数的不同，添加进来的图层在数据框架中的位置可以是 ArcMap 随机给定的位置，也可以是数据框架中的最上层或最下层。不过，该函数并没有提供将图层插入数据框架中某个指定位置的控制机制。对于这种情况，可以使用 InsertLayer()函数来实现。InsertLayer()函数的定义如下所示。

```
        InsertLayer  (data_frame,  reference_layer,  insert_layer,  {insert_
position})
```

其参数含义为：data_frame 是当前数据框架；reference_layer 是参考图层，是数据框架中作为插入位置参考的已有图层；insert_layer 是待插入的图层；insert_position 是个常量，用于表示新插入图层与参考图层的相对位置，可以取“AFTER”或“BEFORE”，默认为“BEFORE”。

下面给出一个例子，实现将图层“New_Shapefile.shp”添加到已有数据框架中指定的参考图层“标注”之前这一功能。

（1）在 ArcMap 中打开 mxd 文件。

（2）单击 ArcMap 主工具栏上的 Python 窗口按钮。

（3）导入 ArcPy.mapping 模块。

```
        import ArcPy.mapping as mapping
```

（4）引用当前活动的地图文档（Crime_Ch3.mxd）并将该引用赋值给变量。

```
        mxd = mapping.MapDocument("CURRENT")
```

（5）获取数据框架的引用。

```
        df = mapping.ListDataFrames(mxd)[0]
```

（6）定义一个参考图层，为当前地图数据框架的第一个图层。

```
        refLayer = mapping.ListLa。yers(mxd,"标注",df)[0]
```

（7）定义一个要插入的图层。

```
insertLayer=mapping.Layer(r"E:\chinamap\mapdata\New_Shapefile.shp")
```

（8）向数据框架中插入图层。

```
mapping.InsertLayer(df,refLayer,insertLayer,"BEFORE")
```

（9）运行脚本。

3.5.2　在地图数据框架中删除图层

与添加图层相反的操作是在地图数据框架中删除图层，这个只是将数据从地图视图中移除，而不是真正意义的将空间数据在物理上删除。ArcPy 提供了 RemoveLayer()函数实现图层删除的操作。RemoveLayer()函数负责从特定数据框中删除单个图层或图层组。如果有多个图层满足条件，则仅删除第一个图层，除非脚本会遍历返回列表中的每个图层。

下面给出一个例子，这个例子将上面添加的图层“New_Shapefile.shp”从当前数据框架中删除。

```
import ArcPy
import ArcPy.mapping
# 获取地图文档
mxd = ArcPy.mapping.MapDocument("CURRENT")

df=ArcPy.mapping.ListDataFrames(mxd,"*")[0]
for lyr in ArcPy.mapping.ListLayers(mxd, "*",df):
   if lyr.name == "New_Shapefile":
      ArcPy.mapping.RemoveLayer(df, lyr)
      print(lyr.dataSource)
      ArcPy.Delete_management(lyr.dataSource) # 彻底删除图层，请谨慎使用
      print("Layer Deleted") # 这两条语句主要用于和删除图层功能的对比
   else:
      pass
```

3.5.3　在地图文档中移动图层

在地图文档中如果需要调整图层的相对位置，可以使用 MoveLayer()函数，对某些图层进行移动。

```
MoveLayer (data_frame, reference_layer, move_layer, {insert_position})
```

其参数含义为：data_frame 是当前数据框架；reference_layer 是参考图层，是数据框架中作为插入位置参考的已有图层；move_layer 是待移动的图层；insert_position 是个常量，

用于表示新插入图层与参考图层的相对位置，可以取“AFTER”或“BEFORE”，默认为“BEFORE”。

下面给出一个例子，将图层“New_Shapefile”移动到图层“河流”的前面。

```
import ArcPy
import ArcPy.mapping
# 获取地图文档
mxd = ArcPy.mapping.MapDocument("CURRENT")
# 获取数据框架
df = ArcPy.mapping.ListDataFrames(mxd,"*")[0]
#设置参考图层
refLayer = ArcPy.mapping.ListLayers(mxd,"河流",df)[0]
#设置移动图层
moverlayer = ArcPy.mapping.Layer("New_Shapefile")
#开始移动图层
ArcPy.mapping.MoveLayer(df,refLayer,moverlayer)
```

第 4 章　ArcPy 查询空间数据

前面章节已经介绍了如何打开一个地图数据集，在此基础上可以继续对数据进行操作。本章将讨论如何读取和搜索数据表。这些表通常用于提供矢量特征的属性，但在某些情况下也可以单独使用。

在掌握矢量数据访问之前，需要了解矢量数据在 ArcGIS 软件中是如何存储的。ArcGIS 要素类中的属性特征（如 shapefile）存储在表中，该表是典型的关系型数据库表，具有列（字段）和行（记录）。

4.1　属性字段的访问

4.1.1　地学数据表中的字段

以 shape 文件为例，空间数据表中的字段存储的内容包括几何信息和属性信息。

表中有两个字段不能删除。其中一个字段（通常称为 shape）包含要素的几何信息。这包括特征中每个顶点的坐标，并允许在屏幕上绘制该特征。几何体以二进制格式存储，在 ArcGIS 中可以看到几何数据对应的图形，但是无法访问这些几何数据所包含的坐标，可以使用 ArcPy 提供的对象来读取和处理几何图形的坐标。

要素类中另一个不能删除的字段是对象 ID 字段（OBJECTID 或 FID）。它是唯一的编号或标识符，用于唯一标识 ArcGIS 数据中的各个记录。对象 ID 有助于使用数据时避免出现混淆。有时记录具有相同的属性。例如，洛杉矶和旧金山都可以拥有“加利福尼亚州”的 STATE 属性，或美国城市数据集可以包含 NAME 属性为“波特兰”的多个城市。但是，对于两个记录，OBJECTID 字段永远不会有相同的值。这符合关系型数据的基本要求。

其余的字段包含描述该几何对象的属性信息，这些属性通常存储为数字或文本。

4.1.2　获得字段名称

编写脚本时，需要提供要读写的特定字段的名称。在获取某个地图图层后，可以使用 ArcPy.ListFields（）获取一个 Python 列表的字段名称。

```
import ArcPy
import ArcPy.mapping as mp
mxd = mp.MapDocument("CURRENT")
df = mp.ListDataFrames(mxd,"*")[0]
featureClasses = mp.ListLayers(mxd,"",df)
# Loop through each field in the list and print the name
for fc in featureClasses:
    if fc.name.lower()==u"包头":
        fds = ArcPy.ListFields(fc)
        for fd in fds:
            if fd.name != "FID" and fd.name != "Shape":
                print fd.name
                print fd.type
```

以上将生成当前地图文档中的“包头”要素类中的字段列表，并且将 FID 和 shape 字段屏蔽掉。如果在 PythonWin 中运行此脚本（使用功能类之一），将在交互式窗口中看到以下内容。

```
名称
ID
POP2000
popMale
popFemale
```

这个例子里面用到了一个非常重要的类——Field 类，用于表示表中的列。字段有许多属性，上例用了最常用的名称属性和类型属性。可以通过这两个属性进一步判断下一步需要做的工作。有些地学数据处理是专门针对数值型字段的，如插值操作是针对点图层的某个数值型字段来进行的，那必须对图层的类型和图层属性字段的类型进行判断，从而选出合适的字段进行操作。

Field 对象支持的字段类型如下：

✓ Blob——二进制大对象
✓ Date——日期
✓ Double——双精度
✓ Geometry——几何
✓ Guid——Guid
✓ Integer——整型（长整型）
✓ OID——对象 ID
✓ Raster——栅格
✓ Single——单精度（浮点型）

✓ SmallInteger——小整型（短整型）

✓ String——字符串（文本）

需要注意的是，字段对象的 type 属性与添加字段工具的 filed_type 参数不完全匹配。有几个字段需要通过映射的方式进行匹配，它们是：整型映射至 LONG，字符串映射至 TEXT，SmallInteger 映射至 SHORT。

4.2　空间数据的查询

4.2.1　Cursor 和 Row 对象

1. Cursor 的基本概念

ArcPy 通过游标（Cursor）访问空间数据的属性。Cursor 是一种数据访问对象，可认为是一个枚举对象。Cursor 可用于在表中遍历一组行数据或者向表中插入新行。Cursor 有三种枚举形式：搜索、插入和更新。Cursor 通常用于读取现有几何数据和写入新几何数据。

每种类型的 Cursor 均由对应的 ArcPy 函数（SearchCursor、InsertCursor 或 UpdateCursor）在表、表格视图、要素类或要素图层上创建而成。也就是说，Cursor 对象的实例化是通过调用这几个函数之一完成的。执行不同的函数，可得到不同的 Cursor 类型。搜索 Cursor 可用于检索行，更新 Cursor 可用于根据位置更新和删除行，而插入 Cursor 可用于向表或要素类中插入行。

2. Cursor 对象方法

Cursor 提供的方法主要有 deleteRow (row)、insertRow (row)、newRow ()、next ()、reset ()和 updateRow (row)，根据不同的 Cursor 类型，这里将 Cursor 方法进行了归类说明，如表 4.1 所示。

表 4.1　Cursor 方法的归类

Cursor 类型	方　法	含　义
Search	next ()	返回当前位置的下一个 Row 对象
	reset ()	返回第一个位置的 Row 对象
Insert	newRow ()	产生一个空的 Row 对象
	insertRow (row)	在 Cursor 中插入一个新的 Row 对象
	next ()	
	reset ()	
Update	deleteRow (row)	删除一个 Row 对象
	updateRow (row)	利用 Row 更新当前对象
	next ()	
	reset ()	

用户在使用 Cursor 时，要牢记所做的数据库操作是什么，根据操作类型，确定使用的 Cursor 方法。

3. Row 对象的使用

Row 对象表示表格数据中的一个记录，可以通过 Cursor 对象的遍历得到。Row 对象方法如表 4.2 所示。

表 4.2 Row 对象方法

方 法	含 义
getValue (field_name)或 field_name	得到字段值
setValue (field_name, object)	设置字段值
isNull (field_name)	字段值是否为 Null
setNull (field_name)	设置字段值为 Null

4.2.2 查询功能的实现

ArcPy 使用 SearchCursor 函数实现对空间数据的查询。SearchCursor 函数可用于遍历行对象并提取相应的属性值。可以使用 where 子句或字段限制搜索，并对结果排序。

```
SearchCursor (dataset, {where_clause}, {spatial_reference}, {fields}, {sort_fields})
```

该函数第一个参数 dataset 是待查询的数据集；where_clause 用于指定查询条件，where 子句必须符合 SQL 查询语言的标准，如果不指定 where 子句，则查询所有记录；spatial_reference 指定查询结果显示的空间参考信息；fields 是需要查询的字段，如果不指定，则查询所有的属性字段；sort_fields 为对查询结果进行排序的字段，用 A 表示升序 D 表示降序。

需要注意的是，在 Python 中，字符串用成对的单引号或双引号括起。要创建含有引号的字符串（常见于 SQL 表达式中的 where 子句），可以对引号进行转义（使用反斜杠）或对字符串使用三重引号。例如，如果所需的 where 子句为

```
" NAME" = '黑龙江省'
```

可以将整个字符串用双引号括起，然后对内部双引号进行转义

```
" \" NAME\" = '黑龙江省' "
```

或者可以将整个字符串用单引号括起，然后对内部单引号进行转义

```
' " NAME" = \'黑龙江省\' '
```

或者不进行转义，而将整个字符串用三重引号括起

```
""" " AME" = '黑龙江省' """
```

如果 SearchCursor 函数的参数准确，就可以遍历该游标的结果集了。迭代搜索游标

的方式有两种：for 循环或者 while 循环（通过游标的 next 方法返回下一行）。如果要使用游标的 next 方法来检索行数为 *N* 的表中的所有行，脚本必须调用 *N* 次 next。在检索完结果集的最后一行后调用 next 将返回 None，它是一种 Python 数据类型，此处用作占位符。

下面给出几个例子，读者可以体会带查询条件的查询方式，以及用 for 语句和 while 语句进行查询结果遍历时的区别。总的来说，ArcPy 查询和普通的 SQL 查询思想是一致的。

1）普通查询的例子

```
import ArcPy
from ArcPy import Env
Env.workspace = "e:\\chinamap"
cur = ArcPy.da.SearchCursor("中国政区.shp","*")
for row in cur:
    print row[7],row[8]
```

本例查询输出中国政区的所有省份邮政编码和省份名称。

2）带条件查询的例子

```
import ArcPy
from ArcPy import Env
Env.workspace = "e:\\chinamap"
cur = ArcPy.da.SearchCursor("中国政区.shp","*","area > 100")
for row in cur:
    print row[7],row[8]
```

本例查询输出中国政区面积大于 100（万平方千米）的省份邮政编码和省份名称。

3）用 while 语句遍历查询结果

```
import ArcPy
from ArcPy import Env
Env.workspace = "e:\\chinamap"
cur = ArcPy.da.SearchCursor("中国政区.shp","*","area > 100")
row = cursor.next()
while row:
    print row[7],row[8]
    row = cur.next()
```

4）向字段名称中添加字段分隔符

SQL 表达式中使用的字段分隔符因所查询数据的格式而异。例如，文件地学数据库和 shapefile 使用双引号(" ")，个人地学数据库使用方括号 ([ ])，ArcSDE 地学数据库不使用字段分隔符。

使用 AddFieldDelimiters()函数可为不同的数据源添加正确的字段分隔符，只要将数据源作为参数传递给函数即可。该函数语法如下：

```
AddFieldDelimiters(datasource,field)
```

该函数只有两个参数，即数据源和需要添加的字段。下面给出使用该函数的例子。

```
import ArcPy
ArcPy.mapping.Layer("中国政区")
fieldname = "NAME"
fc = ArcPy.mapping.Layer("中国政区")
ArcPy.AddFieldDelimiters(fc, fieldname )
sqlquery = fieldname + " = " + "{0}".format("'四川省'")
print sqlquery
c = ArcPy.da.SearchCursor(fc, ("ADCODE99", "NAME"),sqlquery)
for row in c:
    print u"{0},{1}".format(row[0],row[1])
```

这个例子中读者需要注意 sqlquery 这个变量的值，这里打印输出的是：

```
NAME = '四川省'
```

4.2.3 空间数据编辑和更新

ArcGIS 中编辑数据，首先要启动编辑功能（Start Editing），启动之后用户才可以对空间数据和属性数据进行各种编辑，编辑完毕后，要关闭编辑功能（Stop Editing），并对所做修改进行存盘。整个流程如图 4.1 所示。

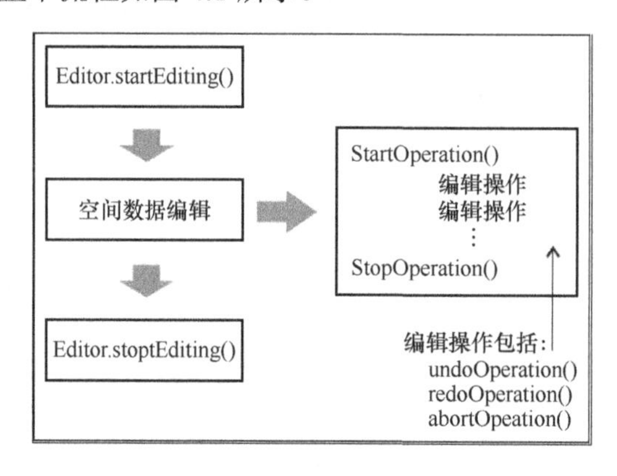

图 4.1 ArcPy 编辑空间数据流程

ArcPy 编辑空间数据使用的核心函数是 UpdateCursor，下面是函数的定义。

```
    UpdateCursor (dataset, {where_clause}, {spatial_reference}, {fields}, 
{sort_fields})
```

该函数参数的含义及返回的结果与 SearchCursor 函数一样，这里不再赘述。下面给出一个将 TEST 字段的值均改为 112 的例子。

```
#coding:utf-8
from ArcPy import *
Env.workspace = "e:\\chinamap"
```

```
ws = Env.workspace
edit = da.Editor(ws)
edit.startEditing(False, True)
edit.startOperation()
with da.UpdateCursor("中国政区.shp",'TEST') as cur:
    for row in cur:
        row[0] = '112'
        cur.updateRow(row)
edit.stopOperation ()
edit.stopEditing(True)
print 'Update is finished'
```

这个例子中 startEditing 函数的定义如下：

```
startEditing ({with_undo}, {multiuser_mode})
```

该函数包括两个参数，均为布尔型，表示是否允许 undo 和是否允许多用户模式。使用编辑事务对空间数据进行编辑能够充分利用编辑事务中的 undo、redo 等功能。如果用户直接采用 UpdateCursor 游标进行更新，则数据修改后是不可更改的。

利用 UpdateCursor 函数还可以实现对某行记录的删除，下面给出删除某行记录的例子。

```
import ArcPy
# Create update cursor for feature class
with ArcPy.da.UpdateCursor("中国政区.shp", ["ADCODE99"]) as cursor:
    #删除邮政编码是 460000 的省份
    for row in cursor:
        if row[0] == "460000":
            cursor.deleteRow()
```

4.2.4 空间数据插入

ArcPy 编辑空间数据使用的核心函数是 InsertCursor，这个函数负责向要素类、shapefile 或表中插入行。InsertCursor 返回一个枚举对象。InsertCursor 函数定义如下。

```
InsertCursor (dataset, {spatial_reference})
```

可使用 newRow 方法从插入行的枚举对象获取新的行对象。每次调用 insertRow 都会在表中创建新行，该行的初始值设置为输入行中的值。

```
import ArcPy
# Create a polyline geometry
array = ArcPy.Array([ArcPy.Point(117, 39),
                     ArcPy.Point(117, 41),
                     ArcPy.Point(115, 41),
                     ArcPy.Point(115, 39)])
```

```
newpolygon = ArcPy.Polygon(array)
# 打开一个 InsertCursor 游标并插入一个新的几何对象
cursor=ArcPy.da.InsertCursor("e:\\chinamap\\中国政区.shp", ['SHAPE@'])
cursor.insertRow([newpolygon])
print "Insert is finished"
# 删除 Cursor 对象
# cursor.reset()
del cursor
```

4.2.5 游标和锁定

插入和更新游标遵循由 ArcGIS 应用程序设置的锁。锁能够防止多个进程同时更改同一个表。锁有两种类型：共享和排它。

（1）只要访问表或数据集就会应用共享锁。同一表中可以存在多个共享锁，但存在共享锁时，将不允许存在排它锁。应用共享锁的示例包括：在 ArcMap 中显示要素类时及在 ArcCatalog 中预览表时。

（2）对表或要素类进行更改时，将应用排它锁。在 ArcGIS 中应用排它锁的示例包括：在 ArcMap 中编辑和保存要素类时；在 ArcCatalog 中更改表的方案时；在 Python IDE（如 PythonWin）中要素类上使用插入游标时。

（3）如果数据集上存在排它锁，则无法为表或要素类创建更新和插入游标。UpdateCursor 或 InsertCursor 函数会因数据集上存在排它锁而失败。

（4）如果这些函数成功地创建了游标，它们将在数据集上应用排它锁，从而使两个脚本无法在同一数据集上创建更新和插入游标。

在 Python 中，游标释放前保持锁定状态，否则将会阻止所有其他应用程序或脚本访问数据集，而这是毫无必要的。可通过以下方法来释放游标。

（1）在 with 语句中加入游标，这样可以确保无论游标是否成功完成，程序执行完毕后都释放锁。

（2）在游标上调用 reset()语句，执行该语句后能够自动重置游标。

（3）完成游标后，使用 Python 的 del 语句删除游标对象。

ArcMap 中的编辑会话将在会话期间对数据应用共享锁，保存编辑内容时将应用排它锁。已经存在排它锁时，数据集是不可编辑的。

此外，读者需要注意的是，ArcPy 模块本身及 ArcPy 的 da 模块中都提供了 3 个产生游标对象的函数，它们之间具有一定的区别，具体如下。

（1）ArcPy.insertCursor 只能对表进行插入，不能插入相应的几何要素；而 ArcPy.da.insertCursor 既可以插入表，也可以插入几何要素（如点、线、面）。

（2）ArcPy.updateCursor 只能通过 row.setValue(字段名，值）和 row.getValue(字段名)这两个函数对要素的值进行更改和获取，而 ArcPy.da.updateCursor 可以通过下标的方式对要素的值进行获取和更新，如 row[0]，而且可以查询出要素的坐标及面积、长度等。

（3）ArcPy.da.SearchCursor 可以通过属性字段设置的方式查询要素的坐标及面积、长度等，还可以通过下标获取值，ArcPy.SearchCursor 只能对普通的属性进行查询，不能使用下标。

4.3　操作二进制数据

二进制大对象（Blob）是一种存储为长度较长的一系列二进制数的数据。ArcGIS 会将注记和尺寸存储为 Blob，图像、多媒体或编码的位等项也可存储在此类型的字段中。可使用游标来加载或查看 Blob 字段的内容。

在 Python 中，Blob 字段可接受字符串、bytearray 和 memoryview。当读取 Blob 字段时，返回 memoryview 对象。下面以 File Geodatabase 数据库为例，分别介绍向数据库插入图片和从数据库读取 Blob 字段的图像数据，并存为 JPG 图片的例子。设表 ttt 中有一个字段 tt 为 Blob 型的字段，用于存放图片信息。该表的字段信息如图 4.2 所示。

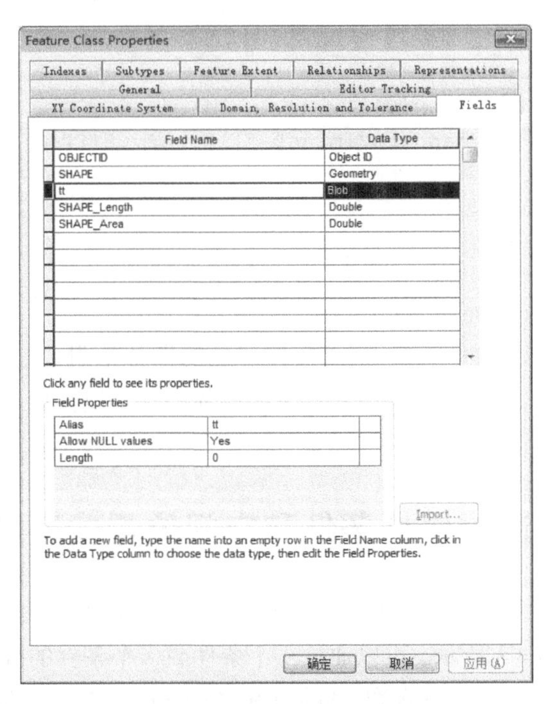

图 4.2　一个含有 Blob 字段的表信息

4.3.1 向数据库插入图片

向数据库插入图片的示例代码如下所示。

```
import ArcPy
try:
    data = open("e:/mapdata/psu.jpg", "rb").read()
    ic                                                                    =
ArcPy.da.InsertCursor("e:/mapdata/FileGeodatabase.gdb/ttt",['tt'])
    ic.insertRow([data])
except:
    ArcPy.GetMessages()
```

4.3.2 从数据库读取图片

从数据库读取图片的示例代码如下所示。

```
import ArcPy
try:
    sc    =    ArcPy.da.SearchCursor("e:/mapdata/FileGeodatabase.gdb/
test1",["tt"])
    i =0
    for row in sc:
        memview = row[0]
        open("e:/mapdata/image"+"{}".format(i)+".jpg","wb").write
(memview.tobytes())
        i = i+1
    print "done"
except:
    ArcPy.GetMessages()
```

通过这个例子可以看到，GIS 空间实体对应的图片信息，也可以作为属性存放于 Geodatabase 数据库中，用户不仅可以查询空间实体的基本属性信息，还可以查看该实体对应的图片信息。

4.4 ArcGIS 中通过属性条件和空间位置关系的查询

ArcGIS 中提供了两类基本的查询工具，一类是通过属性条件查询（Select By Attributes）工具，如图 4.3 所示，可以通过一个条件或多个条件的叠加查询用户需要的信息，另一类是通过空间位置关系查询（Select By Location）工具，如图 4.4 所示，基于某类型的空间位置关系来选择要素，由于涉及空间位置关系，因此该工具仅应用于要素类及与之关联的位于内存中的要素图层。

ArcPy 提供了 SelectLayerByAttribute_management 和 SelectLayerByLocation_ management 两个函数帮助用户实现这两个功能。

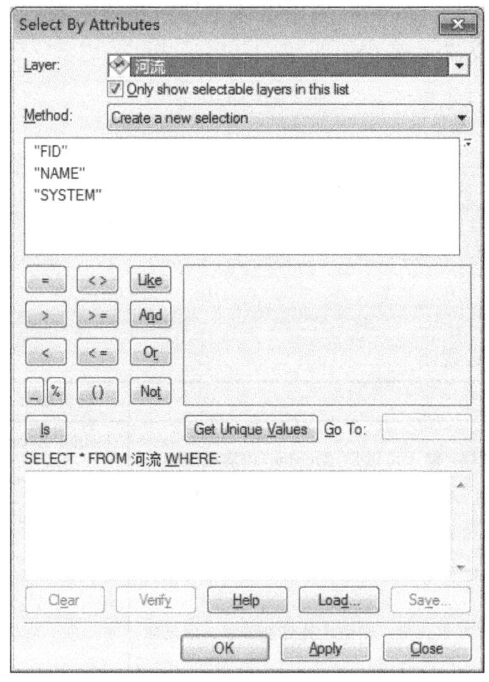

图 4.3　ArcGIS 中通过属性条件查询

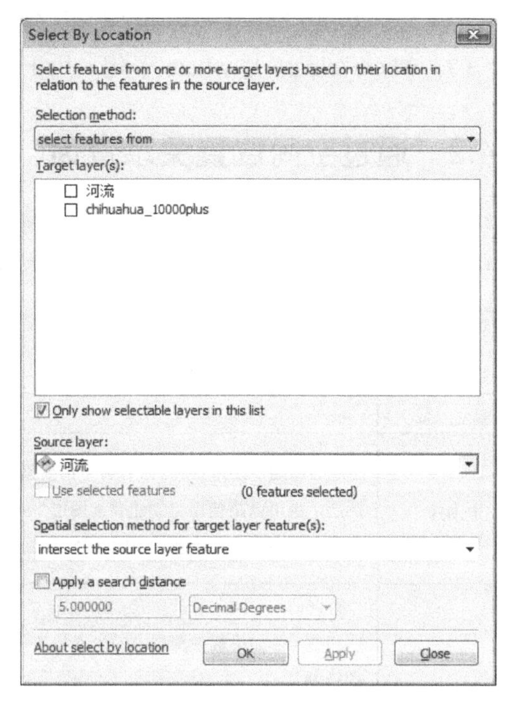

图 4.4　ArcGIS 中通过空间位置关系查询

4.4.1　通过属性条件查询

```
    SelectLayerByAttribute_management (in_layer_or_view, {selection_type}, {where_clause})
```

这个函数中包含 3 个参数。

（1）in_layer_or_view 表示选择的要素图层或表视图。

（2）selection_type 表示结果集类型，和 ArcGIS 的结果集类型一致，有 6 个选项可选，分别是：

✓ NEW_SELECTION——生成的选择内容将替换任何现有选择内容。这是默认设置。

✓ ADD_TO_SELECTION——当存在一个选择内容时，会将生成的选择内容添加到现有选择内容中。如果不存在选择内容，该选项的作用同 NEW_SELECTION 选项。

✓ REMOVE_FROM_SELECTION——将生成的选择内容从现有选择内容中移除。如果不存在选择内容，该选项不起作用。

✓ SUBSET_SELECTION——将生成的选择内容与现有选择内容进行组合。只有两者共同的记录才会被选取。

✓ SWITCH_SELECTION——切换选择内容。将所选的所有记录从选择内容中移除，将未选取的所有记录添加到选择内容中。当指定该选项时将忽略表达式。

✓ CLEAR_SELECTION——清除或移除任何选择内容。当指定该选项时将忽略表达式。

（3）where_clause 是 where 子句，用于定义筛选条件。

4.4.2 通过空间位置关系查询

```
    SelectLayerByLocation_management (in_layer, {overlap_type}, {select_features},{search_distance}, {selection_type})
```

参数说明如表 4.3 所示。

表 4.3 参数说明

参　数	说　明	数据类型
in_layer	包含根据“选择要素”进行评估的要素的图层。输入可以是 ArcMap 内容列表中的图层，也可以是使用“创建要素图层”工具在 ArcCatalog 或脚本中创建的图层。输入不能为磁盘上某个要素类的路径	Feature Layer; Mosaic Layer; Raster Catalog Layer
overlap_type（可选）	要评估的空间关系 相交——如果输入图层中的要素与某一选择要素相交，则会选择这些要素。这是默认设置 INTERSECT_3D——如果输入图层中的要素与三维空间（x、y、z）中的某一选择要素相交，则会选择这些要素 WITHIN_A_DISTANCE——如果输入图层中的要素在某一选择要素的指定距离内，则会选择这些要素。在“搜索距离”参数中指定距离 WITHIN_A_DISTANCE_3D——如果输入图层中的要素在三维空间中的某一选择要素的指定距离内，则会选择这些要素。在“搜索距离”参数中指定距离 包含——如果输入图层中的要素包含某一选择要素，则会选择这些要素。输入要素必须是面要素 COMPLETELY_CONTAINS——如果输入图层中的要素完全包含某一选择要素，则会选择这些要素。输入要素必须是面要素 CONTAINS_CLEMENTINI——该空间关系产生与 COMPLETELY_CONTAINS 相同的结果，但有一种情况例外。如果选择要素完全位于输入要素的边界上（没有任何部件完全位于里面或外面），则不会选择要素。 CLEMENTINI 将边界面定义为用来分隔内部和外部的线，将线的边界定义为其端点，点的边界始终为空 WITHIN——如果输入图层中的要素在某一选择要素内，则会选择这些要素。选择要素必须是面要素 COMPLETELY_WITHIN——如果输入图层中的要素完全位于或包含在某一选择要素内，则会选择这些要素。选择要素必须是面要素	String

（续表）

参　数	说　明	数据类型
overlap_type（可选）	WITHIN_CLEMENTINI——结果同 WITHIN，但如果输入图层中的要素完全位于选择图层中要素的边界上，则不会选择该要素。CLEMENTINI 将边界面定义为用来分隔内部和外部的线，将线的边界定义为其端点，点的边界始终为空 ARE_IDENTICAL_TO——如果输入图层中的要素与某一选择要素相同（就几何而言），则会选择这些要素 BOUNDARY_TOUCHES——如果输入图层中要素的边界与某一选择要素接触，则会选择这些要素。输入和选择要素必须是线要素或面要素。另外，输入图层中的要素必须完全位于选择图层中多边形要素的内部或外部 SHARE_A_LINE_SEGMENT_WITH——如果输入图层中的要素与某一选择要素共线，则会选择这些要素。输入和选择要素必须是线要素或面要素 CROSSED_BY_THE_OUTLINE_OF——如果输入图层中的要素与某一选择要素的轮廓交叉，则会选择这些要素。输入和选择要素必须是线要素或面要素。如果将面用于输入或选择图层，则会使用面的边界（线）。选择在某一点交叉的线，而不是共线的线 HAVE_THEIR_CENTER_IN——如果输入图层中要素的中心落在某一选择要素内，则会选择这些要素。要素中心的计算方式为：对于面和多点，将使用几何的质心；对于线输入，则会使用几何的中点 CONTAINED_BY——返回的结果同 WITHIN。保留了 CONTAINED_BY 以便向后兼容在 ArcGIS 9.3 之前的版本中构建的模型和脚本	String
select_features（可选）	输入要素图层中的要素将根据它们与此图层或要素类中要素的关系进行选择	Feature Layer
search_distance（可选）	仅当“关系”参数被设置为以下其中一项时，该参数才有效：WITHIN_A_DISTANCE、WITHIN_A_DISTANCE_3D、INTERSECT、INTERSECT_3D、HAVE_THEIR_CENTER_IN、CONTAINS 或 WITHIN	Linear unit
selection_type（可选）	确定如何将选择内容应用于输入，以及如何同现有选择内容进行组合。注意：此处没有用于清除现有选择内容的选项，要清除选择内容，请使用“按属性选择图层”工具上的 CLEAR_SELECTION 选项 NEW_SELECTION——生成的选择内容将替换任何现有选择内容。这是默认设置 ADD_TO_SELECTION——当存在一个选择内容时，会将生成的选择内容添加到现有选择内容中。如果不存在选择内容，该选项的作用同 NEW_SELECTION 选项 REMOVE_FROM_SELECTION——将生成的选择内容从现有选择内容中移除。如果不存在选择内容，该操作将不起作用 SUBSET_SELECTION——将生成的选择内容与现有选择内容进行组合。只有两者共同的记录才会被选取 SWITCH_SELECTION——切换选择内容。将所选的所有记录从选择内容中移除，将未选取的所有记录添加到选择内容中。如果已选择该选项，那么将忽略“选择要素”参数和“关系”参数	String

下面的例子中将两种查询方式都用到了，首先使用图层的空间关系查询与河流相交

的省份，然后再使用属性查询，筛选出面积大于 54 万平方千米的省份。

```
        import ArcPy
        ArcPy.Env.workspace = "e:/chinamap"

        # 构建一个图层，并找到与河流相交的多边形
        ArcPy.MakeFeatureLayer_management('中国政区.shp', 'china_lyr')
        ArcPy.SelectLayerByLocation_management('china_lyr', 'intersect', '
河流.shp')

        # 在前面的选择集中选择面积大于 54 的省份
        ArcPy.SelectLayerByAttribute_management('china_lyr',
'SUBSET_SELECTION', '"area" > 54')

        # If features matched criteria write them to a new feature class
        matchcount = int(ArcPy.GetCount_management('china_lyr').getOutput(0))
        print "matchcount result: " + str(matchcount)
        if matchcount == 0:
           print('no features matched spatial and attribute criteria')
        else:
           ArcPy.CopyFeatures_management('china_lyr',
'chihuahua_10000plus')
           print('{0}   cities   that   matched   criteria   written   to
{1}'.format(matchcount, 'chihuahua_10000plus'))
```

第 5 章　ArcPy 操作空间数据

本章介绍使用数据访问模块（ArcPy.da）对空间数据中的属性数据和几何数据进行操作的方法。数据访问模块是一个用于处理数据的 Python 模块，通过它可实现编辑会话、编辑操作、改进的游标访问空间数据（性能比老版本中直接使用游标函数更好）、表和要素类与 NumPy 数组之间的相互转换等功能，也可以实现对版本化、复本、属性域和子类型工作流的支持。

5.1　属性数据操作

属性数据的操作主要针对空间数据属性字段进行，可以添加属性字段、删除属性字段、对关系型表属性字段值进行统计等，下面分别进行介绍。

5.1.1　添加属性字段

添加属性字段使用的函数为 AddField_management，定义如下：

```
AddField_management (in_table, field_name, field_type, {field_precision}, {field_scale}, {field_length}, {field_alias}, {field_is_nullable}, {field_is_required}, {field_domain})
```

该函数的参数含义如下：

- ✓ in_table：要添加指定字段的输入表。该字段将被添加到现有输入表，并且不会创建新的输出表。
- ✓ field_name：要添加到输入表的字段的名称。
- ✓ field_type：在创建新字段时所使用的字段类型。
- ✓ field_precision（可选）：描述可存储在字段中的位数。所有位都将被计算在内，无论其处于小数点的哪一侧。如果输入表是文件地学数据库，则将忽略字段精度值。
- ✓ field_scale（可选）：设置可存储在字段中的小数位数。此参数仅可用于浮点型和双精度型数据字段。如果输入表是文件地学数据库，则将忽略字段小数位数值。

- ✓ field_length（可选）：要添加字段长度。它为字段的每条记录设置最大允许字符数。此选项仅适用于文本或 Blob 类型的字段。
- ✓ field_alias（可选）：指定给字段名称的备用名称。此名称用于为含义隐晦的字段名称指定更具描述性的名称。字段别名参数仅适用于地学数据库和 coverage。
- ✓ field_is_nullable（可选）：不存在关联属性信息的地理要素。它们与零或空字段不同，仅支持地学数据库中的字段。NON_NULLABLE 字段不允许空值，NULLABLE 字段允许空值，这是默认设置。
- ✓ field_is_required（可选）：指定要创建的字段是否为表的必填字段；仅支持地学数据库中的字段。
- ✓ field_domain（可选）：用于约束地学数据库中的表、要素类或子类型的任何特定属性的允许值。必须指定现有属性域的名称才能将其应用于字段。

直接添加 5 个字符串型的字段示例如下：

```
import ArcPy
arc = ['A','B','C','D','E']
for i in range(5):
    ArcPy.AddField_management("中国政区",arc[i],"TEXT")
```

添加两个字段（明确了字段类型和长度）示例如下：

```
import ArcPy
from ArcPy import Env
 # 设置操作环境
Env.workspace = "e:/chinamap"
 # 设置局部变量
inFeatures = "中国政区.shp"
fieldName1 = "ref_IID"
fieldPrecision = 9
fieldAlias = "refcode11"
fieldName2 = "status"
fieldLength = 10
 # 执行 AddField 两次，增加两个新的字段
ArcPy.AddField_management(inFeatures,      fieldName1,      "LONG",
fieldPrecision, "", "",fieldAlias, "NULLABLE")
ArcPy.AddField_management(inFeatures, fieldName2, "TEXT", "", "",
fieldLength)
print "update finished"
```

5.1.2 删除属性字段

删除属性字段使用 DeleteField_management 函数，定义如下：

```
DeleteField_management (in_table, drop_field)
```

该函数参数含义如下：

✓ in_table：包含要删除字段的表，将修改现有输入表。

✓ drop_field[drop_field,...]：要从输入表中删除的字段，必填字段不能删除。

下面给出一个例子，将前面示例中添加的 5 个字段删除。

```
import ArcPy
arc = ['A','B','C','D','E']
for i in range(5):
    ArcPy.DeleteField_management("中国政区",arc[i])
```

5.1.3　关系型表属性字段值统计

ArcPy 可以对关系型数据库表的数据进行统计。对某个表格中的数据进行统计，表格来源可以是 DBF 文件、Excel 文件等 ArcGIS 能够识别的表。ArcPy 使用 TableToNumPyArray 函数将表转换为 NumPy 结构化数组。

```
TableToNumPyArray (in_table, field_names, {where_clause}, {skip_nulls},
{null_value})
```

该函数的参数如下：

✓ in_table：要素类、图层、表或表视图。

✓ field_names[field_names,...]：字段名称列表（或组）。对于单个字段，可以使用一个字符串，而不使用字符串列表。如果要访问输入表中的所有字段（栅格和 Blob 字段除外），可以使用星号（*）代替字段列表。但是，为了获得较好的性能和可靠的字段顺序，建议将字段列表限制在实际需要的字段。以令牌（如 OID@）取代字段名称可访问更多的信息：OID@返回 ObjectID 字段的值（默认值为 *）。

✓ where_clause：用于限制所返回记录的可选表达式。有关 WHERE 子句和 SQL 语句的详细信息，请参阅在查询表达式中使用元素的 SQL 参考。

✓ skip_nulls：控制是否跳过使用空值的记录。可以是布尔值（True 或 False）、Python 函数或 lambda 表达式。

下面这个例子用于统计 shape 文件“中国政区”中“AREA”字段的和及湖北省面积的信息。

```
import ArcPy
import numpy
input  = "e:/chinamap/中国政区.shp"
arr = ArcPy.da.TableToNumPyArray(input, ('NAME', 'AREA'))
# 通过属性字段统计中国总面积 #
print(arr["AREA"].sum())
```

```
    # 统计湖北省面积 #
    print arr[arr['NAME']== u"湖北省"]['AREA'].sum()
```

5.1.4 要素类数据统计

一般可以认为 shape 文件的数据存储在一个 DBF 数据表中，所以 ArcPy 也可以对 shape 文件的数据进行统计，可以将要素类转换成 NumPy 数组。

```
    FeatureClassToNumPyArray (in_table, field_names, {where_clause}, spatial_reference, {explode_to_points}, {skip_nulls}, {null_value})
```

该函数的参数与 TableToNumPyArray 函数的参数基本相同，主要是多了 spatial_reference 这个参数用于描述要素类的空间参考。FeatureClassToNumPyArray 既可以统计要素类的普通属性信息，也可以统计要素中几何对象的信息，下面分别举例说明。

1．统计普通属性信息

```
    import ArcPy
    import numpy
    input = "e:/chinamap/中国政区.shp"
    arr = ArcPy.da.FeatureClassToNumPyArray(input, ('NAME', 'AREA'))
    # 通过属性字段统计中国总面积 #
    print(arr["AREA"].sum())
    # 统计湖北省面积 #
    print arr[arr['NAME']== u"湖北省"]['AREA'].sum()
```

2．统计几何要素信息

如果要访问输入表中的所有字段（栅格和 Blob 字段除外），可以使用星号 (*) 代替字段列表。但是，为了获得较好的性能和可靠的字段顺序，建议将字段列表限制在实际需要的字段。不支持日期、几何、栅格和 Blob 字段。以令牌（如 OID@）取代字段名称可访问更多的信息：

- ✓ SHAPE@XY——一组要素的质心 *x*、*y* 坐标。
- ✓ SHAPE@TRUECENTROID——一组要素的真正质心 *x*、*y* 坐标。
- ✓ SHAPE@X——要素的双精度 *x* 坐标。
- ✓ SHAPE@Y——要素的双精度 *y* 坐标。
- ✓ SHAPE@Z——要素的双精度 *z* 坐标。
- ✓ SHAPE@M——要素的双精度 *m* 值。
- ✓ SHAPE@AREA——要素的双精度面积。
- ✓ SHAPE@LENGTH——要素的双精度长度。
- ✓ OID@—— ObjectID 字段的值。

下面给出对几何对象面积进行统计的例子，该例中，面积主要通过令牌获取，ArcPy 能够自动计算该几何对象的面积。需要说明的是，这个面积是根据几何对象的坐标值计算出来的，而几何对象的坐标有地理坐标和投影坐标两种，必须对地理坐标的几何对象投影才能得到正确的长度或面积值。

```
import ArcPy
import numpy
input = "e:/chinamap/中国政区.shp"
arr = ArcPy.da.FeatureClassToNumPyArray(input, ('NAME', 'SHAPE@AREA'))
# 统计几何对象坐标中国的总面积 #
print(arr['SHAPE@AREA'].sum())
# 统计湖北省面积 #
print arr[arr['NAME']== u"湖北省"]['SHAPE@AREA'].sum()
```

5.1.5 ArcPy 操作 Excel 文件

ArcPy 从 10.2 版本开始自动提供 xlrd 和 xlwt 两个模块分别用于读取和写入 Excel 文件（早先的版本对 Excel 操作没有直接支持，用户可以自己下载 xlrd 和 xlwt 两个模块，放到..\Lib\site-packages 目录下）。

xlrd 提供了 open_workbook 函数可以打开某个目录下的 Excel 文件，并产生一个 Excel 对象。Excel 对象可以使用 sheet_by_index 或者 sheet_by_name 取到某张表。Excel 文件的读取操作在 GIS 中是非常重要的，采样数据经常用 Excel 文件存储，因此熟练对 Excel 文件进行读取操作对于 GIS 工作者来说也十分重要。下面给出读取 Excel 文件操作的基本方法步骤。

（1）导入模块。

```
import xlrd
```

（2）打开 Excel 文件读取数据。

```
data = xlrd.open_workbook('excelFile.xls')
```

（3）获取数据。

```
#获取一个工作表
table = data.sheets()[0]        #通过索引顺序获取
table = data.sheet_by_index(0)  #通过索引顺序获取
table = data.sheet_by_name(u'Sheet1') #通过名称获取
#获取整行和整列的值（数组）
table.row_values(i)
table.col_values(i)
#获取行数和列数
```

```
nrows = table.nrows
ncols = table.ncols
#循环行列表数据
for i in range(nrows ):
    print table.row_values(i)
#获取单元格的值
cell_A1 = table.cell(0,0).value
cell_C4 = table.cell(2,3).value
#使用行列索引
cell_A1 = table.row(0)[0].value
cell_A2 = table.col(1)[0].value
```

5.1.6 属性表格数据格式转换

GIS 中属性数据或其他相关数据经常会采用不同格式的文件存储，如 Excel 文件、CSV 文件等。在实际操作中经常要对不同格式的文件进行转换，如将输入表转换为 dBASE 表或地学数据库表等。ArcPy 提供了 TableToTable_conversion 函数帮助用户完成不同表格格式之间的转换，该函数定义如下：

```
TableToTable_conversion (in_rows, out_path, out_name, {where_clause},
{field_mapping}, {config_keyword})
```

此工具支持以下表的格式作为输入：

- ✓ dBASE (.dbf)
- ✓ Comma Separate Value (.csv)
- ✓ tab delimited text (.txt)
- ✓ Microsoft Excel worksheets (.xls or .xlsx)
- ✓ INFO
- ✓ VPF
- ✓ OLE database
- ✓ personal, file, or SDE geodatabase
- ✓ in-memory table views

当该函数的输入参数为文件（.csv 或.txt）时，该输入文件的第一行将用作输出表上的字段名称。字段名称不能包含空格或特殊字符（如$或*），如果输入文件的第一行包含空格或特殊字符，使用者将收到一条错误消息。

该工具可以将输入表转换为 dBASE（.dbf）、企业级数据库表、工作组或桌面地学数据库表和逗号分隔值（.csv 或.txt）表。

下面给出一个例子，将 Excel 文件的 sheet1 转换到 Access 数据库中。

```
#coding:utf-8
import ArcPy
from ArcPy import Env
import xlrd
Env.workspace = r'e:\chinamap'
inTable = r'e:\chinamap\Book1.xls\Sheet1$'
#inTable 也可以是其他常用格式的表
#inTable = "test.dbf"
outLocation = r'e:/chinamap/Test.mdb'
outTable = "q12"
# 执行 TableToTable 转换函数
try:
    print "begin"
    ArcPy.TableToTable_conversion(inTable, outLocation, outTable,"")
    print "done"
except:
    ArcPy.GetMessages()
```

在这个例子中需要注意的是，在读取 Excel 表的时候，没有用 open_workbook 函数打开 Excel 文件，而是直接定位到了某个 sheet 上，这样可以防止 Excel 文件被占用。TableToTable_conversion 要转换的表必须为未被占用的表，否则会转换失败。

5.2　几何数据操作

“要素类”工具集提供了一组专用于执行基本要素类管理（包括创建、追加、整合和更新多个要素类）的工具。要素类是具有相同几何类型的要素的集合：点、线、多边形或注记。 要素类可与其他要素类一起存储在地学数据库中的要素数据集内，也可作为独立要素类存储在地学数据库中。此外，要素类还可存储在 shapefile 中，或者与具有不同几何类型的其他要素类一起存储在 coverage 中。

5.2.1　矢量数据基本信息的获取

在查询 shape 文件时，可以将其几何字段的 shape 属性赋给一个普通对象，这样就可以获得该几何对象的基本信息了，如该对象的几何类型、矩形范围、几何对象的面积和点数等，用户也可以用这个对象做简单的几何关系判断，下面给出的例子中实现了这些功能。

```
import ArcPy
from ArcPy import Env
```

```
        Env.workspace= "e:\\chinamap"
        cur=ArcPy.SearchCursor("中国政区.shp")
        for row in cur:
            aa=row.getValue("name")
            geo=row.shape
            X= geo.extent.XMax
            x= geo.extent.XMin
            Y= geo.extent.YMax
            y= geo.extent.YMin
            print "Name = %s.\nFeature Extent XMax:%f,XMin:%f,YMax:%f,YMin:
%f"%(aa,X,x,Y,y)
            print geo.crosses(geo)
            print geo.pointCount
            print geo.type
            print str(geo.area)+"平方米"
```

5.2.2 几何对象的属性与方法

ArcGIS 支持点（Point）、多点（Multipoint）、线（Polyline）和多边形（Polygon）等几何类型。ArcPy 中的几何对象类包括 PointGeometry、Multipoint、Polyline、Polygon 及 Geometry，其中 Geometry 是其他类的父类。下面是几种几何类型对应的 ArcPy 对象类：

- ✓ ArcPy.PointGeometry (几何点对象不要和普通的点 Point 对象混淆)
- ✓ ArcPy.Muiltpoint
- ✓ ArcPy.Polyline
- ✓ ArcPy.Polygon

Point 几何类型中，一个记录只有一个点；而 Multipoint 几何类型中，一个记录可以由多个点组成。Polyline 和 Polygon 几何类型中，一个记录可以由多个部分（parts）组成，每个部分都由点组成。

创建几何对象的方法如表 5.1 所示。

表 5.1　创建几何对象的方法

方　法	说　明
PointGeometry (inputs, {spatialReference}, {hasZ}, {hasM})	产生点几何对象。inputs 为产生对象的坐标，数据类型为 Point；spatialReference 为空间参照对象；hasZ 和 hasM 是布尔对象，表示是否支持 Z 值和 M 值
Multipoint (inputs, {spatialReference}, {hasZ}, {hasM})	产生多点几何对象。inputs 数据类型为 Point 或 Array 对象；其他参数同 PointGeometry
Polyline (inputs, {spatialReference}, {hasZ}, {hasM})	产生线几何对象。参数同上

（续表）

方　法	说　明
Polygon (inputs, {spatialReference}, {hasZ}, {hasM})	产生多边形几何对象。参数同上
Geometry (geometry, inputs, {spatialReference}, {hasZ}, {hasM})	Geometry 为几何类型（Point、Polygon、Polyline 或 Multipoint），其他参数同上

创建几何对象通常还需要掌握和几何对象密切相关的两个类：Point 类和 Array 类。

Point 不是一个几何对象类，但所有的几何对象都基于 Point 对象来构建，同样，所有几何对象的坐标值也都通过 Point 对象来读取。

产生 Point 对象的句法：

```
Point ({X}, {Y}, {M}, {Z}, {ID})
```

默认情况下，X、Y 和 ID 为 0，M 和 Z 为 None。

Array 是一个阵列对象，可以包含任意数量的列表、Point 对象及其他对象（如 Array 对象、spatial References 对象等），它用来构建由多点组成的几何对象。

Array 对象的构造方法如下：

```
Array ({items})
```

Array 对象的方法如表 5.2 所示。

表 5.2　Array 对象的方法

方　法	说　明
add (value)	在 Array 尾部增加一个点或者 Array 对象
append (value)	在 Array 的最后位置追加一个对象
clone (point_object)	克隆一个点对象
extend (items)	通过追加元素扩展 Array
getObject (index)	通过 Array 的索引返回对象
insert (index, value)	在指定位置添加一个对象
next ()	返回当前位置的下一个对象
remove (index)	删除指定位置的对象
removeAll ()	删除所有的值并创建一个空对象
replace (index, value)	用新值替换指定位置的旧值
reset ()	将当前的索引位置重置到结果集中第一个记录所在的位置

虽然 ArcPy 有上述几何对象类型，但是它们的属性和方法基本相同。下面分别给出几何对象类的属性和方法。

1. 几何对象的属性

- ✓ JSON（只读）：几何对象的 JSON 表达。
- ✓ WKB（只读）：几何对象的 WKB 格式。

- ✓ WKT（只读）：几何对象的 WKT 格式。
- ✓ area（只读）：多边形几何对象的面积，非多边形对象返回空值。
- ✓ centroid（只读）：返回几何对象的质心点。
- ✓ extent（读写）：几何对象的范围。
- ✓ firstPoint（只读）：几何对象的第一个点坐标。
- ✓ hullRectangle（只读）：用空格分隔的凸包矩形的坐标对字符串。
- ✓ isMultipart（只读）：如果几何对象的部件数大于 1 则返回 True。
- ✓ labelPoint（只读）：标注所在的点，通常标注在几何对象内部。
- ✓ lastPoint（只读）：几何对象的最后一个点坐标。
- ✓ length（只读）：线的长度，对于点或复合点对象其值为 0。
- ✓ length3D（读写）：线的三维长度，对于点或复合点对象其值为 0。
- ✓ partCount（只读）：构成几何对象的部件数。
- ✓ pointCount（只读）：构成几何对象的点数。
- ✓ spatialReference（只读）：几何对象的空间参考。

2. 几何对象的方法

- ✓ angleAndDistanceTo (other, {method})：使用测量类型将一组角和距离返回到另一个点。
- ✓ boundary ()：构造几何对象的边界。
- ✓ buffer (distance)：在距几何对象的指定距离处构造一个缓冲区多边形。
- ✓ clip (Envelope)：裁剪方法，实质上是构造几何体与指定范围的交集。
- ✓ contains (second_geometry)：几何对象包含判断方法，指明基础几何对象中是否包含比较小的几何对象。包含判断方法与下面的被包含判断方法（within）是相反的两个几何对象空间关系判断方法。
- ✓ convexHull()：构造具有最小边界多边形的几何对象，以便所有外角均为凸角，即找到几何对象的凸包，图 5.1 左侧列出了原始的几何对象，右侧为采用 convexHull 方法后得到的凸包。
- ✓ crosses (second_geometry)：几何对象交叉判断方法，用于判断两个几何对象是否相交于较小形状的那个几何对象。如果两条折线仅共用公共点（至少有一个点不是端点），则这两条折线交叉。如果折线和面在面（不等于整条折线）的内部共享一条折线或一个公共点（对于垂线），那么该折线与面交叉。

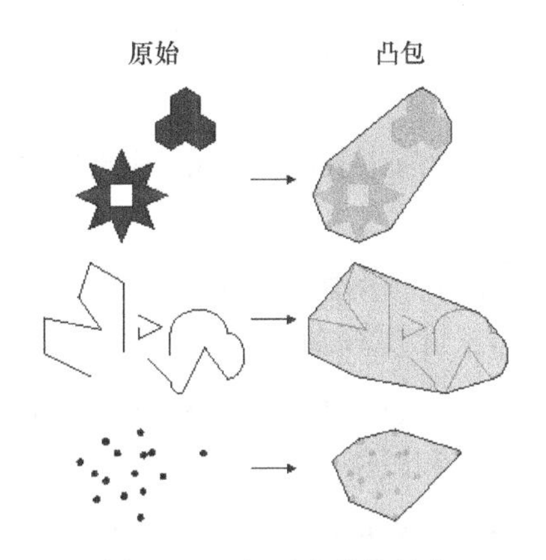

图 5.1　几何对象的外轮廓

- ✓ cut (cutter)：将该几何对象分割到剪切线的左右两侧。剪切线段或多边形时，会从其与剪切线的相交处将其分割。每一段被分类为剪切线的左侧或右侧。该分类基于剪切线的方向。目标折线中不与剪切线相交的部分将作为该输入线结果的右侧部分返回。如果剪切线未剪切到几何对象，则剪切线的左侧几何对象将为空 (None)。
- ✓ densify (type, distance, deviation)：使用添加的折点创建新几何对象。
- ✓ difference (other)：构造一个几何对象，该几何对象仅由基础几何对象所特有、而其他几何对象所没有的区域组成。
- ✓ disjoint (second_geometry)：指明基础几何对象和比较几何对象是否未共用任何点。如果 disjoint 返回 False，则两个几何对象相交。
- ✓ distanceTo (other)：返回两个几何对象之间的最小距离。如果两个几何对象相交，则最小距离为 0。两个几何对象必须具有相同的投影。
- ✓ equals (second_geometry)：指示原几何对象和参照几何对象的 shape 类型是否相同并在平面中定义相同点集。这仅是二维对象的比较；已忽略 M 值和 Z 值。
- ✓ generalize (max_offset)：使用指定的最大偏移容差来创建一个简化的几何对象。
- ✓ getArea ({type}, {units})：使用测量类型返回要素的面积。
- ✓ getLength ({measurement_type}, {units})：使用测量类型返回要素的长度。
- ✓ getPart ({index})：返回几何对象特定部分的点对象数组，可能是包含多个数组（每个数组对应一个部分）的数组（如几何对象为复合多边形对象）。
- ✓ intersect (other, dimension)：构造两个输入几何对象交集的几何体。不同的维数可用于创建不同的 shape 类型。对于同一 shape 类型的两个几何体，其交集为仅包含原始几何重叠区域的几何对象。为了更快地获取结果，可以在调用 intersect 方法之前先用这两个几何对象的范围矩形测试两个几何体是否不相交，如果两个范围矩形不相交，则不需要用 intersect 方法再求交集了，这样可以提高地学数据处理的效率。

- ✓ measureOnLine (in_point, {as_percentage})：从此条线的起点向 in_point 返回一个测量值。
- ✓ overlaps (second_geometry)：指示两个几何对象的交集是否具有与其中一个输入几何对象相同的形状类型，并且不等于任一输入几何对象。
- ✓ pointFromAngleAndDistance (angle, distance, {method})：使用指定的测量类型按给定的角度（以度为单位）和距离（以米为单位）返回点。
- ✓ positionAlongLine (value, {use_percentage})：返回线上距线起点指定距离处的点。
- ✓ projectAs (spatial_reference, {transformation_name})：为几何对象定义坐标参考，会用到该方法参数中指定的地理变换。要进行投影，几何对象本身需要具有一个空间参考且该空间参考的值不是 UnknownCoordinateSystem。传递到该方法的新空间参考系统参数定义了一个输出坐标系。如果输入/输出的几何对象任一空间参考未知，坐标将不会发生更改。projectAs 方法并不更改 Z 值和测量值。
- ✓ queryPointAndDistance (in_point, {as_percentage})：在折线上找到离 in_point 最近的点，并确定这两点间的距离。同时返回关于 in_point 位于线的哪一侧及最近点沿线的距离。
- ✓ segmentAlongLine (start_measure, end_measure, {use_percentage})：在起始测量值和结束测量值之间返回 Polyline。虽然与 Polyline.positionAlongLine 相似，但是会在折线的两点之间（而不是在单点）返回折线段。
- ✓ snapToLine (in_point)：基于以该几何对象作为捕捉目标的 in_point 返回一个新点。
- ✓ symmetricDifference (other)：构造一个几何体，该几何体由两个几何对象的并集减去其交集形成。两个输入几何对象必须为同一 shape 类型。
- ✓ touches (second_geometry)：指示几何对象的边界是否相交。当两个几何对象的交集不为空，但它们内部的交集为空时，说明两个几何对象接触。例如，仅当点与折线的一个终点重合时，才表示点与折线接触。
- ✓ union (other)：构造一个几何体，该几何体是输入几何对象的并集。要合并的两个几何对象必须为同一 shape 类型。
- ✓ within (second_geometry)：被包含判断方法，指明该几何对象是否位于和它比较的几何对象之内。被包含是与包含相反的运算符。

创建几何对象的方法如图 5.2 所示，不同的几何类型使用的方法也不相同。普通点对象 Point 实例化后，可以作为实例化几何点对象的参数创建几何点对象。若干个普通点对象可以组成一个 Array 数组对象，数组对象可以用来创建复合线和多边形几何对象。另外，也可以使用游标访问几何对象，在 InsertCursor 和 UpdateCursor 中，可以使用 row.Shape 这个属性对几何对象进行访问。

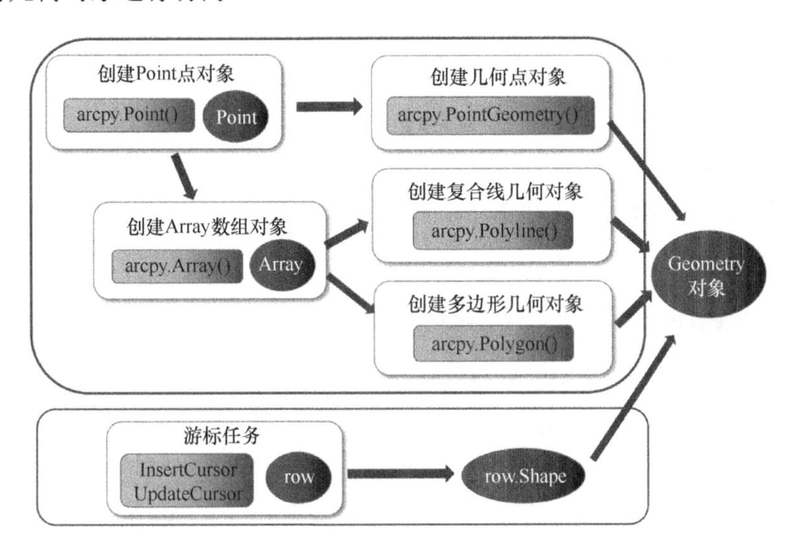

图 5.2　创建几何对象的方法

下面分别介绍利用 Point 类和 Array 类构建几何对象的方法。首先介绍利用普通 Point 对象创建几何点对象的方法，代码如下：

```
point = ArcPy.Point(25282, 43770)
ptGeometry = ArcPy.PointGeometry(point)
```

下面介绍利用 Array 类构造复合线对象的方法。

```
import ArcPy
# 创建空数组
p = ArcPy.Array()
array = ArcPy.Array()
# 构建几个点对象
point1 = ArcPy.Point(116.34,40.1)
point2 = ArcPy.Point(116.29,40.32)
point3 = ArcPy.Point(116.31,40.02)
# 将点对象加入数组中
array.add(point1)
array.add(point2)
array.add(point3)
p.append(array)
array.removeAll()
point4 = ArcPy.Point(116.31,40.06)
array.add(point3)
array.add(point4)
```

```
spatialRef = ArcPy.SpatialReference(4326)
p.append(array)
# 通过数组创建一个线
polyline = ArcPy.Polyline(p, spatialRef)
print "part count is {}".format(polyline.partCount)
```

这个例子中构造了一个复合线，复合线由两个部件组成，程序输出的结果为：

```
part count is 2
```

下面再介绍利用 Array 类构造多边形对象方法的例子。

```
import ArcPy
TLX = 114.0
TLY = 32.5
TRX = 114.5
TRY = 32.5
BRX = 114.5
BRY = 32.0
BLX = 114.0
BLY = 32.0
#第一个多边形
array = ArcPy.Array()
array.add(ArcPy.Point(TLX,TLY))
array.add(ArcPy.Point(TRX,TRY))
array.add(ArcPy.Point(BRX,BRY))
array.add(ArcPy.Point(BLX,BLY))
wholeArray = ArcPy.Array()
wholeArray.append(array)
#第二个多边形
hole = ArcPy.Array()
hole.add(ArcPy.Point(TLX+0.1,TLY-0.1))
hole.add(ArcPy.Point(TRX-0.1,TRY-0.1))
hole.add(ArcPy.Point(BRX-0.1,BRY+0.1))
hole.add(ArcPy.Point(BLX+0.1,BLY+0.1))
wholeArray.append(hole)
spatialRef = ArcPy.SpatialReference(4326)
polygon = ArcPy.Polygon(wholeArray, spatialRef)
print "part count is {}".format(polygon.partCount)
```

运行结果为：

```
part count is 1
```

可以看到，运行出来的结果为有洞的单个多边形，部件数为 1。如果看生成图层的属性，只能看到有一条属性。产生的带洞多边形结果如图 5.3 所示。

图 5.3　产生的带洞多边形结果

这里需要注意的是，ArcPy 的多边形对象在洞的定义方面和 OGC 的标准略有不同，上述例子中多边形的坐标顺序不管是逆时针还是顺时针，只要多边形的范围位于第一个大多边形内部，就认为这个小多边形是洞。

若将第二个多边形的横坐标都增加 0.6 度，即第二个多边形移动到了第一个多边形右侧，代码如下：

```
hole.add(ArcPy.Point(TLX+0.1+0.6,TLY-0.1))
hole.add(ArcPy.Point(TRX-0.1+0.6,TRY-0.1))
hole.add(ArcPy.Point(BRX-0.1+0.6,BRY+0.1))
hole.add(ArcPy.Point(BLX+0.1+0.6,BLY+0.1))
```

运行后出来的结果为：

```
part count is 2
```

这时出来的结果为由两个多边形组成的一个复合多边形，部件数为 2。如果看生成图层的属性，只能看到有一条属性。产生的复合多边形结果如图 5.4 所示。

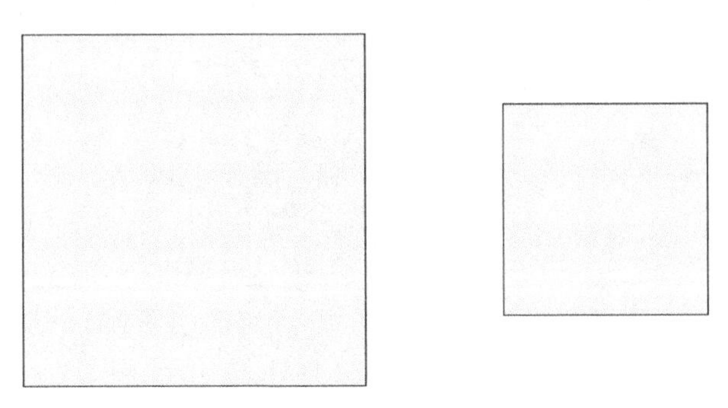

图 5.4　产生的复合多边形结果

再来看一个创建两个多边形的例子。

```
import ArcPy
TLX = 114.0
TLY = 32.5
```

```
TRX = 114.5
TRY = 32.5
BRX = 114.5
BRY = 32.0
BLX = 114.0
BLY = 32.0
polygons = []
spatialRef = ArcPy.SpatialReference(4326)
#第一个多边形
array = ArcPy.Array()
array.add(ArcPy.Point(TLX,TLY))
array.add(ArcPy.Point(TRX,TRY))
array.add(ArcPy.Point(BRX,BRY))
array.add(ArcPy.Point(BLX,BLY))
polygon = ArcPy.Polygon(array, spatialRef)
polygons.append(polygon)
#第二个多边形
hole = ArcPy.Array()
hole.add(ArcPy.Point(TLX+0.1,TLY-0.1))
hole.add(ArcPy.Point(TRX-0.1,TRY-0.1))
hole.add(ArcPy.Point(BRX-0.1,BRY+0.1))
hole.add(ArcPy.Point(BLX+0.1,BLY+0.1))
polygon = ArcPy.Polygon(hole, spatialRef)
polygons.append(polygon)
```

这个例子运行完毕后会生成两个独立的多边形，每个多边形的部件数为 1。如果看生成图层的属性，可以看到有两条属性。产生的两个独立多边形结果如图 5.5 所示。

图 5.5　产生的两个独立多边形结果

这里通过三个例子详细介绍了多边形对象的创建过程，读者可以仔细揣摩三个例子的区别，并根据需要创建自己想要的多边形。

以上例子介绍了创建几何对象的方法，我们可以进一步创建多个几何对象。创建几何对象是创建空间数据图层或为空间图层添加几何数据的基础。构造好所有几何对象之后，ArcPy 可以将这些几何对象存储为一个空间数据图层，如存为一个 shape 文件，后面会详细介绍通过几何数据创建 shape 文件的详细过程。

此外，可以看到几何对象所提供的方法主要用于几何对象空间关系的判断，这里需要注意的是，这些方法主要适合两个几何对象空间关系的判断，判断两个几何对象是否相交或者相离。这里的方法不适合两个几何图层整体的空间关系判断或者查询操作。两个图层的空间关系查询操作还是需要使用前面介绍的 SelectLayerByLocation_ management 函数。

5.2.3　使用几何令牌

几何令牌是可以访问完整几何对象的快捷方式。访问完整的几何对象非常耗时。附加几何令牌可用于访问特定几何信息。如果只需要几何对象的某些特定属性，可使用令牌提供的快捷方式访问几何对象的相关属性。例如，SHAPE@XY 会返回一组代表要素质心的 *x*、*y* 坐标。在使用令牌访问几何对象时，基本方法和访问普通属性数据的相类似，也是通过 SearchCursor 方法来访问的，所不同的是，在选择字段时需要使用令牌。

由于 shape 文件等空间数据都用二进制格式存储，用户无法直观地看到具体的坐标值，在实际应用中经常需要将坐标点数据读取出来，用文本的形式存储。读取几何对象的坐标信息是 GIS 中常见的操作。下面介绍几个读取几何对象坐标值的例子。

1. 读取坐标点几何信息

本例读取“中国政区.shp”各个行政省份的质心。

```
import ArcPy
infc = "e:/chinamap/中国政区.shp"
# 循环读取每个几何对象 #
for row in ArcPy.da.SearchCursor(infc, ["SHAPE@XY"]):
# 输出每个点的坐标 #
   x,y = row[0]
   print("{}, {}".format(x, y))
```

2. 读取复合点几何信息

本例读取复合点图层的各个点的坐标。

```
import ArcPy
# 假设复合点数据从自定义工具输入 #
infc = ArcPy.GetParameterAsText(0)
```

```
# 循环读取每个几何对象 #
for row in ArcPy.da.SearchCursor(infc, ["OID@", "SHAPE@"]):
   # 输出当前复合点的 ID #
   print("Feature {}:".format(row[0]))
   # 对每个复合点输出各个点坐标 #
   for pnt in row[1]:
        print("{}, {}".format(pnt.X, pnt.Y))
```

3. 读取多边形几何信息

本例读取“中国政区.shp”各个行政省份多边形的所有点坐标，并且区分出多边形对象是否有洞。

```
import ArcPy
infc = "e:/chinamap/中国政区.shp"
for row in ArcPy.da.SearchCursor(infc, ["OID@", "SHAPE@"]):
  #输出当前几何对象的 ID #
  print("Feature {}:".format(row[0]))
  partnum = 0
  # 对该对象的每个部件进行读取 #
  for part in row[1]:
    # 输出该部件的号，部件数也可以从几何对象的属性获得 #
    print("Part {}:".format(partnum))
    # 读取几何对象的每个顶点 #
    for pnt in part:
        if pnt:
        # 输出当前点的坐标 #
           print("{}, {}".format(pnt.X, pnt.Y))
        else:
           # 如果pnt 是 None,表示它为一个内部的洞 #
           partnum += 1
           print("Interior Ring:{}").format(partnum)
```

5.2.4 创建 shape 文件

1. 创建 shape 文件的基本方法

创建 shape 文件是 GIS 中非常重要的工作。用户通常会把采样数据用文本文档或者 Excel 文件的形式存储，采样数据中含有 WGS84 坐标系的经纬度坐标。在对采样数据分析时，要将采样点数据加载到 ArcMap 中，通过显示 X、Y 数据的方式将采样数据的空间形态显示在 ArcMap 中，然后通过输出 shape 文件的形式保存下来。操作步骤烦琐，尤其是采样数据文件较多时，这样的操作费时费力。可以使用 ArcPy 编程将不同格式的数据存为 shape 文件。

在文件夹中创建 shape 文件主要包括两个步骤，首先创建一个空的 shape 文件，确定该文件的几何类型、属性数据类型（字段类型）及空间参考等信息，然后在这个空的 shape 文件中添加相应的几何数据和属性数据。

创建 shape 文件主要可以用两个函数实现，下面分别介绍。

第一种方式是使用 CreateFeatureclass 工具创建一个空的 shape 文件，用到的函数是 CreateFeatureclass_management，其定义如下所示。

```
    CreateFeatureclass_management (out_path, out_name, {geometry_type},
{template},   {has_m},{has_z},   {spatial_reference},   {config_keyword},
{spatial_grid_1}, {spatial_grid_2},{spatial_grid_3})
```

该函数的主要参数含义如下：

- ✓ out_path：创建输出要素类所在的 ArcSDE 地学数据库、文件地学数据库、个人地学数据库或文件夹。此工作空间必须已经存在，数据类型为 Workspace、Feature Dataset。
- ✓ out_name：要创建的要素类的名称，数据类型为 String。
- ✓ geometry_type：要素类的几何类型，可设置为 POINT、MULTIPOINT、POLYGON、POLYLINE 和 MULTIPATCH，数据类型为 String。
- ✓ template(可选)：模板，可以使用模板中的属性来定义新建要素类的属性，如果使用该参数，则创建的 shape 文件属性与模板文件的属性一样。
- ✓ has_m(可选)：确定要素类是否包含线性测量值（M 值）。
- ✓ has_z(可选)：确定要素类是否包含高程值（Z 值）。
- ✓ spatial_reference：输出要素数据集的空间参考。可通过多种方式指定空间参考：

输入.prj 文件的路径，例如 e:/chinamap/中国政区.prj。

引用包含要应用的空间参考的要素类或要素数据集，例如 e:/workspace/myproject.gdb/landuse/grassland。

在使用此工具之前定义空间参考对象，如之后要用作空间参考参数的 sr = ArcPy.SpatialReference("e/chinamap/中国政区.prj")。

- ✓ spatial_grid_1、spatial_grid_2、spatial_grid_3：空间网格 1、2 和 3 参数用于计算空间索引，为 1～3 级网格索引，只适用于文件地学数据库和某些工作组与企业级地学数据库要素类。如果对设置网格大小不熟悉，则将这些选项保留为(0,0,0)，然后 ArcGIS 会计算最佳大小。由于此工具未写入任何要素，因此空间索引将处于未构建状态。当使用诸如追加工具或编辑操作将要素写入要素类时，将构建索引。

下面给出一个创建多边形类型 shape 文件的例子。

```
        import ArcPy
        from ArcPy import Env
        # 设置工作空间
        Env.workspace = "E:\\mapdata"
        # 设置相关变量
        out_path = "E:\\mapdata"
        out_name = "region.shp"
        geometry_type = "POLYGON"
        template = "New_Shapefile.shp"
        has_m = "DISABLED"
        has_z = "DISABLED"
        # 获取空间参考
        spatial_reference = ArcPy.Describe(template).spatialReference
        print spatial_reference.name
        try:
            # 先判断是否已经存在同名的文件
            if ArcPy.Exists(out_name):
                ArcPy.Delete_management(out_name)
                print "existed file has been deleted"
            ArcPy.CreateFeatureclass_management(out_path,          out_name,
geometry_type, "", has_m, has_z, spatial_reference)
        except:
            print (ArcPy.GetMessages())
```

这个例子中定义了模板 template，但是并没有使用，因此创建的 region.shp 是一个空的 shape 文件，并且不含有其他属性数据。如果使用该模板，则创建的 shape 文件自动含有模板带有的属性信息。用户可以根据实际需要来确定使用该参数。如果想添加自定义的属性字段，可以通过前面所述的 AddField_management 方法添加，下面的例子还会用到该方法。

ArcPy 还提供了另外一种方式创建 shape 文件，即利用 CopyFeatures 工具首先创建一个 shape 文件，并把创建好的点、多点、线和多边形等几何对象或已有的要素图层数据直接复制到 shape 文件中。CopyFeatures 工具使用的函数定义如下：

```
        CopyFeatures_management  (in_features,  out_feature_class,  {config_
keyword}, {spatial_grid_1}, {spatial_grid_2}, {spatial_grid_3})
```

主要参数为：

- ✓ in_features：要复制的要素，其类型为 Feature Layer 或 Raster Catalog Layer。
- ✓ out_feature_class：该要素类将被创建，并且将在其中粘贴所复制的要素。如果输出要素类已存在并且覆盖选项设置为 true，则首先将已有文件删除然后再输出。如果输出要素类已存在并且覆盖选项设置为 false，则操作将失败。

这里举两个用 CopyFeatures 工具创建矢量要素的例子。一个是将文件夹中的 shape 文件复制到文件地学数据库中，另一个是首先创建几何对象，然后把几何对象复制到一个 shape 文件中。

例子 1：

```
import ArcPy
import os
# 设置环境变量
ArcPy.Env.workspace = "e:/chinamap"
outWorkspace = "e:/chinamap/test.mdb"
# Use ListFeatureClasses to generate a list of shapefiles in the
fcList = ArcPy.ListFeatureClasses()
# 对工作空间下的每个 shape 文件进行判断
for shapefile in fcList:
    if shapefile == "chinaboundary.shp":
        print shapefile
        outFeatureClass = os.path.join(outWorkspace, shapefile.strip
(".shp"))
        ArcPy.CopyFeatures_management(shapefile, outFeatureClass)
```

例子 2：

```
import ArcPy
TLX = 114.0
TLY = 32.5
TRX = 114.5
TRY = 32.5
BRX = 114.5
BRY = 32.0
BLX = 114.0
BLY = 32.0
array = ArcPy.Array()
array.add(ArcPy.Point(TLX,TLY))
array.add(ArcPy.Point(TRX,TRY))
array.add(ArcPy.Point(BRX,BRY))
array.add(ArcPy.Point(BLX,BLY))
spatialRef = ArcPy.SpatialReference(4326)
polygon = ArcPy.Polygon(array, spatialRef)
ArcPy.CopyFeatures_management(polygon, "e:/chinamap/polygons.shp")
```

和创建要素相反的是删除要素，可以通过 DeleteFeatures 工具删除矢量要素，函数定义如下：

```
DeleteFeatures_management (in_features)
```

其中，in_features 包含要删除要素的要素类、shape 文件或图层，这里特指 Feature Layer。

下面先看一个例子。

```
import ArcPy
ArcPy.Env.workspace = "e:/chinamap"
# 设置变量
inFeatures = "中国政区.shp"
outFeatures = "e:/chinamap/out/中国政区 1.shp"
tempLayer = "中国政区"
fieldname = "NAME"
ArcPy.AddFieldDelimiters(tempLayer, fieldname )
expression = fieldname +  " = " + "{0}".format("'四川省'")
# 执行 CopyFeatures 为图层创建一个备份图层
ArcPy.CopyFeatures_management(inFeatures, outFeatures)
# 将备份的 shape 文件指定为 FeatureLayer
ArcPy.MakeFeatureLayer_management(outFeatures, tempLayer)
# 组合查询
ArcPy.SelectLayerByAttribute_management(tempLayer, "NEW_SELECTION",
expression)
# GetCount 查看是否有选中记录,如果有则
#执行 DeleteFeatures 删除选中的记录
if int(ArcPy.GetCount_management(tempLayer).getOutput(0)) > 0:
    ArcPy.DeleteFeatures_management(tempLayer)
```

这个例子的目的是将中国政区中的“四川省”删掉，在程序中对“中国政区.shp”首先做了备份，并用该备份创建了一个临时的矢量图层，该文件空间数据和属性数据和“中国政区.shp”一致，对临时的矢量图层进行查询，如果查到结果，就从临时矢量图层中删除该记录，由于图层对应的真实数据是 out 目录下的备份文件，所以实际是从备份文件中删除四川省对应的多边形的。

2. 通过文本文件的数据创建 shape 文件

根据文本文件追加生成矢量文件代码如下：

```
import ArcPy
landuse_ID = []
landuse = []
x = []
y = []
input_file = open("c:\\data\\samples.txt","r")
```

```
        for s in input_file:
            L = s.split(",")
            landuse_ID.append(L[0])
            landuse.append(L[1])
            x.append(L[2])
            y.append(L[3])
        recordNum = len(landuse)
        input_file.close()
        import ArcPy
        ArcPy.CreateFeatureclass_management("c:\\data",    "sample_point",
"POINT")
        ArcPy.AddField_management("sample_point.shp", "L_ID", "SHORT")
        ArcPy.AddField_management("sample_point.shp", "landuse", "TEXT")
        point = ArcPy.Point()
        rows = ArcPy.InsertCursor("sample_point.shp")
        n = 1
        while n <= recordNum:
            row = rows.newRow()
            point.X = x[n-1]
            point.Y = y[n-1]
            pointGeometry = ArcPy.PointGeometry(point)
            row.shape = pointGeometry
            row.L_ID = landuse_ID[n-1]
            row.landuse = landuse[n-1]
            rows.insertRow(row)
            n = n + 1
        del row
        del rows
```

这是一个从土地利用采样数据文本文件读取信息创建 shape 文件的例子，通过该例，读者可以想象出 samples.txt 文件的格式。

3. 利用 Excel 文件创建 shape 文件

本书的数据目录 chinamap 下有一个 fishsamples.xls 文件，该文件是典型的采样数据存储的模式，含有采样日期、采样时间、点位编号、标本号和点位坐标等信息，文件打开后如图 5.6 所示。

下面介绍如何根据含有坐标信息的 Excel 文件创建 shape 文件。例子代码主要由负责打开 Excel 文件的 open_excel 函数、负责删除已有 shape 文件的 DeleteFiles 函数、负责创建空 shape 文件的 create_shp 函数和负责实现 Excel 数据转换到 shape 文件的 xls2shp 函数组成。主函数为 xls2shp 函数，通过该函数进一步调用其他函数。

采样日期	采样时间	点位编号	点位名称	标本号	点位坐标（十进制）		门		纲		
					经度	纬度					
2013/10/10	15:20pm	DC039	裕溪河	12	118.142917	31.485917	脊索动物门	Chordata	硬骨鱼纲	Osteichthyes	鲤形目
2013/10/10	13:00pm	DC101	裕溪河	14	118.25582	31.537087	脊索动物门	Chordata	硬骨鱼纲	Osteichthyes	鲤形目
2013/10/13	08:20am	DC086	黄泥河	21	117.2554	31.15668	脊索动物门	Chordata	硬骨鱼纲	Osteichthyes	鲤形目
2013/10/10	13:00pm	DC101	裕溪河	16	118.25582	31.537087	脊索动物门	Chordata	硬骨鱼纲	Osteichthyes	鲤形目
2013/10/17	16:00pm	DC056	潜南干渠	26	117.095778	31.684667	脊索动物门	Chordata	硬骨鱼纲	Osteichthyes	鲤形目
2013/10/16	12:00am	DC166	丰乐河	25	116.548609	31.407631	脊索动物门	Chordata	硬骨鱼纲	Osteichthyes	鲤形目
2013/10/20	09:00am	DC059	柘皋河	37	117.753583	31 773417	脊索动物门	Chordata	硬骨鱼纲	Osteichthyes	鲤形目
2013/10/13	15:10pm	DC033	西河	42	117.438694	31.1585	脊索动物门	Chordata	硬骨鱼纲	Osteichthyes	鲤形目
2013/10/12	11:20am	DC089	天河	43	117.606164	31.080105	脊索动物门	Chordata	硬骨鱼纲	Osteichthyes	鲤形目
2013/7/10	08:00am	DC008	巢湖	44	117.365806	31.635333	脊索动物门	Chordata	硬骨鱼纲	Osteichthyes	鲤形目
2013/10/20	14:10pm	DC116	裕溪河	38	117.880354	31.519796	脊索动物门	Chordata	硬骨鱼纲	Osteichthyes	鲤形目
2013/4/24	08:30am	DC063	晓天河	40	116.563751	31.089986	脊索动物门	Chordata	硬骨鱼纲	Osteichthyes	鲤形目
2013/10/13	13:10pm	DC033	西河	41	117.438694	31.1585	脊索动物门	Chordata	硬骨鱼纲	Osteichthyes	鲤形目

图 5.6　fishsamples.xls 文件内容

```
# -*- coding: utf-8 -*
# 根据 fishsamples.xls 构建一个 shape 文件
# 参数有两个，一个是 Excel 文件，一个新生成的 shape 文件名。
import ArcPy
from ArcPy import Env
import ArcPy.mapping
import xlrd
import xlwt

#打开 Excel 文件
def open_excel(file, index=0):
    data = xlrd.open_workbook(file)
    # 通过索引顺序获取 Excel 中的某个 sheet
    table = data.sheets()[index]
    print "excel file opened now!"
    return table

#删除指定文件
def DeleteFiles(path, file):
    ArcPy.Env.workspace = path
    base = os.path.splitext(file)
```

```
        print "scan the file of {} ...".format(base[0])
        #如果目录下有这个文件
        if ArcPy.Exists(file):
            ArcPy.Delete_management(file)

    #创建 shape 文件并添加字段
    def create_shp(outshp):
        out_path = os.path.dirname(outshp)
        out_name = os.path.basename(outshp)
        #先删除已有 shape 文件
        DeleteFiles(out_path, out_name)
        #创建的 shape 文件集合类型为点类型
        geometry_type = "POINT"
        has_m = "DISABLED"
        has_z = "DISABLED"
        sr = ArcPy.SpatialReference(4326) #WGS84
        #创建空的 shape 文件
        newshp = ArcPy.CreateFeatureclass_management(out_path, out_name,
geometry_type, "", has_m, has_z, sr)
        #为空的 shape 文件添加属性信息
        #本例只读取采样日期、采样时间、点位编号、点位名称、标本号和点位坐标
        #字段名称的长度不能超过 10
        ArcPy.AddField_management(newshp, "SampleDate", "TEXT", "", "", "",
"", "NULLABLE")
        ArcPy.AddField_management(newshp, "SampleTime", "TEXT", "", "", "",
"", "NULLABLE")
        ArcPy.AddField_management(newshp, "PointID", "TEXT", "", "", "",
"", "NULLABLE")
        ArcPy.AddField_management(newshp, "SampleName", "TEXT", "", "", "",
"", "NULLABLE")
        ArcPy.AddField_management(newshp, "SampleID", "TEXT", "", "", "",
"", "NULLABLE")
        ArcPy.AddField_management(newshp, "X", "DOUBLE", "", "", "", "",
"NULLABLE")
        ArcPy.AddField_management(newshp, "Y", "DOUBLE", "", "", "", "",
"NULLABLE")
        return newshp

    #将 Excel 文件中的信息插入 shape 文件
    def xls2shp(xlsfile, outshp):
        newpath = create_shp(outshp)
```

```
    cur = ArcPy.InsertCursor(newpath)  # 插入图层
    table = open_excel(xlsfile)  # 打开Excel文件中的第一个sheet
    #获取Excel表格行数和列数
    nrows = table.nrows
    ncols = table.ncols
    print nrows, ncols
    list = []
    #注意表格格式，从第三行开始读取数据
    for rownum in range(2, nrows):
        #获取Excel文件的一行
        row = table.row_values(rownum)
        #如果该行有数据
        if row:
            #创建一个行对象
            pFeature = cur.newRow()
            #准备行对象的几何信息
            pnt = ArcPy.Point()
            pnt.X = float(table.cell(rownum, 5).value) #经度
            pnt.Y = float(table.cell(rownum, 6).value) #纬度
            pFeature.Shape = ArcPy.PointGeometry(pnt)
            #准备行对象的属性信息
            pFeature.SampleDate = table.cell(rownum, 0).value
            pFeature.SampleTime = table.cell(rownum, 1).value
            pFeature.PointID = table.cell(rownum, 2).value
            pFeature.SampleName = table.cell(rownum, 3).value
            pFeature.SampleID = table.cell(rownum, 4).value
            pFeature.X = float(table.cell(rownum, 5).value)
            pFeature.Y = float(table.cell(rownum, 6).value)
            try:
                # 插入行对象，将几何信息和属性信息均放到shape文件
                cur.insertRow(pFeature)
            except:
                print "There was an error"
    del cur
    return newpath

if __name__ == '__main__':
    #The main funtcion
    inputfile = r"e:\chinamap\fishsamples.xls"
    outputfile = r"e:\chinamap\out\fishSample.shp"
    print "开始转换"
```

```
    xls2shp(inputfile,outputfile)
    print "成功生成 shape 文件"
```

4．通过 CSV 文件创建 shape 文件

CSV 文件也是一种重要的采样数据存储格式，如果要实现根据 CSV 文件创建 shape 文件，读者首先要能够读取 CSV 文件的数据，Python 提供了 CSV 模块，供用户读取 CSV 文件的内容。读取到文件后，后面的程序和上面的例子类似。

```
import csv
import ArcPy
# 这里假设已经有一个空的点文件
# 该文件具有属性 BIOMASS
cursor = ArcPy.InsertCursor("try1.shp")
# 假设`data.csv` 文件的格式为 y,x,biomass
# 假设`data.csv` 文件的格式为 61.4571,-148.7781,12
with open('data.csv', 'rb') as f:
    reader = csv.DictReader(f)
    for row in reader:
       feature = cursor.newRow()
        # 添加几何信息
        vertex = ArcPy.CreateObject("Point")
        vertex.X = row['x']
        vertex.Y = row['y']
        feature.shape = vertex
        # 添加属性信息
        feature.BIOMASS = row['biomass']
        # 向 shape 文件插入数据
        cursor.insertRow(feature)
del cursor
```

5．利用 NumPy 数组创建 shape 文件

Numerical Python（NumPy）是 Python 中进行科学计算（包括支持功能强大的多维数组对象）的基础包。NumPy 为用户提供了执行复杂数学运算的途径，而且在 9.2 版本之后已作为 ArcGIS 软件安装过程的一部分。NumPy 模块专用于处理大型数组。很多现有 Python 函数都是为了处理 NumPy 数组而创建的。

要将 NumPy 数组转换为表和要素类，数组必须为结构化数组。结构化数组包括用来在 ArcGIS 表和要素类中将数据映射至字段的多个字段（或结构体）。

```
    Import numpy
    array   =   numpy.array([(471316.383,5000448.782),   (470402.493,
5000049.216)], numpy.dtype([('X', '>f8'),('Y', '>f8')]))
```

一经创建，结构化 NumPy 数组即可转换为要素类或表。创建数组的 dtype 取决于输入表的字段类型或要素类。NumPy 数据类型与 ArcGIS 字段类型对应关系如表 5.3 所示。

表 5.3　NumPy 数据类型与 ArcGIS 字段类型对应关系

字段类型	NumPy dtype
单精度	numpy.float32
双精度	numpy.float64
短整型	numpy.int32
整型	numpy.int32
OID	numpy.int32
GUID	<U64
字符串	<u1、<u10 等

NumPy 不支持以上未列出的其他字段类型，包括栅格和 Blob 字段，同样不支持几何字段，但可以使用令牌将多个几何属性添加到数组中。另外上面数据类型中有“<”和“>”符号，这是计算机二进制数据存储的编码形式，分别表示 little Endian 和 big Endian 编码，具体含义读者可以进一步查阅资料。

NumPy 提供了 loadtxt 函数进行文本文件加载，该功能不仅能实现数据加载，而且能按照 dtype 将数据按照要求进行标准化，如 dtype 为结构化数据类型，则加载后的数据直接为结构化数组。loadtxt 函数要求文本文件每一行必须包含同样数量的值。

```
    numpy.loadtxt(fname, dtype=<type 'float'>, comments='#', delimiter=None, converters=None, skiprows=0, usecols=None, unpack=False, ndmin=0)
```

该函数的参数含义如下：

- ✓ fname：要读取的文本文件或者该文件的文件名。
- ✓ dtype：可选参数，结果数组的数据类型，默认情况下为 float。若其为结构化数据，结果数组将是一维数组，文本文件中的每一行将成为该数据中的一个元素。此时，文本文件中数据的列数必须与数据类型中的字段数相同。
- ✓ comments：字符串，可选参数，用于标识注释文字的字符串，默认值为“#”。
- ✓ delimiter：字符串，可选参数，用于分隔文本文件数值的分隔符，默认情况下为空格，根据文本文件中数据格式可以设置。
- ✓ skiprows：整数，可选参数，读取文件时跳过文件头上的 skiprows 行，默认值为 0。
- ✓ usecols：数值序列，可选参数，读取的列，下标从 0 开始。例如，usecols = (1,4,5)，则会从文件中提取第 2 列、第 5 列和第 6 列，默认值为 None，自动读取文件中的所有列。

ArcPy 提供了 NumPyArrayToFeatureClass 将 NumPy 结构化数组转换为点要素类。该函数定义如下：

```
NumPyArrayToFeatureClass  (in_array,  out_table,  shape_fields,
{spatial_reference})
```

该函数的参数意义如下：

- ✓ in_array：NumPy 结构化数组。数组必须包含字段名称和 NumPy dtype。
- ✓ out_table：点要素类名称字符串，写入 NumPy 数组中记录的输出为点要素类。
- ✓ shape_fields[shape_fields,...]：用于创建要素类几何的字段名称列表（或组）。坐标以 x、y、z 和 m 的顺序指定。z 坐标与 m 值字段为可选字段。假设 x、y、z 和 m 的字段名称位于 NumPy 数组中，则要素类可构建如下：

```
import ArcPy
# 用 x、y 字段创建几何对象
ArcPy.da.NumPyArrayToFeatureClass(array, fc, ("x", "y"))
# 用 x、y、z 字段创建几何对象
ArcPy.da.NumPyArrayToFeatureClass(array, fc, ("x", "y", "z"))
# 用 x、y、m 字段创建几何对象
ArcPy.da.NumPyArrayToFeatureClass(array, fc, ("x", "y", "", "m"))
# 用 x、y、z、m 字段创建几何对象
ArcPy.da.NumPyArrayToFeatureClass(array, fc, ("x", "y", "z", "m"))
```

- ✓ spatial_reference：要素类的空间参考。可以使用 spatialReference 对象或等效字符串来指定，默认值为 None。

下面给出一个例子，首先在“E:/chinamap/out/”目录下自动生成“testShape.shp”，然后构建一个数组，里面有两个元素，将这两个元素用于生成“testShape.shp”中的两个点对象。这段程序运行后，产生两个点对象，其属性数据如图 5.7 所示。

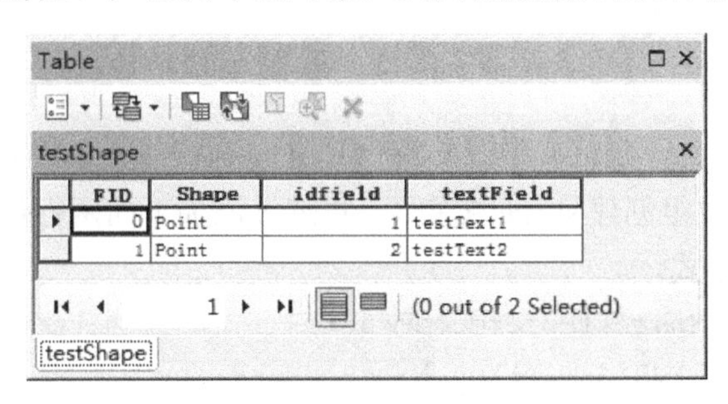

图 5.7　生成的点图层属性数据

```
import ArcPy
import numpy
outFC = "E:/chinamap/out/testShape.shp"
array = numpy.array([(1, 'testText1', (116.0, 40.0)),
                     (2, 'testText2', (116.0, 40.2))],
                numpy.dtype([('idfield',numpy.int32),('textField','<U10'),
('XY','<f8', 2)]))
```

```
    ArcPy.da.NumPyArrayToFeatureClass(array, outFC, ['XY'])
    "coords.txt"
```

数据文件内容为：

```
    116.500,39.650
    116.500,39.750
    116.500,39.850
    116.500,39.950
    116.500,40.050
    116.500,40.150
    116.500,40.250
    116.500,40.350
    116.500,40.450
    116.500,40.550
    116.500,40.650
    116.500,40.750
```

使用 Python 编写以下程序：

```
    import numpy
    import ArcPy
    dtype=[('x', '<f8'), ('y', '<f8')]
    coords=numpy.loadtxt("e:\\chinamap\\coords.txt",dtype,delimiter=",")
```

此时，coords 是读入数据文件的内容，并且按照 dtype 的样式放在 NumPy 数组中，即已经将数据文件的数据描述为形式为 x、y 的坐标对。该数组形式如下：

```
    array([(116.5, 39.65) (116.5, 39.75) (116.5, 39.85) (116.5, 39.95)
(116.5, 40.05)
           (116.5, 40.15) (116.5, 40.25) (116.5, 40.35) (116.5, 40.45)
(116.5, 40.55)
        (116.5, 40.65) (116.5, 40.75)], dtype=[('x', '<f8'), ('y', '<f8')])
```

这样就可以用该数组创建 shape 文件了，再继续添加下面两行代码，就能把数组的数据创建为 shape 文件格式。

```
    SR = ArcPy.SpatialReference(4326)
    outFC = "e:\\chinamap\\out\\testShape.shp"
    ArcPy.da.NumPyArrayToFeatureClass(coords,outFC,("x","y"), SR)
```

按照 x、y 坐标对，coords 输出为“e:\\chinamap\\out\\testShape.shp”，将其加载到 ArcMap 窗口，即可显示坐标内容，如图 5.8 所示。

记住，loadtxt 中要将 dtype 设置为正确的形式才能将数据正确读入。上述数据在 NumPy 中输出方式如下：

```
    numpy.savetxt("e:\\chinamap\\out\\output.txt", coords, fmt="%.3f",
delimiter=",")
```

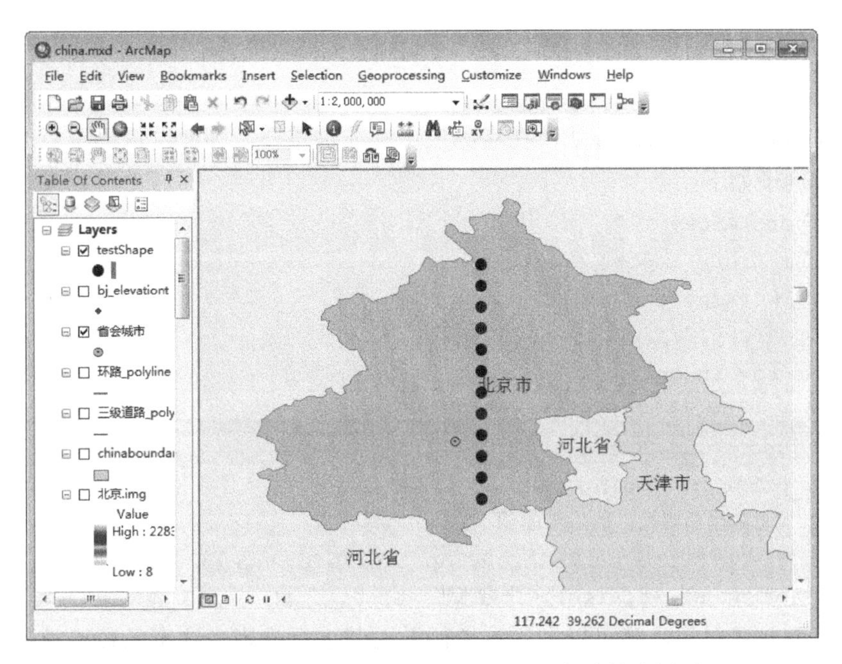

图 5.8　通过 NumPyArrayToFeatureClass 创建的点图层

若数据文件中包含有除 *x*、*y* 之外的信息，则需要重新构造 dtype 以适应数据文件中的记录内容。

5.2.5　矢量数据的即时投影转换

矢量数据有地理坐标和投影后的平面直角坐标两种。如果在编程时需要进行几何数据的量测，如测量距离、面积等，矢量数据为地理坐标时，系统直接使用经纬度坐标的数值进行计算，无法得到正确的量测结果，因此需要在编程时，将地理坐标转为平面直角坐标，然后再进行量测计算，这样才能保证得到正确的结果。

有两种方式可以对地理坐标的几何数据进行转换，一种方式是在查询时，如果查询几何信息（用令牌查询），可以将平面直角坐标系作为空间坐标参考，这样系统能够自动将地理坐标转换成相应的平面直角坐标，测量距离和测量面积就能得出比较准确的值。

在下面这个例子中，查询语句采用了平面直角坐标系作为空间参考查询多边形对象的面积。

```
with ArcPy.da.SearchCursor("中国政区",'SHAPE@AREA', spatial_reference = ArcPy.SpatialReference(32649)) as cur:
    for row in cur:
        print row[0]
```

另一种方式是首先查询地理坐标的几何数据，对这些数据采用 projectAs 函数投影到想要的平面直角坐标系上，然后再求距离、面积等几何对象信息。projectAs 函数定义如下：

```
projectAs (spatial_reference, {transformation_name})
```

这个函数是几何对象的方法，在实际应用中非常重要，因此这里再重点介绍一下其使用方法。例子如下：

```
import ArcPy
from ArcPy import Env
Env.workspace= "e:\\chinamap"
cur=ArcPy.SearchCursor("中国政区.shp")
for row in cur:
    aa=row.getValue("name")
    geo=row.shape
    print geo.pointCount
    #先做投影转换，然后求面积
    g = geo.projectAs(ArcPy.SpatialReference(32649))
    print str(g.area)+"平方米"
```

只要取到几何对象，就可以利用这个函数对其进行投影。这个函数要求读者具有良好的 GIS 基础，要知道国内使用的平面直角坐标及其对应的区域，还要知道 WGS84 坐标系到该平面直角坐标系之间是否存在基准转换，如果有基准转换，还要设置转换的名称。

5.3 矢量数据专题图与符号设置

5.3.1 专题图制作

专题图是为了突出并较完备地表示一种或几种自然或社会经济现象，而使地图内容专题化、用途专门化的地图。在对空间数据分析或者操作完毕后，一般都要制作专题图，作为项目结题的主要成果。

ArcPy 制图主要通过 Layer 模块的属性进行设置。Layer 对象提供了两个和图层渲染有关的属性：symbology 和 symbologyType，它们的具体含义如下。

✓ symbology（只读）：表示图层的符号，每种符号都有特定的属性，在对符号设置进行修改前，最好使用 symbologyType 属性确定图层的符号类型。

✓ symbologyType（只读）：该属性返回一个字符串，表示图层符号的类型，ArcPy 目前还没有支持 ArcGIS 的所有符号类，对暂未支持的类型将返回关键字 OTHER；下面列出了 symbologyType 可能的类型值。

GRADUATED_COLORS——对应渐变色 GraduatedColorsSymbology 类。

GRADUATED_SYMBOLS——对应渐变符号 GraduatedSymbolsSymbology 类。

OTHER——表示目前还未支持的类型。

UNIQUE_VALUES——对应唯一值 UniqueValuesSymbology 类。

RASTER_CLASSIFIED——对应栅格分类 RasterClassifiedSymbology 符号类。

可以看出，symbologyType 和 symbology 对于 Layer 来说，都是只读的属性，所以图层的渲染类型是不能在 Layer 这里修改的，但能够修改这些固定类型下的属性。如果要用 ArcPy 对图层做唯一值渲染，那前提必须是这个图层本身已经采用了唯一值渲染。其他的渲染模式设置也是一样，只能在设定的渲染模式下修改，而不能直接更改渲染模式。如果图层本身是单一符号渲染的，则无法用 ArcPy 将其修改为唯一值渲染。总的来说，Esri 公司对图层的渲染还没有对 ArcPy 完全开放。

在 Layer 对象里面，基本上能够对图层的设置做一些细微的调整，以达到 ArcMap 界面的一些常规修改。修改的部分更多地集中在其属性部分，而非其方法。所以，要用好 Layer 对象，还需要了解其关联的属性对象的一些设置。

在对图层属性进行修改之前，需要先测试该图层是否使用了此符号系统类。为此，可以使用 Layer 类中的 symbologyType 属性。测试图层中的符号类型，只有符号类型为渐变颜色、渐变符号、唯一值和栅格分类这几种类型时，才可以使用 ArcPy 修改图层的渲染。这里先介绍适合矢量数据的三种渲染的 ArcPy 方式，每种渲染方式各给出两个例子，一个简单的渲染，一个稍微复杂一些的，读者可以根据需要参考。

1. 渐变颜色渲染（GraduatedColors Symbology）

GraduatedColors Symbology 类可访问用于更改图层渐变色彩符号系统外观的各种属性。

需要先测试该图层是否使用了该符号系统类。为此，可以使用 Layer 类中的 symbologyType 属性。首先测试图层的 symbologyType 是否为分级色彩 (if lyr.symbologyType == "GRADUATED_SYMBOLS":)，然后为该图层创建 GraduatedSymbolsSymbology 类的变量参考 (lyrSymbolClass = lyr.symbology)。

例子 1：

```
import ArcPy
mxd = ArcPy.mapping.MapDocument("E:\\CHINAMAP\\china.mxd")
lyr = ArcPy.mapping.ListLayers(mxd,"中国政区")[0]
#for lyr in ArcPy.mapping.ListLayers(mxd):
print lyr.name
print lyr.symbologyType
try:
    if lyr.symbologyType == "GRADUATED_COLORS":
        lyr.symbology.valueField = "area"
        lyr.symbology.numClasses = 2
        print "ok"
```

```
        mxd.save()
        print "over"
        del mxd
    except:
        print ArcPy.GetMessages()
```

例子2：

本例中图层文件包含应用于图层的自定义色带，它将验证图层是否具有分级色彩符号系统，并可修改 GraduatedColorsSymbology 类中的各种属性。

```
    import ArcPy
    mxd = ArcPy.mapping.MapDocument("current")
    df = ArcPy.mapping.ListDataFrames(mxd)[0]
    lyr = ArcPy.mapping.ListLayers(mxd, "中国政区", df)[0]
    if lyr.symbologyType == "GRADUATED_COLORS":
      lyr.symbology.valueField = "area"
      lyr.symbology.classBreakValues = [2, 10, 20, 50, 100]
      lyr.symbology.classBreakLabels = ["1 to 2", "2 to 10", "10 to 20",
"20 to 50"]
    ArcPy.RefreshActiveView()
    ArcPy.RefreshTOC()
    del mxd
```

2. 渐变符号渲染（GraduatedSymbolsSymbology）

例子1：

```
    import ArcPy
    mxd = ArcPy.mapping.MapDocument("current")
    for lyr in ArcPy.mapping.ListLayers(mxd, "中国政区"):
       if lyr.symbologyType == "GRADUATED_SYMBOLS":
            lyr.symbology.valueField = "area"
            lyr.symbology.numClasses = 3
    ArcPy.RefreshTOC()
    ArcPy.RefreshActiveView()
    del mxd
```

例子2：

```
    import ArcPy
    mxd = ArcPy.mapping.MapDocument("current")
    df = ArcPy.mapping.ListDataFrames(mxd) [0]
    lyr = ArcPy.mapping.ListLayers(mxd, "中国政区", df) [0]
    if lyr.symbologyType == "GRADUATED_SYMBOLS":
        lyr.symbology.valueField = "area"
        lyr.symbology.classBreakValues = [10, 30, 60, 100, 200]
```

```
        lyr.symbology.classBreakLabels = ["10 to 30", "30 to 60", "60 to
100", "100 to 200"]
    ArcPy.RefreshTOC()
    ArcPy.RefreshActiveView()
    del mxd
```

3. 唯一值渲染（UniqueValuesSymbology）

首先测试图层中的 symbologyType 是否为唯一值 (if lyr.symbologyType == "UNIQUE_VALUES":)，然后为该图层创建 UniqueValues Symbology 类的变量参考 (lyrSymbolClass = lyr.symbology)。

例子 1：

```
    import ArcPy
    mxd = ArcPy.mapping.MapDocument("e:\\chinamap\\china.mxd")
    lyr = ArcPy.mapping.ListLayers(mxd, "中国政区")[0]
    print lyr.name
    lyr.symbology.valueField = "area"
    lyr.symbology.addAllValues()
    ArcPy.RefreshActiveView()
    ArcPy.RefreshTOC()
    mxd.save()
    print "over"
    del mxd
```

例子 2：

基于属性查询结果更新图层唯一值符号系统类列表。

```
    import ArcPy
    mxd = ArcPy.mapping.MapDocument("current")
    lyr = ArcPy.mapping.ListLayers(mxd,"中国政区")[0]
    ArcPy.SelectLayerByAttribute_management(lyr,        "NEW_SELECTION",
"\"area\" > 20")
    stateList = []
    rows = ArcPy.da.SearchCursor(lyr, ["NAME"])
    for row in rows:
        stateList.append(row[0])
    if lyr.symbologyType == "UNIQUE_VALUES":
        lyr.symbology.valueField = "NAME"
        lyr.symbology.classValues = stateList
        lyr.symbology.showOtherValues = False
    ArcPy.RefreshActiveView()
    ArcPy.RefreshTOC()
    del mxd
```

5.3.2 符号设置

1. Desktop 的符号文件

在实际开发应用中，不同的行业有不同的符号，就是我们常说的符号样式。ESRI 公司根据美国的行业规范在 ArcGIS 软件中已经定制了大量符号，这些符号以符号库的形式存放在安装目录的 Styles 目录下。该目录下主要存放了两种格式的文件：一种是 style 格式，是 ArcGIS 桌面版软件的符号库文件，主要用来保存符号样式、整饰元素样式等的文件；另一种是 serverstyle 格式，是 ArcGIS Engine 的符号库文件。符号文件中存储了不同类型的各种符号，每种类型的符号又有很多具体的符号。

ArcPy 读取的是 ArcGIS 桌面的 style 符号文件，符号一旦读取之后，就可以脱离 style 文件使用，所有的修改都与 style 无关，因此很多读者对于 style 符号比较陌生。

在严谨的 GIS 制图流程中，符号库是要先于数据整理、组织等工作开展的，所有的符号也要先在符号库中修改，修改完成后重新在图层中应用。但由于 ArcMap 允许符号脱离符号库生成（其实也不算脱离，只是保存在默认的符号库中），所以对于非专业制图人员来说，很多标准和规范没有得到很好的执行。

2. 制作符号

由于所选择的用于显示地图中的要素、元素或图形的符号都存储在样式文件（.style）中，所以有必要了解 ArcGIS 制作符号的基本方法。在 ArcMap 中可以使用样式管理器 Style Manager 对话框来创建、查看和修改样式及其内容。在 ArcMap 的“Customize”（用户自定义）菜单下单击“Style Manager”菜单命令（见图 5.9）会弹出 Style Manager 对话框（见图 5.10）。

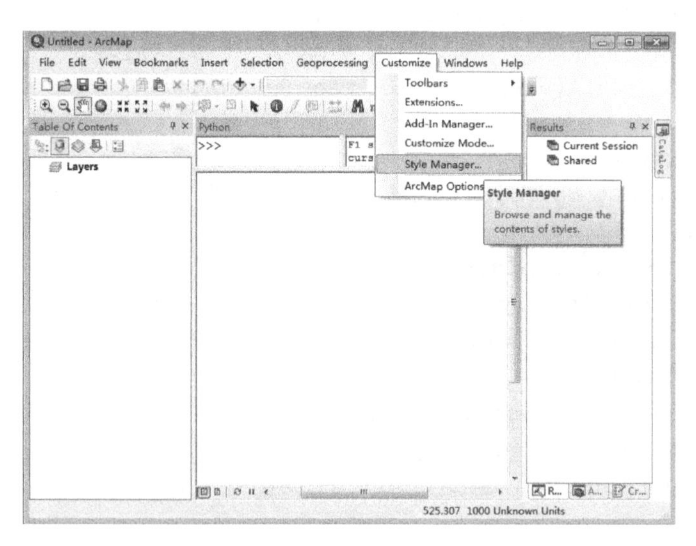

图 5.9 Style Manager 工具命令

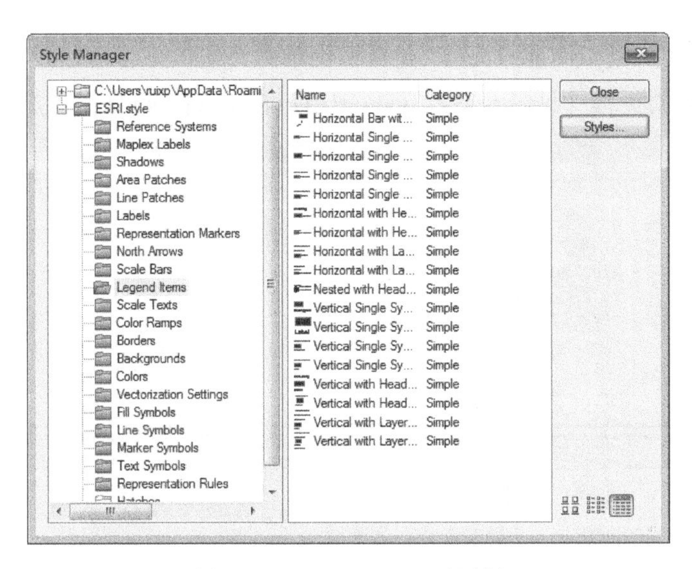

图 5.10　Style Manager 对话框

ArcMap 默认已经加载了 ESRI.style 的符号文件，在图 5.10 左侧可以看到符号被组织为一组预定义的类别或文件夹，如颜色、图例项、标记符号、填充项和比例尺等。每个符号项目存储在具体的类别文件夹中。例如，图例项文件夹包含了多个不同的图例项样式项目，每个项目具有不同的格式、字号和字型，对应于图例项中显示的不同元素，如图 5.10 右侧所示。

单击该对话框的“Styles”按钮，系统会弹出“Style References”对话框（见图 5.11），允许用户配置或者制作更多的符号。单击“Create New Style”按钮，系统会弹出新建 style 文件对话框（见图 5.12），用户可以输入新的 style 文件名，这样系统就自动在计算机上新建一个空的 style 文件，这个 style 文件自动产生管理各种符号的类别文件夹。

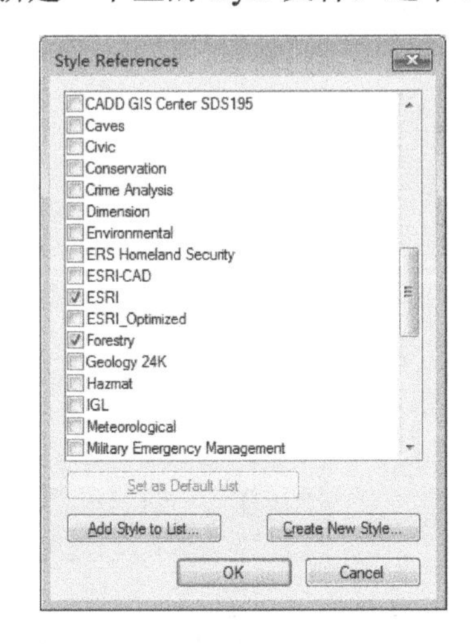

图 5.11　“Style References” 对话框

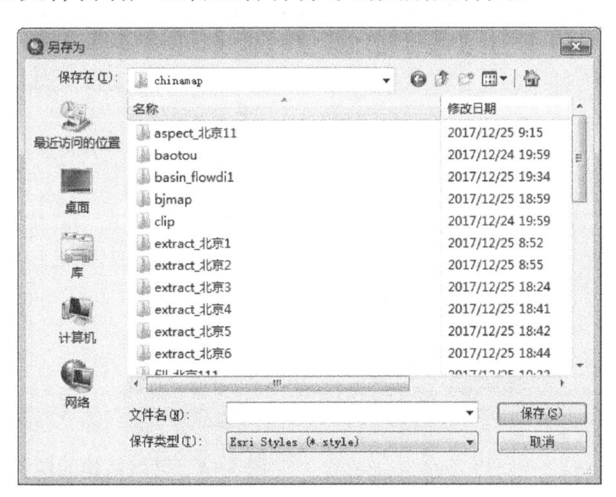

图 5.12　新建 style 文件对话框

用户也可以在“Style References”对话框中单击“Add Style to List”按钮，系统会弹出打开 style 文件对话框（见图 5.13），可以把用户自定义的 style 文件加载到列表中。

图 5.13　打开 style 文件对话框

虽然 ArcGIS 允许用户在自定义的 style 文件各个类别文件夹中新建不同的符号，但是截至 ArcGIS 10.6，在 ArcPy.mapping 模块中唯一能够使用的符号是图例项（Legend Items）。图例项定义了图层如何以特定图例形式显示。因此，这里简单介绍一下图例符号的新建过程。在加载了用户自定义的 style 文件后（如本书新建了 myStyle.style 文件），单击 Legend Items 类别文件夹，然后右击，在弹出的快捷菜单中单击“New”菜单命令，弹出可以新建的四种图例，分别是水平工具栏图例（Horizontal Bar）、嵌套图例（Nested）、水平向图例（Horizontal）和垂直向图例（Vertical），如图 5.14 所示。用户可以根据需要确定新建的图例类型。新建好图例后，可以通过 ArcPy 编程对其进行引用。

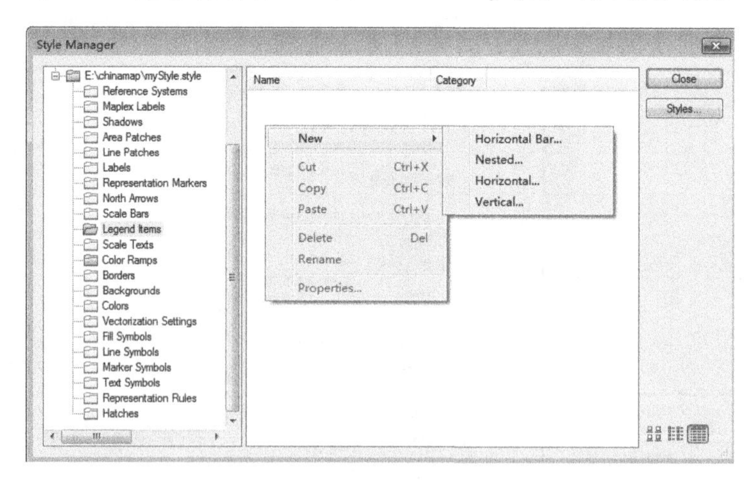

图 5.14　可以新建的图例类型

如单击第一个命令后，在图例项中会出现新建的符号，可以进一步说明该符号的种类（Category），如输入种类为“我的符号”，如图 5.15 所示。

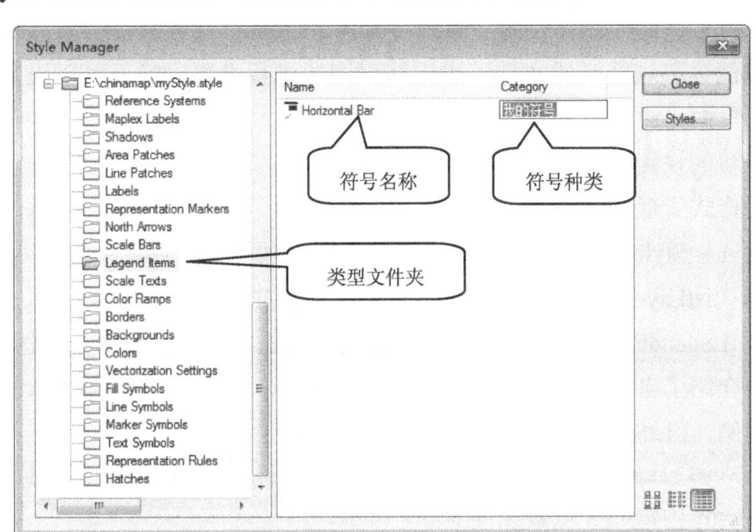

图 5.15　新建图例符号并确定其所属种类

3. 使用 ArcPy 符号操作

在 ArcGIS 用户界面中，当向内容列表（Table of Contents）中添加一个新的数据图层时，该要素自动应用几何数据对应的默认样式进行显示。通过 ArcPy.mapping 模块可以在 LegendElement 中更新页面布局的各图例项样式项目，使空间数据按照用户的要求进行显示。

StyleItem 类是 ArcPy.mapping 模块中用于控制显示的符号类，它可以让用户使用自定义设置图例更新图层的显示样式。StyleItem 对象的作用是读取粒度更细的符号样式，它能够识别出样式库中所有的样式类型，譬如颜色、图例项、标记符号和比例尺等，它一般要结合 Layer 和 MapsurroundElement 使用，通过前者获取图层或者整饰元素，然后对其应用符号样式。表 5.4 给出了 StyleItem 类的属性，其属性在样式管理器中的对应内容如图 5.15 标注所示。

表 5.4　StyleItem 类的属性

属　　性	说　　明
itemName（只读）	符号名称，是符号在符号管理器对话框中显示的名称，是一个字符串
itemCategory（只读）	符号种类，是符号在符号管理器对话框中显示的符号种类，符号种类是对相似符号进行的分组。ESRI 的符号库已经按照其默认的方式进行归类，自定义的符号需要在符号管理器对话框中输入种类名称
styleFolderName（只读）	符号文件夹，是存储符号的文件夹，如 Legend Items，用该属性可以帮助我们确定想要引用的符号类型

从表 5.4 可以看出，StyleItem 对象的三个属性都是只读属性，可以看出 ESRI 公司对其定位是获取符号，而非制作符号。目前 ArcPy.mapping 还没有能力直接修改图层的样式符号，就算能读取这些样式文件，也无法对图层进行设置。唯一可以设置的是图例，这在帮助文档里面已经说得非常具体。

对图例符号的设置具体可通过以下步骤实现：

（1）使用样式管理器制作一个自定义图例样式。

（2）使用 ListStyleItems 函数引用该自定义图例项样式项目。

（3）使用 ListLayoutElements 函数引用当前地图文档的图例元素。

（4）使用 LegendElement 类中的 updateItem 方法更新图例中特定的图例样式项。

前面已经介绍了自定义图例样式的方法，定义好了图例后，可以通过 ListStyleItems 函数来访问图例，ListStyleItems 函数的定义方式如下：

```
ListStyleItems (style_file_path, style_folder_name, {wildcard})
```

ListStyleItems 函数的参数含义如表 5.5 所示。

表 5.5 ListStyleItems 函数的参数含义

参　数	说　明
style_file_path	现有样式（.style）或服务器样式（ServerStyle）文件的完整路径。以下为两种不需要完整路径的附加快捷键。首先，输入 ArcGIS 系统样式文件的名称，例如“ESRI.style”“ESRI.ServerStyle”或“Transportation.style”。该功能将自动搜索合适的 ArcGIS 安装样式文件夹中的样式。其次，在安装完成 ArcGIS Desktop 后，可使用关键字“USER_STYLE”。将在无须完整路径的情况下，自动搜索本地用户配置文件。如果样式文件不在这两个已知的系统位置处，则必须提供包含文件扩展名的完整路径，例如“C:/Project/CustomStyles.style”
style_folder_name	样式文件中样式文件夹的名称采用其在样式管理器窗口中显示的样式。目前，仅图例项可以与其他 ArcPy.mapping 方法配合使用
wildcard	星号（*）和字符的组合可用于帮助限制基于样式项名称属性而生成的结果（默认值为 None）

下面举一个例子，介绍 ListStyleItems 函数的使用方法，下面这段代码用于显示 ESRI.style 符号文件中的图例文件夹中的所有符号，并输出每个符号的名称、种类和对应的符号文件夹，读者可以根据输出的结果进一步理解 StyleItem 对象的三个属性。

```
import ArcPy
styleItems = ArcPy.mapping.ListStyleItems(r"e:\chinamap\myStyle.style",
"Legend Items", "")
for s in styleItems:
    print s.itemName
    print s.itemCategory
    print s.styleFolderName
```

输出结果为：

```
Horizontal Bar
```

```
我的符号
Legend Items
```

另外一个和制图符号相关的函数是 ListLayoutElements，主要用以获取引用当前地图文档在布局视图上的图例元素。ListLayoutElements 函数的定义如下：

```
ListLayoutElements (map_document, {element_type}, {wildcard})
```

这个函数的三个参数意义为：

✓ map_document：当前操作的地图文档对象。

✓ element_type：元素类型，该参数是一个字符串，可以用它来筛选元素。元素类型包括以下几种类型。

DATAFRAME_ELEMENT——Dataframe element

GRAPHIC_ELEMENT——Graphic element

LEGEND_ELEMENT——Legend element

MAPSURROUND_ELEMENT——Mapsurround element

PICTURE_ELEMENT——Picture element

TEXT_ELEMENT——Text element

✓ wildcard：通配符，用以筛选图例元素，默认为空。

下面举一个例子，介绍 ListLayoutElements 函数的使用方法，下面这段代码用于显示地图文档为 china.mxd 时，在布局视图中的所有图例元素名称及其类型，读者也可以查看元素的其他属性，这里不再赘述。

```
import ArcPy
mxd = ArcPy.mapping.MapDocument(r"CURRENT")
df = ArcPy.mapping.ListDataFrames(mxd)[0]
lyr = ArcPy.mapping.ListLayers(mxd, '中国政区', df)[0]
legends = ArcPy.mapping.ListLayoutElements(mxd)
for l in legends:
    print l.name
    print l.type
del mxd
```

图例元素的几种类型在 ArcPy 中分别对应了 DataFrame、GraphicElement、LegendElement、MapsurroundElement、PictureElement 和 TextElement 类，这些类的属性基本相同。

DataFrame 对象根据正在使用的属性来使用地图单位和页面单位。例如，该对象可用于设置地图范围、比例、旋转及诸如空间参考之类的项目，也可使用页面单位确定 DataFrame 对象在布局上的位置和大小。通过 DataFrame 对象也可以访问信息项（如制作者名单和描述）。

GraphicElement 是一种万能型元素类型，它包含了可添加到页面布局中的各种项目

（如元素组、插入表、图表、图廓线、标记、线、区域形状等）。对图形元素执行的最常见操作是获取或设置其页面布局的位置和大小。

MapsurroundElement 对象是地图整饰要素，包括指北针和比例尺等制图元素。属性 parentDataFrameName 可以帮助找到与特定数据框相关联的元素。图例元素也是地图整饰要素的一个实例，但其具有附加属性，因此它是一个独立的元素类型。

PictureElement 对象代表已插入页面布局中的栅格或影像。

TextElement 对象代表了页面布局中的插入文本，其中包括插入的文本、注释、矩形文本、标题等项目，还包括被编入组元素中的文本字符串，但不包括属于图例或插入表部分的文本字符串。TextElement 与其他大多数页面元素的不同之处是该元素具有 text 属性，使用此属性可以读取并修改字符串。一个常见示例是在页面布局中对所有文本元素执行搜索和替换操作。与 ArcMap 用户界面类似，文本字符串不可以为空字符串，应至少包括一个空格，如可以是 textElm.text = " "，而不能是 textElm.text = ""。

这些元素中最重要的属性就是名称，建议为每个页面布局元素赋予唯一的名称，以便在使用 ArcPy 脚本时便于区分。元素位置 X 和 Y 以元素的锚点位置为基础；元素的锚点位置可通过 ArcMap 中“元素属性”对话框的大小和位置选项卡进行设置。这些元素的引用和操作在后面 ArcPy 制图一节中还会用到，这里先做简单的介绍。

以下脚本将使用上述工作步骤更新图例的图例项样式。首先在地图文档中加载 chinamap.mxd，并在第一个数据框架中添加一个图层，然后通过名为 Horizontal 的自定义图例更新该图例项样式（符号配置形式如图 5.16 所示）。自定义 myStyle.style 文件保存在 chinamap 目录下。

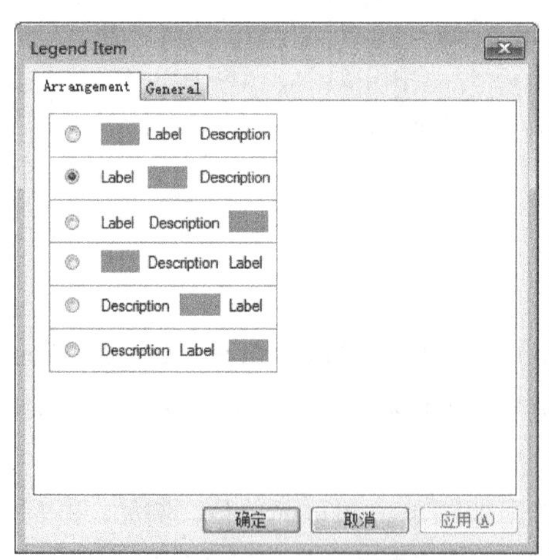

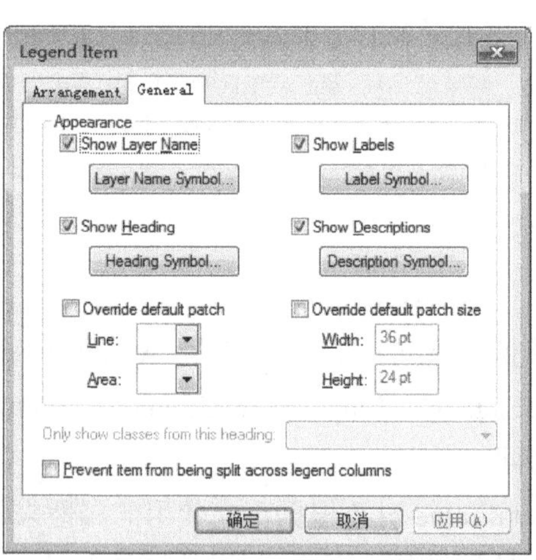

图 5.16　Horizontal 的自定义图例

通过自定义的 style 文件修改符号代码如下。为了便于观察程序结果，读者可以将 chinamap.mxd 文档切换到布局视图，可以在布局视图中添加图例，并只显示 pt 图层的图例。

```
        import ArcPy
        mxd = ArcPy.mapping.MapDocument(r"CURRENT")
        df = ArcPy.mapping.ListDataFrames(mxd)[0]
        lyr = ArcPy.mapping.ListLayers(mxd, 'pt', df)[0]
        styleItems = ArcPy.mapping.ListStyleItems(r"E:\chinamap\myStyle.style",
"Legend Items", "")
        for style in styleItems:
            if style.itemName=="Horizontal":
                print style.itemName
                #更新图层符号
                legend   =   ArcPy.mapping.ListLayoutElements(mxd,   "LEGEND_
ELEMENT")[0]
                #legend.updateItem(lyr, style)
                #legends = ArcPy.mapping.ListLayoutElements(mxd)
                print legend.name + " " + legend.type
                print "ok"
                legend.updateItem(lyr, style)
        ArcPy.RefreshActiveView()
        ArcPy.RefreshTOC()
        mxd.save()
        del mxd
```

程序运行完毕后，在布局视图，图例会发生变化（见图 5.17），但是可以看到，发生变化的只是图例显示样式，点图层的符号没有发生改变。

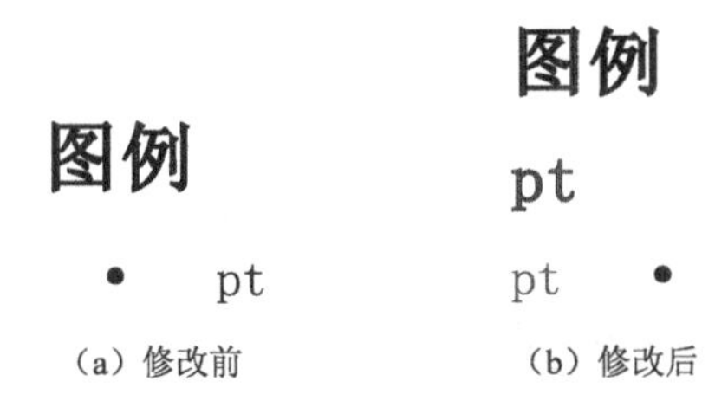

（a）修改前　　（b）修改后

图 5.17　图例修改前后的对比

如果强制使用其他类型的符号，则会给出错误提示 ValueError: Invalid value for legend layer style item object, needs to be a "Legend Items" style type。

这里还有一种方式可以改变当前地图文档中图层的符号，就是应用其他图层已经设置好的符号，用到的函数是 ApplySymbologyFromLayer_management。下面给出的例子是将图层 bj_elevationt.lyr 中已经配置好的专业符号赋给 pt 图层，最终 pt 图层具有和 bj_elevationt.lyr 一样的符号。

```
        import ArcPy
```

```
mxd = ArcPy.mapping.MapDocument("CURRENT")
df = ArcPy.mapping.ListDataFrames(mxd, "*")[0]
lyr = ArcPy.mapping.ListLayers(mxd,'pt')[0]
addLayer = ArcPy.mapping.Layer(r"e:\chinamap\bj_elevationt.lyr")
ArcPy.ApplySymbologyFromLayer_management( lyr, addLayer)
ArcPy.RefreshActiveView()
ArcPy.RefreshTOC()
```

这个例子的思想非常值得参考。很多情况下，ArcPy 新加载或生成图层后，需要采用特定的方式显示，前面介绍的几种专题图方式都需要图层已经具有相关的专题模式，而新加载或生成的图往往用默认的符号形式显示，不能满足显示或制图的要求。如果已经知道新图层的显示方式，则可以提前做好一个图层，并为该图层配置好想要的显示方式。这样，在 ArcPy 新加载或生成图层后，就可以使用 ApplySymbologyFromLayer_management 函数为新图层设置特定的显示方式，为下一步制图输出做准备。

5.4 栅格数据操作

栅格数据由按行和列（或网格）组织的像元（或像素）矩阵组成，其中每个像元都包含一个信息值（如温度）。栅格数据可以是数字航空相片、卫星影像、数字图片或扫描的地图。栅格数据还可以是一个波段，如数字高程数据，也可以是多个波段，如各种遥感影像。本节介绍栅格数据的 ArcPy 操作方式。

5.4.1 常用基本操作

1. 打开栅格数据

要获取一个栅格数据，可以直接用下面的 Raster 函数进行，该函数比较简单，返回一个栅格数据。

```
Raster(inRaster) #数据类型：Raster
# 例子
r = Raster("c:/data/dem") # 绝对路径
r = Raster("19960909.img") #相对路径，当不是ArcGIS 的栅格数据时，要加上后缀
```

2. 保存栅格数据

保存栅格数据的方法如下：

```
Raster 对象.save(路径字符串)
# 建议将栅格数据的文件保存为 img 或 tif 格式
r.save("e:/chinamap/out/dem_1.img") # 绝对路径保存
```

3. 列出工作目录下的所有栅格

要列出某个工作目录下的所有栅格数据，可以使用列表函数，函数定义如下：

```
ArcPy.ListRasters({wild_card},{raster_type})
# 例子：列出工作空间中的 Grid 栅格名称
import ArcPy
ArcPy.Env.workspace = "e:/chinamap/"
rasters = ArcPy.ListRasters("*","GRID")
for raster in rasters:
    print raster
```

5.4.2　获取栅格数据属性

拿到一个栅格数据后，可以通过其属性快速了解该栅格数据的元数据信息，ArcPy 通过 GetRasterProperties_management 函数获取栅格数据集、镶嵌数据集或栅格产品的属性，这个函数定义如下：

```
GetRasterProperties_management (in_raster, {property_type}, {band_index})
```

其中，in_raster 为待查属性的栅格数据；property_type 为要从输入栅格获取的属性，可以从栅格数据中获取以下各种属性。

- ✓ MINIMUM：输入栅格中所有像元的最小值。
- ✓ MAXIMUM：输入栅格中所有像元的最大值。
- ✓ MEAN：输入栅格中所有像元的平均值。
- ✓ STD：输入栅格中所有像元的标准差。
- ✓ UNIQUEVALUECOUNT：输入栅格中唯一值的数目。
- ✓ TOP：范围的顶部值或 Y 最大值（YMax)。
- ✓ LEFT：范围的左侧值或 X 最小值（XMin)。
- ✓ RIGHT：范围的右侧值或 X 最大值（XMax)。
- ✓ BOTTOM：范围的底部值或 Y 最小值（YMin)。
- ✓ CELLSIZEX：X 方向上的像元大小。
- ✓ CELLSIZEY：Y 方向上的像元大小。
- ✓ VALUETYPE：输入栅格中像元值的类型。
- ✓ COLUMNCOUNT：输入栅格中的列数。
- ✓ ROWCOUNT：输入栅格中的行数。
- ✓ BANDCOUNT：输入栅格中的波段数。
- ✓ ANYNODATA：返回栅格中是否存在 NoData。
- ✓ ALLNODATA：返回是否所有像素均为 NoData。此属性与 ISNULL 相同。

✓ SENSORNAME：传感器名称。
✓ PRODUCTNAME：与传感器相关的产品名。
✓ ACQUISITIONDATE：捕获数据的日期。
✓ SOURCETYPE：源类型。
✓ CLOUDCOVER：百分比形式的云覆盖量。
✓ SUNAZIMUTH：太阳方位角，以度为单位。
✓ SUNELEVATION：太阳高度角，以度为单位。
✓ SENSORAZIMUTH：传感器方位角，以度为单位。
✓ SENSORELEVATION：传感器高度角，以度为单位。
✓ OFFNADIR：偏离像底点的角度，以度为单位。
✓ WAVELENGTH：波段的波长范围，以纳米为单位。

band_index 是选择从哪个波段获取属性。如果未选择任何波段，则将使用第一个波段。

该函数返回的值是一个 Result 对象。Result 对象的优点是可以保留工具执行的相关信息，包括消息、参数和输出。即使在运行了多个其他工具后仍可保留这些结果。Result 对象使用 getOutput (index)方法获取具体的结果值。具体使用见下面的例子，该例子获取本书样例数据 chinamap 目录下北京市数字高程模型数据“北京.img”的标准差（可以在 ArcMap 中打开 chinamap.mxd，直接将代码复制到 Python 窗口），读者也可以根据 GetRasterProperties_management 函数第二个参数的含义，获取其他属性。

```
    import ArcPy
    #获取"北京.img"的像元值标准差
    elevSTDResult = ArcPy.GetRasterProperties_management("北京.img", "STD")
    #Get the elevation standard deviation value from geoprocessing result
object
    elevSTD = elevSTDResult.getOutput(0)
    print elevSTD
```

程序运行后输出结果为：354.99325544127。程序运行会耗费较长时间，这和待查栅格数据的大小、待查栅格的属性有关。GetRasterProperties_management 不能同时查询多个属性，如果想查询多个属性，需要多次调用该函数才行。

5.4.3 获取单个像元值

获取栅格数据某个位置的像元值，可以通过 GetCellValue_management 函数实现，该函数的定义如下：

```
    GetCellValue_management (in_raster, location_point, {band_index})
```

其中，in_raster 为待查属性的栅格数据；location_point 为待查像元值所在位置点坐标；band_index 是选择从哪个波段获取属性，留空则查询多波段数据集中的所有波段。

1. 获取单波段栅格数据的像元值

下面例子为查询北京高程数据中经纬度坐标（116，40）对应的像元值。

```
import ArcPy
result = ArcPy.GetCellValue_management("北京.img", "116 40", "")
#也可以写成如下格式
#result = ArcPy.GetCellValue_management("北京.img", "116 40")
cellValue = int(result.getOutput(0))
print cellValue
```

程序运行后，结果为 315。

2. 获取多波段栅格数据像元值

下面例子为查询遥感影像中经纬度坐标（115.65，39.65）对应的像元值。遥感影像为“bjpro.tif”，GetCellValue_management 的第三个参数为空，可以获得影像所有波段在该坐标对应的像元值。

```
import ArcPy
ArcPy.Env.workspace = r"e:\chinamap\bjmap"
try:
    # 获取 RGB 影像 3 个波段的值
    result  =  ArcPy.GetCellValue_management("bjpro.tif",  "115.65 
39.65", "")
    cellValue = int(result.getOutput(0))
    # 输出结果
    print cellValue
except:
    print ArcPy.GetMessages()
```

程序运行后，出来 3 个波段在经纬度坐标（115.65，39.65）上对应的像元值。读者也可以在遥感影像中选择某个波段进行查询。

5.4.4　栅格数据的数组方式操作

栅格数据从本质上说是以数组形式存储的空间数据。因此，可以采用 NumPy 提供的数组操作方式对栅格数据进行处理。ArcPy 可以将栅格数据转化为 NumPy 数组，也可以将 NumPy 数组转化为栅格数据。这为处理栅格数据提供了很大的方便，我们可以将栅格数据首先转为 NumPy 数组，然后使用栅格数据分析和处理的方法对 NumPy 数组里的数据进行各种处理，处理完毕后，可以将结果值重新转换为栅格数据。

1. 栅格数据向数组转换

栅格数据到数组转换的函数为 RasterToNumPyArray，该函数支持将多波段栅格直接转换为多维数组（ndarray），函数定义形式如下：

```
RasterToNumPyArray (in_raster, {lower_left_corner}, {ncols}, {nrows}, {nodata_to_value})
```

函数的参数含义为：

- ✓ in_raster：输入待转换为数组的栅格数据。
- ✓ lower_left_corner：输入栅格数据中待转换部分数据在原始栅格数据中的左下角坐标。坐标的单位和地图单位一致，如果没有指定，则将整个栅格数据转换为数组。
- ✓ ncols：从左下角坐标开始取列数据转换为数组，如果没有指定，则将整个栅格数据的所有列进行转换。
- ✓ nrows：从左下角坐标开始取行数据转换为数组，如果没有指定，则将整个栅格数据的所有行进行转换。
- ✓ nodata_to_value：给栅格数据中 NoData 部分指定一个值，如果没有指定，默认用栅格数据中 NoData 对应的值。

使用该函数需要注意的是：

（1）如果输入 Raster 实例基于多波段栅格，则会返回 ndarry，其中第一维的长度表示波段数。ndarray 将具有维度（波段、行、列）。

（2）如果输入 Raster 实例基于单个栅格或多波段栅格中的特定波段，则会返回含维度（行、列）的二维数组。

下面给出一个简单的例子，将“北京 11.img”数据转换为数组，然后输出该数组的行列数，代码如下：

```
import ArcPy
import numpy
# 读取栅格数据
inputRaster = ArcPy.Raster("e:/chinamap/北京 11.img")
arr = ArcPy.RasterToNumPyArray(inputRaster )
print arr.shape
```

程序运行后，输出结果为：(2137，2644)。可以看到数字高程数据已经读取到 NumPy 数组中了，可以利用 NumPy 提供的功能对数据进行各种处理。

2. 数组向栅格数据转换

数组向栅格数据转换的函数为 NumPyArrayToRaster，定义如下：

```
NumPyArrayToRaster (in_array, {lower_left_corner}, {x_cell_size},
```

```
{y_cell_size}, {value_to_nodata})
```

该函数的参数含义为：

✓ in_array：要转换为栅格数据的 NumPy 数组，要求是 NumPy 的二维或三维数组。

✓ lower_left_corner：用地图单位表示的栅格数据左下角坐标。默认情况下，左下角坐标为（0.0，0.0），该参数默认值为 None。

✓ x_cell_size：在 X 方向以地图单位表示的栅格尺寸。输入的值可以是指定的一个值，也可以是一个栅格数据集。当该参数为栅格数据集时，这个数据集的 X 方向尺寸被赋给新生成的栅格数据。如果仅 x_cell_size 确定而 y_cell_size 没有确定，则产生的栅格为方形，如果 x_cell_size 和 y_cell_size 都没指定，则 X 方向和 Y 方向的默认尺寸都设为 1.0（默认值为 1.0）。

✓ y_cell_size：在 Y 方向以地图单位表示的栅格尺寸。输入的值可以是指定的一个值，也可以是一个栅格数据集。当该参数为栅格数据集时，这个数据集的 Y 方向尺寸被赋给新生成的栅格数据。如果仅 y_cell_size 确定而 x_cell_size 没有确定，则产生的栅格为方形，如果 x_cell_size 和 y_cell_size 都没指定，则 X 方向和 Y 方向的默认尺寸都设为 1.0（默认值为 1.0）。

✓ value_to_nodata：在 NumPy 数组中 NoData 部分对应新生成的栅格数据值。这个参数比较重要，如果不指定，新生成的栅格数据将没有 NoData 值，所以需要根据数据的实际情况确定是否要指定该参数（默认值为 None）。

使用该函数需要注意的是：

（1）如果输入数组具有两个维度，则会返回单波段栅格，其栅格大小由这两个维度（行、列）定义。

（2）如果输入数组具有三个维度，则返回多波段栅格，其波段数等于第一维的长度，而栅格大小由第二维和第三维（波段、行、列）定义。如果输入数组具有三个维度并且第一维的大小为 1，则会返回单波段栅格。

下面给出一个例子，用于产生 0～100 属性值的随机矩阵，维度为 50×50，将该矩阵的值写入一个栅格图层，并存为 img 格式的栅格数据。

```
    import ArcPy
    import numpy
    myArray = numpy.random.random_integers(0,100,2500)
    myArray.shape = (50,50)
    Pt = ArcPy.Point(112,40)
    myRaster = ArcPy.NumPyArrayToRaster(myArray, Pt, x_cell_size=0.1,
y_cell_size=0.1)
    myRaster.save("e:/chinamap/out/myRandomRaster.img")
```

需要注意的是，用随机矩阵生成栅格数据时，默认的 cell_size 为 1，如果当前数据框架的坐标为地理坐标，则表示 1 度，因此产生的栅格数据空间范围很容易超出地理坐标规定的经度（-180，180）和纬度（-90，90），从而导致产生的栅格文件出错。因此实际编程时最好要根据实际地图情况设置栅格数据左下角坐标和栅格分辨率。

以下例子的功能是从“北京 11.img”中读取栅格数据，然后将数据读到内存的二维矩阵数组，并对数据进行处理，最后处理完毕后形成一个新的栅格矩阵，并将该栅格矩阵存为 PercentRaster.img。

```
import ArcPy
import numpy
# 获取栅格数据属性
inputRaster = ArcPy.Raster("e:/chinamap/北京 11.img")
lowerLeft = ArcPy.Point(inputRaster.extent.XMin,inputRaster.extent.
YMin)
cellSize = inputRaster.meanCellWidth
print "cellsize is {}".format(cellSize)
# 转换为 NumPy 数组
arr = ArcPy.RasterToNumPyArray(inputRaster,nodata_to_value=0)
# 将元素都除以 10.0
arrPerc = (arr)/10.0
#再转为栅格，和原栅格的尺寸大小保持一致
newRaster   =   ArcPy.NumPyArrayToRaster(arrPerc,lowerLeft,cellSize,
value_to_nodata=0)
newRaster.save("e:/chinamap/PercentRaster.img")
print "over"
```

下面是使用 Python 和 ArcGIS 构建自定义移动窗口进行邻居分析的示例。该例子使用 RasterToNumPyArray 函数将栅格数据放入 Numpy 数组，然后使用 sciPy 中的 generic_filter 实现该功能。示例中使用了自定义窗口形状。

```
# ----------------------------------------------------------------
#  本例实现栅格数据的邻居分析
# ----------------------------------------------------------------

import ArcPy
import numpy
from scipy.ndimage import filters
# 本地变量
ArcPy.Env.workspace = ""e:/chinamap/"
rasterCellSize = 30
rasterInputName = "北京 11.img "
rasterOutputName = 'bjFilteredDEM.img'
ArcPy.Env.cellSize = rasterCellSize
```

```
    kernelFP   =   numpy.array([[False,True,False],   [True,True,True],
[False,True,False]])
    # 定义函数
    def neighborFunc(kernelArray):
        if (kernelArray[2] != -999):
            return kernelArray[0] + kernelArray[1] + kernelArray[3] +
kernelArray[4]
        else:
            return kernelArray[2]
    # 输出
    rasterDesc = ArcPy.Describe(rasterInputName)
    lowerLeftCorner          =          ArcPy.Point(rasterDesc.Extent.XMin,
rasterDesc.Extent.YMin)

    # 将栅格数据导入数组
    myArray = ArcPy.RasterToNumPyArray(rasterInputName, lowerLeftCorner,
rasterDesc.width, rasterDesc.height, -999)
    # 运行 neighborFunc 函数
    newRaster    =    filters.generic_filter(myArray,    neighborFunc,
footprint=kernelFP)
    # 将数组数据回存到栅格数据并定义投影
    rasterToSave = ArcPy.NumPyArrayToRaster(newRaster, lowerLeftCorner,
rasterCellSize, rasterCellSize, -999)
    rasterToSave.save(rasterOutputName)
    ArcPy.DefineProjection_management(rasterOutputName,
rasterDesc.spatialReference)
    ArcPy.BuildRasterAttributeTable_management(rasterOutputName,
"Overwrite")
```

5.5　栅格数据专题图

前面已经介绍了矢量数据专题图的制作方式，对于栅格数据而言，ArcPy 只提供了一种分类显示的专题图制作方法。栅格数据通过 RasterClassifiedSymbology 类，可访问用于在地图文档（.mxd）或图层文件（.lyr）中自动完成图层符号系统操作的某些属性和方法，可以更改类的数量、修改分类间隔值与标注或更改符号系统的字段。要访问图层符号系统的所有属性和设置，如更改个别类的单个符号，需要先在 ArcMap 用户界面中进行这些更改，然后将它们保存到图层文件中，最后可使用 UpdateLayer 函数将这些自定义设置应用于现有图层。

RasterClassifiedSymbology 类的属性包括以下几种。

（1）classBreakDescriptions：用于表示各个类别明细值描述（可有选择性地出现在地图文档图例中）的字符串的排序列表。只能在 ArcMap 用户界面中通过右击图层属性对话框的符号系统选项卡中显示的符号，然后选择编辑描述来访问这些值。排序列表中描述的数量必须始终比 classBreakValues 的数量少一个。这是因为 classBreakValues 列表还包括在用户界面中看不到的最小值。几乎对于其他所有类属性的更改均会影响这些值，因此最佳做法是最后设置这些值。

（2）classBreakLabels（读写）：用于表示各个类别明细标注（显示在地图文档的内容列表和图例项目中）的字符串的排序列表。排序列表中标注的数量必须始终比 classBreakValues 的数量少一个。这是因为 classBreakValues 列表还包括在用户界面中看不到的最小值。几乎对于其他所有类属性的更改均会影响这些值，因此最佳做法是最后设置这些值。

（3）classBreakValues（读写）：包括表示类别明细的最小值和最大值的双精度值排序列表。设置 classBreakValues 时，将自动设置 numClasses 属性，并将分类方法设置为手动，同时更新其他属性（如 classBreakLabels）。与 ArcMap 用户界面不同，可以设置最小值。排序列表中的第一个值代表最小值，其余值是在用户界面中显示的类别明细，因此 classBreakValues 列表始终比 classBreakLabels 列表和 classBreakDescriptions 列表多一个项目。更改这个值将自动根据新信息调整其他符号系统属性。

（4）excludedValues（读写）：表示要从以分号分隔的分类中排除的值或范围的字符串，如“1; 3; 5-7;”和“8.5-12.1”。值已从分类中移除，因此将不会显示。

（5）normalization（读写）：表示用于归一化的有效数据集字段名称的字符串。更改这个值将自动调整其他符号系统属性。可通过将值设置为 None（如 lyr.symbology.normalization = None）来移除归一化字段。

（6）numClasses（读写）：表示当前分类方法将要使用的类别数量的长整型值。更改此值将覆盖其他符号属性，例如 classBreakValues 和 classBreakLabels。如果分类方法是手动，则无法设置此值，因此不应在 classBreakValues 属性之后调用 numClasses，因为该属性会将分类方法自动设置为手动。更改这个值将自动调整其他符号系统属性。

（7）valueField（读写）：表示用于图层分类符号系统的有效数据集字段名称的字符串。更改这个值将自动调整其他符号系统属性。

RasterClassifiedSymbology 类的方法只有一个，即 reclassify ()，该方法将图层符号系统重置为图层数据源信息和统计数据。

和矢量数据的专题图设置一样，并非所有栅格图层都能使用 RasterClassifiedSymbology 类，在对图层属性进行修改之前，需要先测试图层是否可以使用该符号系统类。因此，可以使用 Layer 类中的 symbologyType 属性，先测试图层的 symbologyType 是否为栅格分类 (if lyr.symbologyType == "RASTER_CLASSIFIED":)，然后为该图层创建

RasterClassifiedSymbology 类的变量参考（lyrSymbolClass = lyr.symbology）。

Layer 对象中的 symbologyType 为只读属性，即无法将栅格分类符号系统更改为栅格唯一值符号系统，只能更改图层中特定符号系统类的属性。更改符号系统类型的唯一方法是向图层文件发送所需结果并使用 UpdateLayer 函数。

ArcPy 也无法更改栅格数据分类方法。如果要使用不同的分类方法，需要预先创建图层文件并使用它们更新图层，然后再修改能够更改的属性。与 ArcMap 用户界面相似，明确设置 classBreakValues 后，分类方法将自动设为手动。同样与 ArcMap 用户界面相似，一旦分类方法设为手动，便无法更改 numClasses 参数。

与 ArcMap 用户界面不同的是，ArcPy 设置 classBreakValues 参数时可以设置一个最小值。classBreakValues 列表中的第一个值是最小值，所有其他值是出现在 ArcMap 用户界面中的分类间隔值。因此，classBreakValues 列表中的值总比 classBreakLabels 和 classBreakDescriptions 列表中多一个。

一个参数的设置往往会导致其他参数自动发生更改。例如，设置 numClasses、normalization 或 valueField 参数时，classBreakValues、classBreakLabels 和 classBreakDescriptions 属性将根据当前分类方法自动进行调整。因此，属性的修改顺序十分重要。

下面给出一个例子，当北京市数字高程数据为分类显示时，对其分类进行修改，将其分类分为四类。

```
        import ArcPy
        mxd = ArcPy.mapping.MapDocument("CURRENT")
        df = ArcPy.mapping.ListDataFrames(mxd)[0]
        lyr = ArcPy.mapping.ListLayers(mxd, "北京.img", df)[0]
        if lyr.symbologyType == "RASTER_CLASSIFIED":
            lyr.symbology.classBreakValues = [8, 300, 500, 1000, 2200]
            lyr.symbology.classBreakLabels = ["8 to 300", "301 to 500", "501
to 1000", "1001 to 2200"]
            lyr.symbology.classBreakDescriptions = ["Class A", "Class B",
"Class C", "Class D"]
            lyr.symbology.excludedValues = '0'
        ArcPy.RefreshActiveView()
        ArcPy.RefreshTOC()
        del mxd, df, lyr
```

程序运行后，不管原来是几类，都能够将高程数据分为四类进行显示，颜色系列还是原来的风格，classBreakLabels 和 classBreakDescriptions 的属性设置没有发生作用，ArcMap 中根据 classBreakValues 的值自动在 TOC 中显示相关的信息。

下面再给出一个根据已有图层的专题属性来修改栅格数据显示方式的例子。

```
# -*- coding: UTF-8 -*-
import ArcPy
mxd = ArcPy.mapping.MapDocument("Current")
symbologyLayer = "e:/chinamap/bjmap/rasterModel.lyr"
df = ArcPy.mapping.ListDataFrames(mxd,"")[0]
rasters = ArcPy.mapping.ListLayers(mxd,"*",df) # 遍历所有图层
for ThisLayer in rasters:
    print "Working on " + ThisLayer.name
    if not ThisLayer.isBroken:
        if not ThisLayer.name.upper() == symbologyLayer.upper():
            print "-not the source layer"
            if ThisLayer.isRasterLayer:
                print "-is a raster layer"
                ArcPy.ApplySymbologyFromLayer_management  (ThisLayer,
symbologyLayer)
                print "--Symbology Applied"
mxd.save()
ArcPy.RefreshActiveView()
ArcPy.RefreshTOC()
del mxd
```

这个例子假设已经配置好了一个可视化效果的图层文件“rasterModel.lyrasterModel.lyr”，本例中是一个拉伸显示的效果，用它来配置当前地图文档中所有的栅格图层。首先遍历所有图层，包括矢量图层，然后对栅格图层进行判断，如果是栅格图层，不管它原来是什么显示风格，都直接更改为“rasterModel.lyr”图层的专题显示属性。

5.6 地图打印输出

ESRI 公司专注 GIS 行业几十年，其 ArcGIS 产品在行业中应用非常广泛，且 ESRI 公司在地图制图方面也有着出色的表现。制图可视化、空间数据管理、空间分析是 ArcGIS 的三大基石。ArcGIS 的制图技术主要包括符号库技术、符号系统、标注、制图表达等。巧妙搭配使用这些制图技术，可以满足专业的制图生产。前面分别介绍了矢量数据和栅格数据专题的定制方法，以及利用 ArcPy 对矢量数据的符号和制图元素进行访问与修改。所有的制图工作准备完毕后，就可以将相关的图件打印输出了。

ArcPy 提供了丰富的输出函数，可以将 ArcGIS 中地图文档中显示的内容输出为多种格式。下面给出了 ArcPy 能够输出的各种格式对应的函数，这里不再详细介绍各个函数参数的含义，它们基本上是大同小异，读者可以根据后面的例子进行学习。

✓ ExportToBMP(map_document, out_bmp, {data_frame}, {df_export_width}, {df_ export_height}, {resolution}, {world_file}, {color_mode}, {rle_compression})

- ✓ ExportToEMF(map_document, out_emf, {data_frame}, {df_export_width}, {df_export_height}, {resolution}, {image_quality}, {description}, {picture_symbol}, {convert_markers})
- ✓ ExportToEPS(map_document, out_eps, {data_frame}, {df_export_width}, {df_export_height}, {resolution}, {image_quality}, {colorspace}, {ps_lang_level}, {image_compression}, {picture_symbol}, {convert_markers}, {embed_fonts}, {jpeg_compression_quality})
- ✓ ExportToGIF(map_document, out_gif, {data_frame}, {df_export_width}, {df_export_height}, {resolution}, {world_file}, {color_mode}, {gif_compression}, {background_color}, {transparent_color}, {interlaced})
- ✓ ExportToJPEG(map_document, out_jpeg, {data_frame}, {df_export_width}, {df_export_height}, {resolution}, {world_file}, {color_mode}, {jpeg_quality}, {progressive})
- ✓ ExportToPDF(map_document, out_pdf, {data_frame}, {df_export_width}, {df_export_height}, {resolution}, {image_quality}, {colorspace}, {compress_vectors}, {image_compression}, {picture_symbol}, {convert_markers}, {embed_fonts}, {layers_attributes}, {georef_info}, {jpeg_compression_quality})
- ✓ ExportToPNG(map_document, out_png, {data_frame}, {df_export_width}, {df_export_height}, {resolution}, {world_file}, {color_mode}, {background_color}, {transparent_color}, {interlaced})
- ✓ ExportToSVG(map_document, out_svg, {data_frame}, {df_export_width}, {df_export_height}, {resolution}, {image_quality}, {compress_document}, {picture_symbol}, {convert_markers}, {embed_fonts})
- ✓ ExportToTIFF(map_document, out_tiff, {data_frame}, {df_export_width}, {df_export_height}, {resolution}, {world_file}, {color_mode}, {tiff_compression}, {geoTIFF_tags})

5.6.1　简单地图输出

最简单的地图输出，就是将当前地图文档中显示的内容直接输出为用户想要的格式。这个功能类似于通过 ArcMap 的“导出地图”对话框创建导出文件的功能。大多数情况下，使用默认值便可生成一个可用文件，但也可以自行设置各种导出格式的选项，以便针对特定要求创建输出。这就需要对 ArcPy 提供的函数参数进行设置。下面给出一个例子，依次输出中国政区每个省份范围的地图。

```
import ArcPy
mxd = ArcPy.mapping.MapDocument("e:\\chinamap\\china.mxd")
df = ArcPy.mapping.ListDataFrames(mxd)[0]
lyr = ArcPy.mapping.ListLayers(mxd,"中国政区",df)[0]
rows = ArcPy.SearchCursor(lyr)
for row in rows:
    geo = row.shape
    df.extent = geo.extent
    df.panToExtent(geo.extent)
    outFile = u'e:\\chinamap\\out\\' + row.getValue("NAME") + '.jpg'
    fileName = row.getValue("NAME") + '.jpg'
    print u"system is printing {}".format(fileName)
    ArcPy.mapping.ExportToJPEG(mxd,outFile,df,400)
print "printing is over"
del mxd
```

这个例子中，首先通过查询语句，查询“中国政区”的所有几何对象及其属性，然后对每条记录进行遍历，获取每条记录的几何对象并获得该对象的 extent 范围。然后地图平移到该对象的 extent 范围，程序也获取每个几何对象对应的省份名称“NAME”属性，并用它作为输出图片的名称。最后把每个省份对应的地图在指定目录下输出为 JPG 格式的图片。严格来讲，这个例子不属于打印输出的功能，它相当于在 ArcMap 中依次选中各个省份，然后放大选中的几何对象“Zoom To Selected Features”，再进行图片输出“Export Map”。

5.6.2 考虑制图要素的地图输出

在 ArcGIS 中，真正的地图打印，一般是在空间数据分析处理完毕后，切换到 Layout 视图，对地图进行整饰，包括添加设置地图名、指北针、比例尺等。最后将 Layout 视图的内容进行输出。在地图学中有很多关于制图方法的介绍，读者可以查阅相关的文献。

在 Layout 视图，对地图修饰可以添加以下内容。

- ✓ 数据框（DataFrame）：可以认为是显示以特定顺序绘制的一系列图层。
- ✓ 图例（Legend）：由地图上的符号示例组成，这些示例附带的标注中包含了说明文字，帮助人们了解用于表示地图要素的符号含义。
- ✓ 指北针（North Arrow）：用于指示地图框内地图的方向，指北针元素随地图的旋转而旋转。
- ✓ 比例尺（Scale Bar）：可对地图上的要素大小和要素间的距离进行直观指示。
- ✓ 图片（Picture）：可在地图上插入相关图片，如制图单位的商标等。

✓ 文本（Text）：在地图上添加的各种文本描述。

上述地图修饰的内容，在 ArcPy 中以制图元素的形式对应存在，ArcPy 的制图元素类型主要包括以下几种。

✓ DATAFRAME_ELEMENT——数据框架元素

✓ GRAPHIC_ELEMENT——图形元素

✓ LEGEND_ELEMENT——图例元素

✓ MAPSURROUND_ELEMENT——图饰元素

✓ PICTURE_ELEMENT——图片元素

✓ TEXT_ELEMENT——文本元素

这些元素内容在地图上的对应内容可以通过图 5.18 表示。

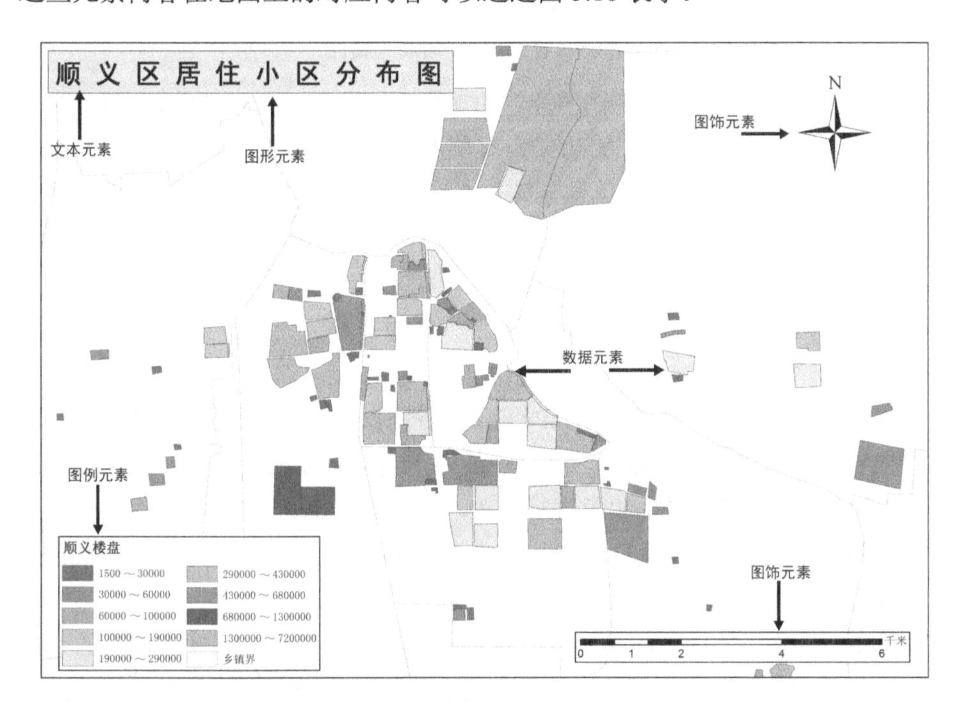

图 5.18　地图制图的修饰元素

在地图上添加了相关的元素后，可以修改其属性值。一般选中某个元素后右击，可以编辑该元素的属性。不同的图饰元素，属性也不相同。下面给出修改图名“title”属性的界面，如图 5.19 所示。可以看到图名属性由两个选项卡组成，一个选项卡主要用于编辑图名的文字内容和字体，另外一个选项卡用于控制元素的尺寸和位置。其他元素的属性各有不同，但都有一个尺寸和位置的选项卡“Size and Position”，这个选项卡一方面可以设置元素的大小、位置，另一方面可以设置一个在 ArcPy 编程时要使用的属性——元素名称“Element Name”。

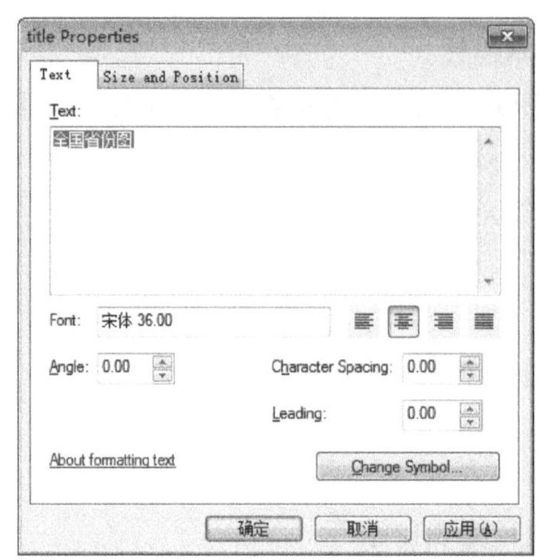

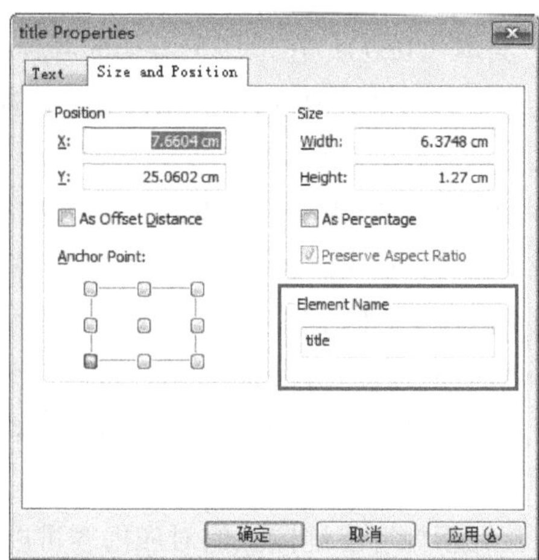

图 5.19　修改图名“title”属性

和专题图一样，ArcPy 对地图制图控制的功能也比较弱。在所有的元素属性中，没有任何一个 add 或者 create 的字眼。因为元素对象不能通过代码进行创建，至少目前没有任何一个 ArcGIS 版本支持代码创建。这意味着在 ArcPy 中，元素的使用范围只是已经创建的整饰元素。ESRI 对 ArcPy.mapping 的定位就是基于固定模板去做自动化制图，而不是通过代码去创建地图整饰元素。也就是说，需要在 ArcGIS 环境中的 Layout 视图下，把地图制图的显示风格及各种元素都提前设置好，同时也要为元素设置元素名称“Element Name”。

设置好元素名称属性后，使用 ArcPy 进行编程时，就可以通过元素名称访问这些元素，并对元素的可写属性进行修改。这个功能对于自动化制图很有帮助，在进行批量制图时，有些元素需要按照出图的内容进行修改，如图名，ArcPy 可以根据地图输出的具体内容，设置相应的图名，再比如制图单位、制图时间等信息，编程人员也可以通过文本元素的内容进行修改。

下面给出一个例子，该例的功能是访问当前地图文档 Layout 视图上所有的元素，如果元素设置了元素名称属性，则输出该元素的名称，如果没有设置元素名称，元素名称属性默认为空，当有多个元素都没设置名称时，则无法判断元素的对应关系。

```
import ArcPy.mapping as mapping
mxd = mapping.MapDocument("CURRENT")
for el in mapping.ListLayoutElements(mxd):
    if el.name != "":
        print el.name
```

下面的例子用于修改地图的图名，假设 Layout 视图上有文本元素，元素名为“title”，用于表示地图的名称。ArcPy 编程时，首先访问元素名称为“title”的元素，然后对其内容进行设置，设置完毕后，地图文档存盘。

```
        import ArcPy
        mxd = ArcPy.mapping.MapDocument(r"e:\chinamap\china.mxd")
        for elm in ArcPy.mapping.ListLayoutElements(mxd, "TEXT_ELEMENT"):
            print elm.name
            if elm.name == "title":
                elm.text = "2010年中国行政区划图"
        mxd.save()
        del mxd
```

为了便于读者掌握 ArcPy 制图的方法，这里再给出一个用于修改制图单位商标的例子，假设地图文档的 Layout 视图上有图片类型元素，并且元素名称为“pict”，本例将其商标图片重新设置为“CASLogo.png”，并且将 Layout 视图中的地图内容输出为文档“PictureLogo.pdf”。

```
        import ArcPy
        mxd = ArcPy.mapping.MapDocument(r"e:\chinamap\china.mxd")
        pict  =  ArcPy.mapping.ListLayoutElements(mxd,  "PICTURE_ELEMENT",
"pict")[0]
        pict.sourceImage = r"e:\chinamap\CASLogo.png"
        ArcPy.mapping.ExportToPDF(mxd, r"e:\chinamap\out\PictureLogo.pdf")
        mxd.save()
        del mxd
```

5.6.3　基于 Data Driven Pages 的批量打印

批量打印是地图制图工作的一个重要功能，可以帮助用户实现地图分幅打印等需求。可使用 ArcMap 中的数据驱动页面（Data Driven Pages）工具条来创建系列地图。通过 Data Driven Pages 可以基于单个地图文档，快速创建一系列布局页面，按照图层中的各个索引要素，将地图分割为多个部分，分别生成相应的地图。图 5.20 给出了一个数据驱动页打印输出示意图，Data Driven Pages 能够根据数据的空间范围创建一个索引图层，如网格状索引，然后就可以分别打印各个网格对应的空间数据的显示内容。可以根据批量打印输出的要求，合理设计索引层网格大小，这样就可以按照不同的分幅要求实现自动化批量打印地图了。

要使用数据驱动页打印功能，首先要创建索引图层，可以在 ArcToolbox 的制图工具 Catograpy Tool 下找到 Data Driven Pages 功能，这个功能提供了六种创建不同索引层的方法，用得比较多的是网格索引对象 Grid Index Features，此工具可以创建可用作索引的矩形网格面，如图 5.21 左侧所示。单击后，系统弹出 Grid Index Features 界面，首先要输入产生索引层的名称，如本书中创建的索引图层名为“grid.shp”，其次可以选择想要分幅输出的矢量数据，用以确定索引层的空间范围，如本书中使用“中国政区”图层，最后可以进一步输入网格的宽度和高度、网格的行列数等属性，如图 5.21 右侧所示。

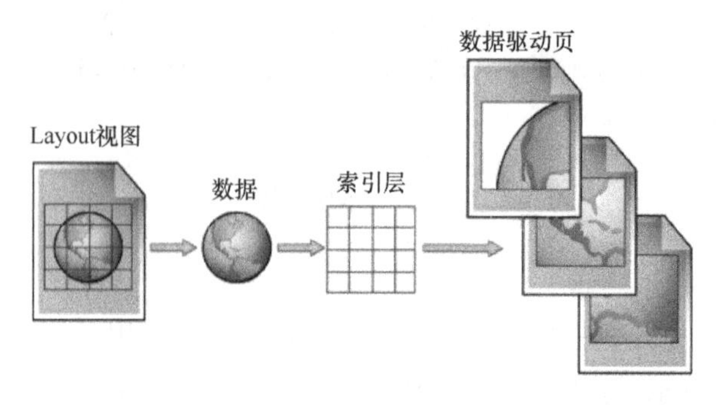

图 5.20　数据驱动页打印输出示意图

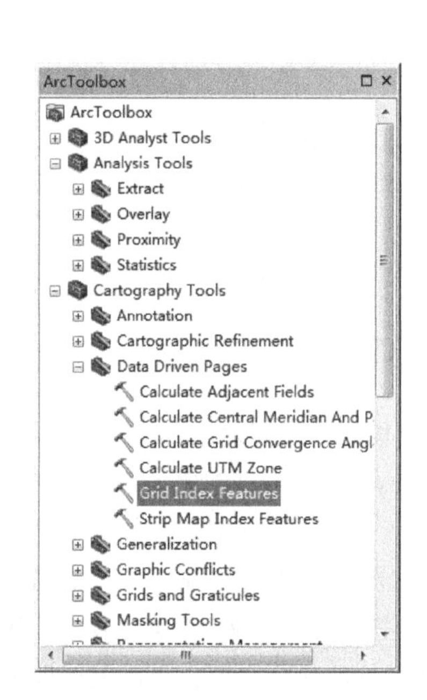

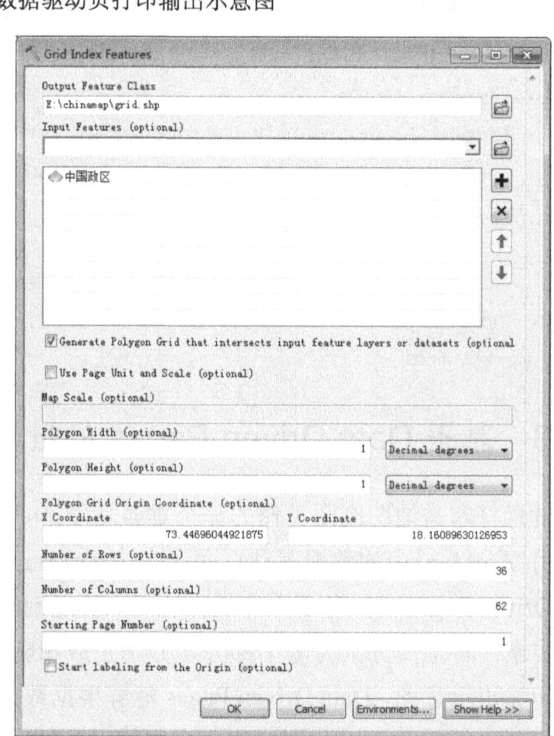

图 5.21　用 Grid Index Features 创建网格索引层

所有属性设置完毕后，单击“OK”按钮，系统会根据“中国政区”的范围，创建一个矢量的网格图层，并自动加载到当前地图文档中，如图 5.22 所示。

右击这个索引层，查看其属性数据，如图 5.23 所示。可以看到主要有 PageName 和 PageNumber 属性，这是分别用数据驱动页名称和驱动页序号表示网格的索引。可以利用这个属性指定哪个网格对应的地图部分需要打印输出。

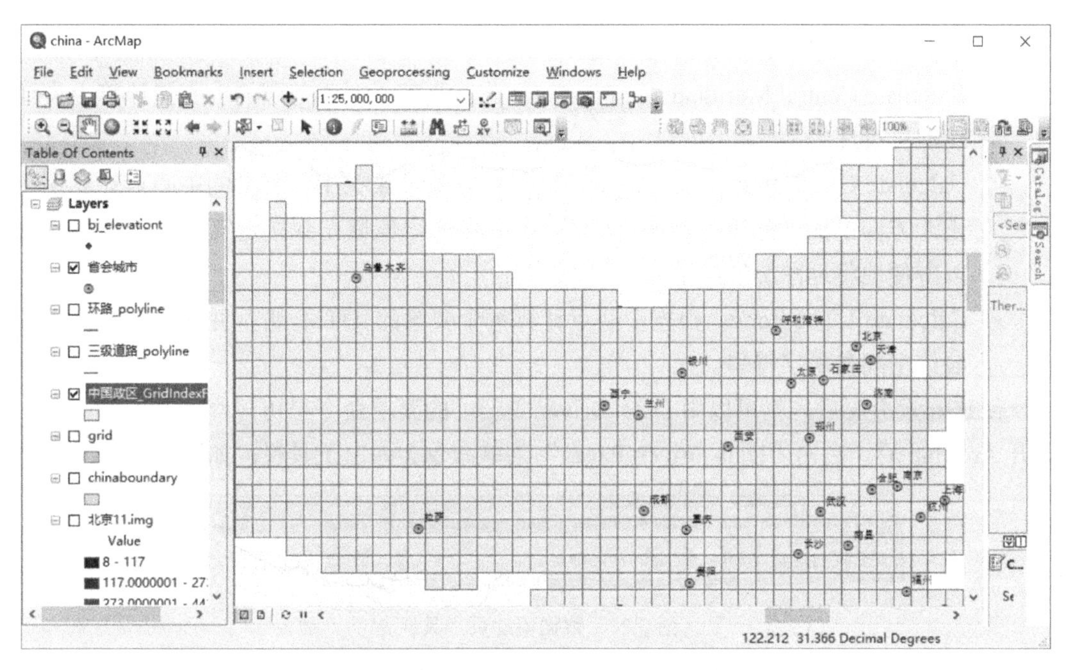

图 5.22　根据“中国政区”创建的网格索引

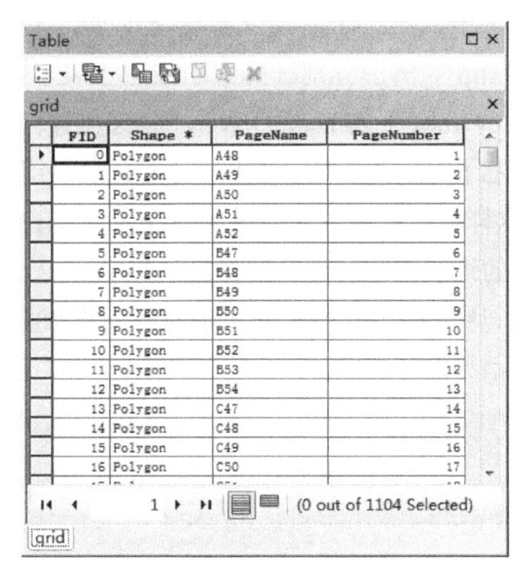

Table

grid

FID	Shape *	PageName	PageNumber
0	Polygon	A48	1
1	Polygon	A49	2
2	Polygon	A50	3
3	Polygon	A51	4
4	Polygon	A52	5
5	Polygon	B47	6
6	Polygon	B48	7
7	Polygon	B49	8
8	Polygon	B50	9
9	Polygon	B51	10
10	Polygon	B52	11
11	Polygon	B53	12
12	Polygon	B54	13
13	Polygon	C47	14
14	Polygon	C48	15
15	Polygon	C49	16
16	Polygon	C50	17

(0 out of 1104 Selected)

grid

图 5.23　索引层的属性数据

Catograpy Tool 下的 Data Driven Pages 还提供了其他的索引层类型，下面列出这几个类型的主要功能。

✓ Strip Map Index Feature：该工具可根据单个线状要素或一组线状要素创建一系列矩形面索引要素，用于根据线状要素定义一幅带状地图或一组地图中的页面。

✓ Calculate Adjacent Fields：此工具最常用于填充地图册中相邻页面的标注字段。此工具将向输入要素类追加八个新字段（每个字段表示八个罗盘点中的一个：北、东北、东、东南、南、西南、西和西北）。

- ✓ Calculate Central Meridian and Parallel：此工具基于要素范围的中心点计算中央经线和标准纬线。
- ✓ Calculate Grid Convergence Angle：此工具根据要素类中各要素的中心点计算偏离正北方向的旋转角度（网格收敛角），并将所得值填充到指定字段中，这样就可以方便地将地图旋转到正北方向。
- ✓ Calculate UTM Zone：根据中心点计算每个要素的 UTM 带，并在指定字段中存储该空间参考字符串。

创建好索引层后，就可以用 Data Driven Pages 的菜单命令来访问网格对应的内容。打开 ArcMap 后，右击“Data Driven Pages”菜单命令会弹出工具栏，如图 5.24 所示。

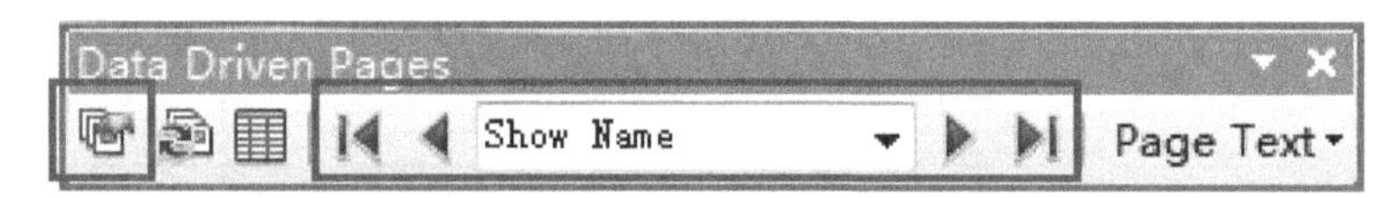

图 5.24　数据驱动页工具栏

单击第一个命令，设置数据驱动页属性，弹出如图 5.25 所示的数据驱动页属性设置窗口。这个窗口有两个选项卡，第一个是定义数据驱动页，主要选择前面已经创建好的索引层，如本书中的“grid.shp”，然后分别选择索引层用于表示 PageName 和 PageNumber 的字段，如果使用 Catograpy Tool 下的 Data Driven Pages 创建的索引层，自动会产生这两个属性字段，我们可以直接使用。用户也可以自己定义索引层，并分配表示 PageName 和 PageNumber 的字段，这样也可以在这个定义数据驱动页的选项卡中使用。第二个选项卡主要用于定制索引对应的地图范围，可以选择第一种 Best Fit 模式，设置索引网格对应的地图范围，如输入 100%，则直接将网格实际大小对应地图数据空间范围，如输入 125%，则将每个网格对应的范围稍微进行放大。

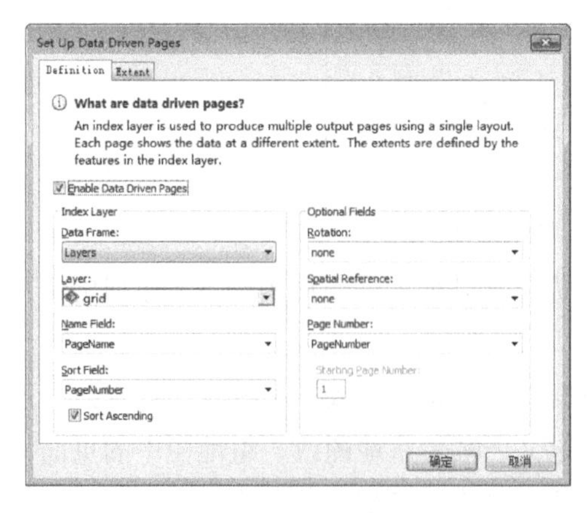

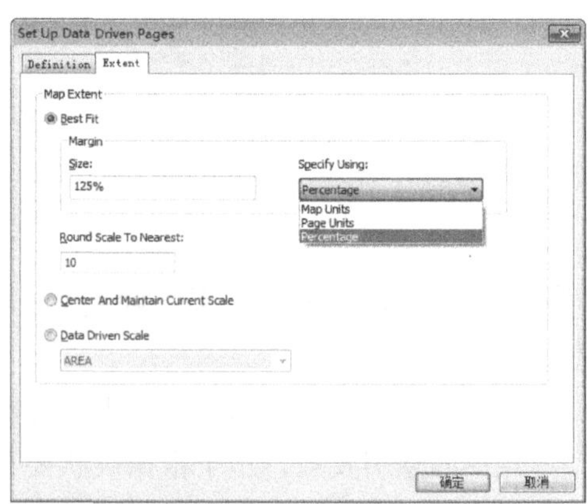

图 5.25　数据驱动页属性设置窗口

属性设置好以后可以单击“确定”按钮。用户可以单击图 5.24 中间的导航功能，查看各个网格对应的地图。需要注意的是，索引层“grid.shp”的功能在这里主要用于索引，一般情况下，不需要让它显示。所以上面创建好索引层后，可以关闭该图层的显示属性，这样它就不会挡住想要真正显示的数据了。用户也可以使用该图层对一些图层进行切割等操作，这里不再介绍。

ArcPy 可使用“ArcPy.mapping”编写系列地图的程序脚本，而无须使用 ArcMap 中的“数据驱动页面”用户界面，但将两种方法相结合的效果更优。ArcMap 的“数据驱动页面”工具条可能没有足够的选项来创建“完美的”系列地图，但启用了“数据驱动页面”的地图文档可利用其固有行为省去多行代码，例如地图文档可自动管理页面范围、比例和动态文本等内容，所以不必写入相应代码。可通过启用“数据驱动页面”制作地图文档，然后利用“ArcPy.mapping”处理自定义的文本元素字符串。

在 ArcPy 中，可以使用 mxd.dataDrivenPages.currentPageID 设置当前需要访问的索引网格，系统可以自动找到其对应的空间数据。

下面的例子将地图文档中的索引网格对应的空间数据逐个输出为图片，输出的图片文件名为“数据驱动页面编号.jpg”，输出目录为“e:/chinamap/out/”，分辨率是 200dpi。

```
mxd = ArcPy.mapping.MapDocument("CURRENT")
for pageNum in range(1, mxd.dataDrivenPages.pageCount + 1):
    mxd.dataDrivenPages.currentPageID = pageNum
    ArcPy.mapping.ExportToJPEG(mxd, "e:/chinamap/out/" + str(pageNum)
+ ".jpg", resolution = 200)
del mxd
```

下面的例子将地图文档中的索引网格对应的空间数据逐个输出为图片，输出的图片文件名为“数据驱动页面名称.jpg”，输出目录为“e:/chinamap/out/”，分辨率是 300dpi，图片质量压缩为原图的 80%。

```
mxd = ArcPy.mapping.MapDocument("CURRENT")
for pageNum in range(1, mxd.dataDrivenPages.pageCount + 1):
    print "printing {}".format(mxd.dataDrivenPages.pageRow.getValue
("pageName"))
    mxd.dataDrivenPages.currentPageID = pageNum
    ArcPy.mapping.ExportToJPEG(mxd,        "e:/chinamap/out/"        +
str(mxd.dataDrivenPages.pageRow.getValue("pageName")) + ".jpg", resolution =
300, jpeg_quality =80)
del mxd
```

打印输出是 GIS 成果展示的主要途径，不同的项目对成果的展示要求都不相同，读者可以在基本功能的基础上，结合项目实际需求，设计更加复杂的程序，控制地图文档的出图效果。

第 6 章　ArcPy 空间数据分析

空间分析是地理信息系统软件最重要的功能，其应用范围十分广泛，各种具有空间属性的变量都可以通过空间分析揭示其空间特征。空间分析是基于地理对象的位置和形态特征的空间数据分析技术，其目的在于提取和传输空间信息。通过空间分析，不但可以获得数据库中的数据，而且可以通过这些数据去揭示更深刻、更内在的规律和特征，它特有的对地理信息（特别是隐含信息）的提取、表现和传输功能，是地理信息系统区别于一般信息系统的主要功能特征。

6.1　矢量数据空间分析

基于 Python 和 ArcPy 编程对矢量数据操作的目的主要有三个：实现空间数据批处理，通过工作流模式处理数据，以及构建新的空间分析工具。GIS 空间分析的内容非常丰富，本书主要围绕这三个目的，通过一些矢量数据分析的经典实例介绍矢量数据空间分析的方法，读者可以通过这些例子举一反三，实现更复杂的空间数据分析功能。

6.1.1　矢量数据批处理

ArcGIS 中大多数工具的数据处理是输入一个数据，然后输出一个数据，不能对多个数据进行相同的处理，也不能对同一个数据进行不同处理（不同参数）。

所谓矢量数据批处理就是指对多个数据进行相同的处理，以及对同一个数据进行不同处理（不同参数）。

1. 空间数据裁剪（clip）的批处理

此工具用于以其他要素类中的一个或多个要素作为模具来剪切掉要素类的一部分。在想要创建一个包含另一较大要素类的地理要素子集的新要素类（也称为研究区域或感兴趣区域）时，裁剪工具尤为有用。裁剪过程需要的输入参数有输入要素图层和裁剪要素图层，经过裁剪后生成一个新的输出图层，如图 6.1 所示。

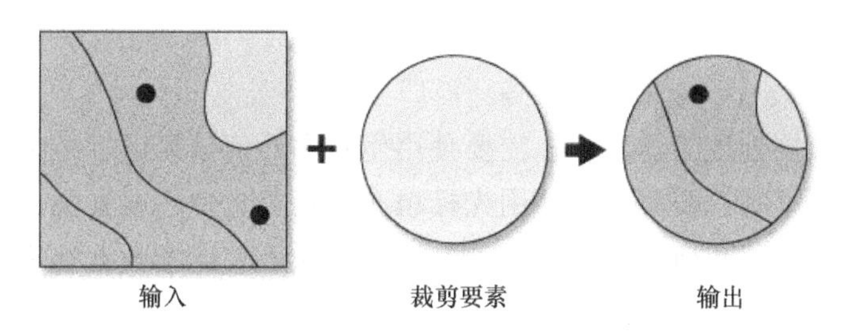

图 6.1　裁剪操作示意图

裁剪要素可以是点、线和面，具体取决于输入要素的类型。

（1）当输入要素为面时，裁剪要素也必须为面。

（2）当输入要素为线时，裁剪要素可以为线或面。用线要素裁剪线要素时，仅将重合的线或线段写入输出中。

（3）当输入要素为点时，裁剪要素可以为点、线或面。用点要素裁剪点要素时，仅将重合的点写入输出中；用线要素裁剪点要素时，仅将与线要素重合的点写入输出中。

ArcPy 裁剪函数是 Clip_analysis，其函数定义及参数含义如表 6.1 所示。

表 6.1　裁剪函数定义及参数含义

函　　数	参　　数
Clip_analysis(in_features, clip_features, out_feature_class, {cluster_tolerance})	in_features：输入要素类 clip_features：切割要素类 out_feature_class：输出要素类 cluster_tolerance：容差

所谓批量裁剪主要是用一个裁剪图层对多个输入要素图层进行裁剪。下面的例子中假设研究区是“包头”，要用包头行政区边界从中国范围的地图中裁剪出“包头”研究区。具体目标是对“chinamap”文件夹中的数据（要素类）进行批处理分割（clip）操作，输出数据存放在另一个文件夹“../chinamap/clip/”中，每个数据的名称为“clip_”加原有数据的文件名，代码如下。

```
import ArcPy
from ArcPy import Env
Env.workspace = "e:\\chinamap"
clipFeature = u"e:/chinamap/clip/baotou.shp"
try:
    fcs = ArcPy.ListFeatureClasses()
    for fc in fcs:
        print fc
        outFeatureClass = u"e:/chinamap/baotou/clip_" + fc
        ArcPy.Clip_analysis(fc, clipFeature, outFeatureClass)
```

```
    except:
        print ArcPy.GetMessages()
```

在许多地学数据处理工作流中，需要使用坐标和几何信息运行特定操作，但不一定需要经历创建新（临时）要素类、使用光标填充要素类、使用要素类，然后删除临时要素类的过程。可以使用几何对象替代输入和输出，从而使地学数据处理变得更简单。使用 Geometry、Multipoint、PointGeometry、Polygon 或 Polyline 类可以创建几何对象。将几何对象与地学数据处理工具配合使用，可以实现很多实用的空间数据操作。下面分别介绍将几何对象作为输入和统计几何对象长度的例子。

1）使用几何对象作为裁剪要素

以下示例使用 x、y 坐标列表创建了一个多边形几何对象，然后使用裁剪工具来裁剪具有多边形几何对象的要素类。

```
    import ArcPy
    #定义坐标列表
    coordinates = [
        [2365000, 7355000],
        [2365000, 7455000],
        [2465000, 7455000],
        [2465000, 7355000]]
    # 用坐标对创建一个数组
    array = ArcPy.Array([ArcPy.Point(x, y) for x, y in coordinates])
    # 用数组创建一个多边形对象
    boundary = ArcPy.Polygon(array, ArcPy.SpatialReference(2953))
    # 用多边形对象去剪裁其他矢量数据
    ArcPy.Clip_analysis('e:/rivers.shp',
                        boundary,
                        'e:/rivers_clipped.shp')
```

读者可以根据项目需要定义更加复杂的多边形对象来裁剪矢量数据。

2）统计几何对象长度

可将地学数据处理工具的输出设置为空几何对象来创建输出几何对象。如果工具在设置为空几何对象后运行，该工具将返回几何对象的列表。在下面的示例中，复制要素工具用于返回几何对象的列表，然后可循环遍历该列表以累计所有要素的总长度。

```
    import ArcPy
    # 通过 CopyFeatures 工具，将几何图层中的数据复制到几何对象列表
    #  本例 geometries 是返回的几何对象列表
    geometries = ArcPy.CopyFeatures_management('c:/temp/outlines.shp',
ArcPy.Geometry())
    # 遍历每个几何对象 geometry，计算总的长度
    #
```

```
    length = sum([g.length for g in geometries])
    print('Total length: {}'.format(length))
```

这个例子其实并不属于裁剪功能，只是统计几何对象长度的过程也属于批处理，正是因为使用了 Python，使得这个功能的实现变得特别简单。

2. 分割（split）操作

对一个文件夹中的数据（要素类）进行批处理分割操作，每个输入数据分割后产生的多个数据存放到一个新建的文件夹中，文件夹名为输入数据的文件名（不包括扩展名），这个功能在 GIS 中也是非常重要的一个操作，我们可以用它来实现对地图的批量分幅分割。分割操作示意图如图 6.2 所示。

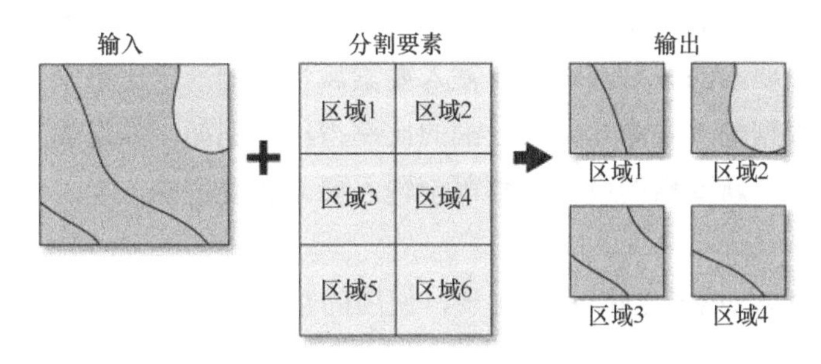

图 6.2 分割操作示意图

ArcPy 分割操作使用 split 工具函数 Split_analysis 实现，该函数的定义及其参数含义如表 6.2 所示。

表 6.2 Split_analysis 函数的定义及其参数含义

函 数	参 数
Split_analysis (in_features, split_features, split_field, out_workspace, {cluster_tolerance})	in_features：输入要素类 split_features：分割要素类 split_field：分割字段 out_workspace：输出工作空间 cluster_tolerance：容差

ArcPy 分割操作需要注意的事项包括以下几点。

（1）分割要素数据集必须是面。

（2）分割字段数据类型必须是字符，其唯一值生成输出要素类的名称。

（3）分割字段的唯一值必须以有效字符开头。如果目标工作空间是文件地学数据库、个人地学数据库或 ArcSDE 地学数据库，则字段值必须以字母开头。像“350 degrees”这样以数字开头的字段值将导致错误。例外：Shapefile 名称可以使用数字开头，文件夹目标工作空间准许以数字开头的字段值。

（4）目标工作空间必须已经存在。

（5）输出要素类的总数等于唯一分割字段值的数量，其范围为输入要素与分割要素的叠加部分。

（6）每个输出要素类的要素属性表所包含的字段与输入要素属性表中的字段相同。

（7）根据注记字符串左下角起点所在的分割要素面对注记要素进行分割并将其保存在输出要素中。

（8）输入要素类的属性值将被复制到输出要素类。但是，如果输入是一个或多个通过创建要素图层工具创建的图层并且选中了字段的使用比率策略选项，那么计算输出属性值时将按输入属性值的一定比例进行计算。如果启用了使用比率策略选项，执行叠加操作时，对于任一要素的分割都将按照输入要素属性值的一定比率来生成输出要素的属性值。输出值将根据输入要素几何被分割的比率得出。例如，如果输入几何被分割成相等的两部分，则每个新要素的属性值都等于输入要素属性值的一半。使用比率策略仅适用于数值型字段。

下面给出一个 ArcPy 分割操作的例子，使用的数据是前面用 Data Driven Pages 工具生成的“grid.shp”，用它分割“中国政区.shp”。程序首先遍历了工作空间下的所有矢量数据，当矢量数据文件名是“中国政区.shp”时，执行分割操作，并将结果放到“e:\\chinamap\\out\\”目录下。读者也可以参考这种方式，分割多个空间数据。

```
import ArcPy
from ArcPy import Env
import os
Env.workspace = "e:\\chinamap"
splitFeature = "e:\\chinamap\\grid\\grid.shp"
fcs = ArcPy.ListFeatureClasses()
for fc in fcs:
    if fc == "中国政区.shp".decode('GBK') :
        print fc
        path = "e:\\chinamap\\out\\"
        ArcPy.Split_analysis (fc, splitFeature, "PageName", path)
```

3. 简化矢量数据

矢量数据简化一直以来都是 GIS 领域的一个研究热点。减少矢量图形的数据量，可满足不同层次和尺度的应用需求。矢量数据的简化有许多算法，ArcPy 使用的主要算法是 Douglas-Peucker 算法（DP 算法），针对不同的矢量数据类型，即矢量线和矢量多边形，ArcPy 使用的函数不同，但是参数基本类似。

1）矢量线的简化

矢量线的简化采用的是 SimplifyLine_cartography 函数，其定义及其参数含义如表 6.3 所示。

表 6.3　矢量线简化函数 SimplifyLine_cartography 定义及其参数含义

函　　数	参　　数
SimplifyLine_cartography (in_features, out_feature_class, algorithm, tolerance, {error_resolving_option}, {collapsed_point_option}, {error_checking_option})	in_features：输入要素类 out_feature_class：输出要素类 algorithm：简化算法，point remove 和 bend simplify tolerance：容差 error_resolving_option：拓扑错误的处理 collapsed_point_option：零长度线是否作为点数据保存 error_checking_option：拓扑错误的检查

在这个函数中，存在两种简化方法。

保留关键点方法（Python 中的 POINT_REMOVE）速度较快，但没有另一种方法精细。它可移除多余的折点。此方法用于数据压缩或更为粗糙的简化。随着容差的增大，生成的线中有棱角的部分将显著增加，所以输出的线可能不如输入的线美观。

保留关键折弯方法（Python 中的 BEND_SIMPLIFY）速度较慢，但通常会生成与原始要素更为接近的结果。其操作方式为消除沿线方向上不太重要的弯曲。此方法多用于更为精细的简化。

这两种算法原理如图 6.3 所示。

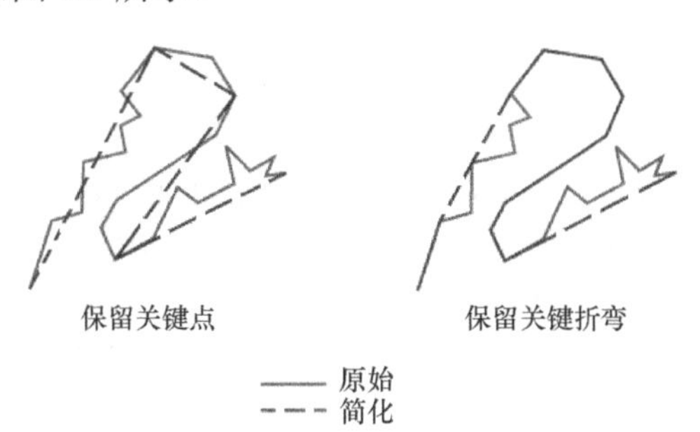

图 6.3　矢量线的简化算法原理

简化容差值用于确定简化程度。将容差设置为等于或大于图形元素之间允许的最小间距。在容差相同的前提下，保留关键点生成的结果比保留关键折弯生成的结果更粗糙、更简化。

此工具最终生成两个输出要素类：一个是存储简化后的线的线要素类；一个是存储用来表示任意折叠于一点的线的那些点的点要素类。点的输出名称和位置自动从输出的线的名称获得，并加“_Pnt”作为后缀。输出线要素类包含输入要素类中的所有字段，输出点要素类不包含这些字段。

以下为处理输出中的拓扑错误选项。

（1）检查拓扑错误参数用于标识简化过程所引入的拓扑错误。选中此选项时，解决拓扑错误参数也将激活。检查拓扑错误会降低处理速度。

（2）输出线要素类包含两个表示要素是否存在拓扑错误的字段。InLine_FID 和 SimLnFlag 分别包含输入要素 ID 和拓扑错误。值 1 表示已引入错误；值 0（零）表示未引入错误。

（3）拓扑错误解决后，标记值仍将保持不变。SimLnFlag 字段用于检查包含拓扑错误的要素。

（4）检查拓扑错误和解决拓扑错误参数不能在编辑会话内使用。要在编辑会话内运行此工具，需要禁用检查拓扑错误参数。

下面的例子是利用 Simplify Line（Cartography）工具简化我国南海的九段线。设定不同的容差参数值，将得到不同简化程度的九段线。对每一个输出九段线，计算顶点数及线长度，并与原始数据的顶点数和线长度进行比较，设置精度阈值，确定符合精度要求、数据压缩比最高的结果。

```
import ArcPy
from ArcPy import Env
import ArcPy.cartography as CA
Env.workspace = "e:\\chinamap"
for r in range(1,6):
    tolerance = r
    output = "e:\\chinamap\\out\\" + str(tolerance) + ".shp"
    oLineFeature = "九段线.shp".decode('GBK')
    CA.SimplifyLine(oLineFeature,output, "POINT_REMOVE", tolerance/5.0)
    cur = ArcPy.SearchCursor(output,"")
    print "tolerance is {}".format(tolerance)
    for row in cur:
        geometry = row.shape
        print geometry.pointCount
        g = geometry.projectAs(ArcPy.SpatialReference(32649))
        print g.length
del cur,row
```

如果要使矢量线输出得更为圆滑，可以使用线的光滑函数 SmoothLine_cartography，其函数定义如下所示，具体参数可以参考 ArcPy 的帮助，这里不再详细叙述。

```
SmoothLine_cartography (in_features, out_feature_class, algorithm,
```

```
tolerance, {endpoint_option}, {error_option})
```

这个函数的参数也有两种算法，分别为 PAEK 算法和贝塞尔插值法，原理如图 6.4 所示。

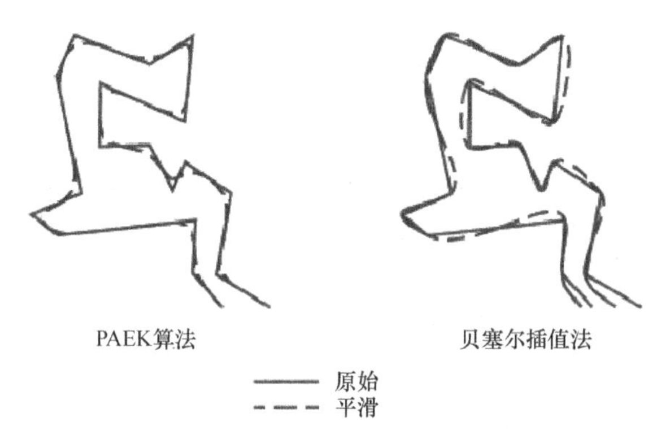

图 6.4　线的圆滑原理

2）矢量多边形的简化

多边形简化也是地图综合中一个比较重要的应用，可以用于矢量多边形数据的网络快速传输、空间几何关系的快速判定等。ArcPy 使用 SimplifyPolygon_cartography 函数进行多边形简化，其函数定义如下。

```
        SimplifyPolygon_cartography (in_features, out_feature_class, algorithm,
tolerance, {minimum_area}, {error_option}, {collapsed_point_option})
```

这里对其参数不再详细介绍，也有两种算法，原理如图 6.5 所示。

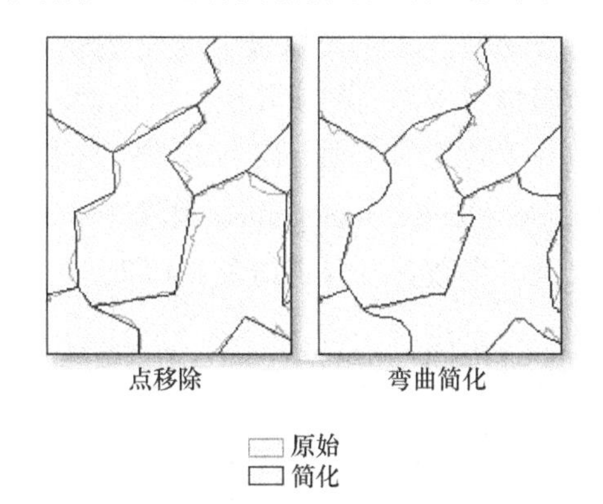

图 6.5　矢量多边形的简化原理

同样也可以对多边形进行圆滑处理，使用的 SmoothPolygon_cartography 函数定义如下。

```
        SmoothPolygon_cartography (in_features, out_feature_class, algorithm,
tolerance, {endpoint_option}, {error_option})
```

该函数的参数有两种算法，和图 6.4 线的圆滑原理一样。

下面给出一个对“中国政区.shp”多边形进行简化的例子。

```
        import ArcPy
        from ArcPy import Env
        import ArcPy.cartography as CA
        Env.workspace = "e:/chinamap"
        CA.SimplifyPolygon("中国政区.shp", "e:/chinamap/out/simplified.shp",
"POINT_REMOVE", 0.2)
        CA.SmoothPolygon("e:/chinamap/out/simplified.shp ", " e:/chinamap/
out/simSmoothed.shp", "PAEK", 0.2)
```

需要注意的是，使用圆滑功能后，多边形边界间会产生裂缝，因此圆滑功能主要在矢量线或者为了单个多边形出图美观而使用。

6.1.2 矢量数据工作流处理方式

矢量数据的工作流处理方式由多个处理工具组成，一个工具的输出可以作为另一个工具的输入，这样，原先需要利用多个工具才能实现的工作可以通过一个工作流来实现。工作流运行过程会产生一些临时（中间）文件，一般情况下，需要在程序运行结束时，删除这些临时文件。本书将结合实例介绍矢量数据的工作流处理方式。

在北京市高程图上随机产生 200 个抽样点，把这些随机抽样点在 DEM 图上对应高程值加到点数据中。

这个功能是一个很重要的地学数据处理技巧，如想了解物种分布和高程的关系，或其他要素和高程之间是否存在某种关系，可以采用这种思路，当然也可以直接获得真实采样点坐标后，提取采样点坐标对应的高程或其他自然要素，如气温、降水等。

这个例子要用到两个地学数据处理工具，分别是产生随机点和为点提取属性值，在 ArcPy 中分别使用 CreateRandomPoints_management 函数和 ExtractValuesToPoints 工具函数实现。这两个函数的定义及其参数含义分别如表 6.4 和表 6.5 所示。

表 6.4 CreateRandomPoints_management 工具函数的定义及其参数含义

函　数	说　明
CreateRandomPoints_management (out_path, out_name, {constraining_feature_class}, {constraining_extent}, {number_of_points_or_field}, {minimum_allowed_distance}, {create_multipoint_output}, {multipoint_size})	out_path：输出路径 out_name：输出文件名 constraining_feature_class：相当于模板的功能，用于限制随机点范围的要素类，一般使用研究区的边界图层 constraining_extent：限制产生随机点的空间分布范围 number_of_points_or_field：点数或点数字段 minimum_allowed_distance：允许的最小距离 create_multipoint_output：POINT 或 MULTIPOINT multipoint_size：多点几何对象中最多的点数

表 6.5　ExtractValuesToPoints 工具函数的定义及其参数含义

函　数	说　明
ExtractValuesToPoints (in_point_features, in_raster, out_point_features, {interpolate_values}, {add_attributes})	in_point_features：输入点要素类 in_raster：输入栅格，参数类型为复合列表，子列表有两个元素，前一个元素为栅格名，后一个元素为栅格值加到点数据时增加的字段名 out_point_features：输出点要素类 interpolate_values：设置是否利用内插，NONE 表示不用内插，INTERPOLATE 表示利用内插 add_attributes：设置增加到输出要素类的栅格属性值，VALUE_ONLY（默认值）为只增加 value 值，ALL 为增加所有值

这个例子中，第一步产生的随机点用于第二步点提取属性的输入，代码如下：

```
        import ArcPy
        from ArcPy import Env
        from ArcPy.sa import *
        ArcPy.CheckOutExtension("Spatial")
        Env.workspace = "e:\\chinamap"
        Env.overWriteOutput = True
        ArcPy.Env.mask = "e:\\chinamap\\北京11.img"
        ext = ArcPy.Describe("北京11.img".decode('GBK')).extent
        ArcPy.CreateRandomPoints_management("e:\\chinamap\\out",
"samplepoints","e:\\chinamap\\bjboundary.shp","",200)
        ExtractValuesToPoints("e:\\chinamap\\out\\samplepoints.shp", "北京
11.img".decode('GBK'),"e:\\chinamap\\out\\newSample.shp","INTERPOLATE","ALL")
        print "done!"
```

运行后产生的结果如图 6.6 和图 6.7 所示。

图 6.6　以北京市边界产生的随机点

Table

newSample

FID	Shape *	CID	RASTERVALU
0	Point	0	31
1	Point	0	1006
2	Point	0	447
3	Point	0	1132
4	Point	0	1596
5	Point	0	563
6	Point	0	540
7	Point	0	628
8	Point	0	478
9	Point	0	882
10	Point	0	737
11	Point	0	1184
12	Point	0	159
13	Point	0	285
14	Point	0	625
15	Point	0	521
16	Point	0	209
17	Point	0	39
18	Point	0	527

(0 out of 200 Selected)

newSample

Results　ArcToolb...　Create Fe...　Table

图 6.7　根据北京市 DEM 数据提取的属性

constraining_feature_class 和 constraining_extent 两个参数不能同时使用，一般情况下设置了 constraining_feature_class 就不需要再设置 constraining_extent，这样就能保证产生的随机点控制在某个研究区的范围内。

分析道路两侧不同植被的覆盖面积，具体要求如下：

（1）通过 Buffer 工具对道路进行缓冲分析；

（2）通过 Clip 工具用道路缓冲范围对植被图进行切割；

（3）利用 Summary Statistics 工具对切割出的植被进行统计（按植被类型统计面积）。

这个例子中用到了 3 个空间分析的工具，分别是缓冲区分析、裁剪和统计，其中统计功能是一个新的功能，ArcPy 中使用 Statistics_analysis 函数对数据进行统计，该函数的定义及其参数含义如表 6.6 所示。

表 6.6　Statistics_analysis 函数的定义及其参数含义

函　数	参　数
Statistics_analysis (in_table, out_table, statistics_fields, {case_field})	in_table：输入表，可以是要素类 out_table：输出表 statistics_fields：统计字段，参数类型为复合列表，子列表有两个元素，数字型字段和统计类型，可用的统计类型包括 SUM、MEAN、MAX、MIN 等 case_field：分组字段

```
        import ArcPy
        from ArcPy import Env
        Env.workspace = "e:\\chinamap"
        ArcPy.Env.overwriteOutput = True
        inputRoad = "e:\\chinamap\\bjmap\\环路_polyline.shp".decode('GBK')
        buf = "0.01"
        vege = "e:\\chinamap\\bjmap\\绿地面_region.shp".decode('GBK')

        scratch_Name1 = ArcPy.CreateScratchName("xxxx", "", "Shapefile",
"e:\\chinamap\\out")
        ArcPy.Buffer_analysis (inputRoad, scratch_Name1, buf)
        print "buffer finished"
        scratch_Name2 = ArcPy.CreateScratchName("xxxx", "", "Shapefile",
"e:\\chinamap\\out")
        ArcPy.Clip_analysis(vege, scratch_Name1, scratch_Name2)
        print "clip finished"
        stat_Field = [["Area", "SUM"],["Area","MAX"]]
        output = "e:\\chinamap\\out\\test"

        ArcPy.Statistics_analysis (scratch_Name2, output, stat_Field)
```

```
    print "Statistic finished"
    ArcPy.Delete_management(scratch_Name1)
    ArcPy.Delete_management(scratch_Name2)
```

程序运行后产生一个 test 表格，如图 6.8 所示。

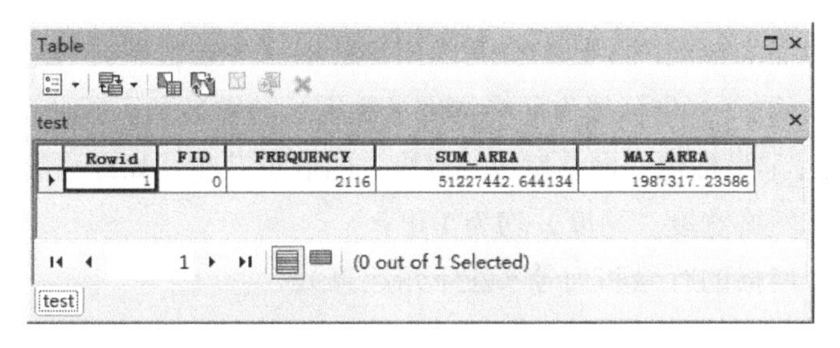

图 6.8　程序运行结果

在地学数据处理过程中经常会产生各种中间数据，有些中间数据需要保存下来，而有些中间数据则不需要保存，因此没必要为其创建永久存储的数据文件。可以使用创建草稿图层的方式，临时创建一个图层，程序运行结束后可以使用删除语句直接将这些中间临时数据删除。创建草稿图层用到了 CreateScratchName 函数，其定义如下。

```
    CreateScratchName ({prefix}, {suffix}, {data_type}, {workspace})
```

参数说明如下：

prefix：添加到临时名称的前缀。

suffix：添加到临时名称的后缀，后缀可为空的双引号字符串。

data_type：用于创建临时名称的数据类型，有效数据类型有：

✓ Coverage——仅返回有效的 Coverage 名称。

✓ Dataset——仅返回有效的数据集名称。

✓ FeatureClass——仅返回有效的要素类名称。

✓ FeatureDataset——仅返回有效的要素数据集名称。

✓ Folder——仅返回有效的文件夹名称。

✓ Geodataset——仅返回有效的地学数据集名称。

✓ GeometricNetwork——仅返回有效的几何网络名称。

✓ ArcInfoTable——仅返回有效的 ArcInfo 表名称。

✓ NetworkDataset——仅返回有效的网络数据集名称。

✓ RasterBand——仅返回有效的栅格波段名称。

✓ RasterCatalog——仅返回有效的栅格目录名称。

✓ RasterDataset——仅返回有效的栅格数据集名称。

✓ Shapefile——仅返回有效的 Shapefile 名称。

✓ Terrain——仅返回有效的 Terrain 名称。

✓ Workspace——仅返回有效的工作空间临时名称。

workspace：用于确定待创建临时名称的工作空间。如果未指定，则使用当前工作空间。

该函数返回的是一个文件名，用于唯一标识产生的临时文件。

根据输入要素类的范围产生均匀分布的网格数据（矢量数据），要求：

（1）网格顶点的 x、y 坐标须为网格宽度（高度）的整数倍，因此原点坐标应根据输入要素类的最小 x、y 坐标值和网格宽度（高度）的取整获得，如原点的 x、y 坐标分别为图幅左下角坐标，网格宽度（高度）均为 1 度；

（2）记录每个网格的行号和列号（左下角起算）。

```
import ArcPy
from ArcPy import Env
Env.overwriteOutput = True
Env.workspace = "e:\\chinamap"
desc = ArcPy.Describe("中国政区.shp")
ext = desc.extent
XMin = int(ext.XMin);YMin = int(ext.YMin)
XMax = int(ext.XMax);YMax = int(ext.YMax)
dX = 1
dY = 1
origX = XMin
origY = YMin
point = ArcPy.Point()
array = ArcPy.Array()
polygonList = []
#准备好网格多边形数组
for X in range(origX, XMax, dX):
    for Y in range(origY, YMax, dY):
        point.X = X;point.Y = Y
        array.add(point)
        point.X = X;point.Y = Y + dY
        array.add(point)
        point.X = X + dX;point.Y = Y + dY
        array.add(point)
        point.X = X + dX;point.Y = Y
        array.add(point)
        polygon = ArcPy.Polygon(array)
        polygonList.append(polygon)
        array.removeAll()
#用网格多边形创建 shape 文件
gridFileName =  "e:\\chinamap\\out\\grid.shp"
```

```
    ArcPy.CopyFeatures_management(polygonList,gridFileName)
    coord_sys = desc.spatialReference
    ArcPy.DefineProjection_management(gridFileName, coord_sys)
    #为网格多边形 shape 文件添加行号和列号字段
    ArcPy.AddField_management(gridFileName, "rowNum", "TEXT")
    ArcPy.AddField_management(gridFileName, "colNum", "TEXT")
    #为网格添加行号和列号属性值
    cur = ArcPy.UpdateCursor(gridFileName)
    for row in cur:
        center_x = int(row.shape.trueCentroid.X)
        center_y = int(row.shape.trueCentroid.Y)
        Idx = (center_x - origX)/dX + 1
        Idy = (center_y - origY)/dY + 1
        row.rowNum = str(Idy)
        row.colNum = str(Idx)
        print "rownum {}: colnum{}".format(Idy,Idx)
        cur.updateRow(row)
    del cur, row
    #与中国边界求 within 操作，删除在边界外部的网格
    cur2 = ArcPy.SearchCursor("chinaboundary.shp")
    for row2 in cur2:
        geometry2 = row2.shape
        cur1 = ArcPy.UpdateCursor(gridFileName,fields)
        for row1 in cur1:
            geometry1 = row1.shape
            if geometry1.within (geometry2) == False and geometry1.
overlaps(geometry2) == False:
                cur1.deleteRow(row1)
    del cur1,row1,row2
```

程序运行后产生的网格数据如图 6.9 所示。

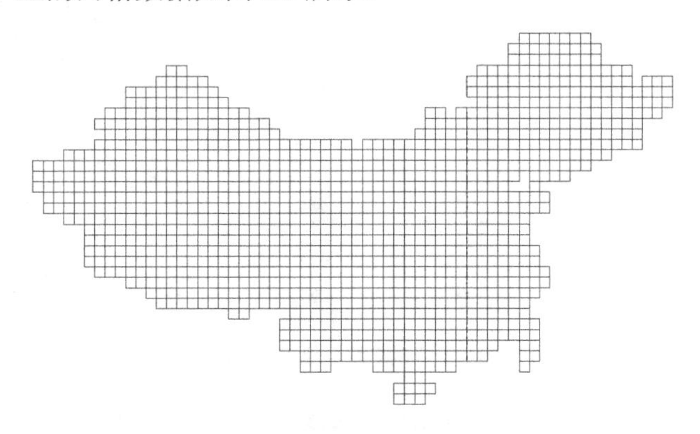

图 6.9　产生的网格数据

这个程序总体的思路是首先根据设定的网格大小创建好网格多边形数组，其次用它来创建一个 shape 文件，并向其添加两个属性字段，并编辑 shape 文件，为新添加的属性字段赋值（列号和行号），最后将每个网格与中国行政边界进行空间关系判断，将落在边界外的网格删掉。

这个例子实际上也产生了一个类似于前面 Data Driven Pages 自动产生的网格，同样可以用这个网格数据来对数据进行分幅切割等工作。

在一个区域内找出离已有城市距离和为最小的点，具体要求如下：

（1）产生位于某个区域内的均匀分布的格点数据，作为查找的候选点。格点间距越小，查找出的点精度越高。

（2）利用 PointDistance_analysis 工具计算每个格点与城市要素类中每个城市的距离，计算结果保存到 dist 表格中。

（3）以 INPUT_FID 字段为分组字段，对 DISTANCE 进行汇总统计（求和），计算结果保存到 summary 表格中。

（4）把 summary 表格中的 SUM_DISTANCE 字段值和 INPUT_FID 字段值分别追加到两个列表（dist_List 和 FID_List）中。

（5）返回 dist_List 列表中最小值的索引号，并返回 FID_List 列表中该索引号的值，根据该值就可以确定格点数据中哪个格点离已有城市距离和为最小。

该例子的示意图如图 6.10 所示，大圆点是均匀分布的点，小点是中国主要城市的点。

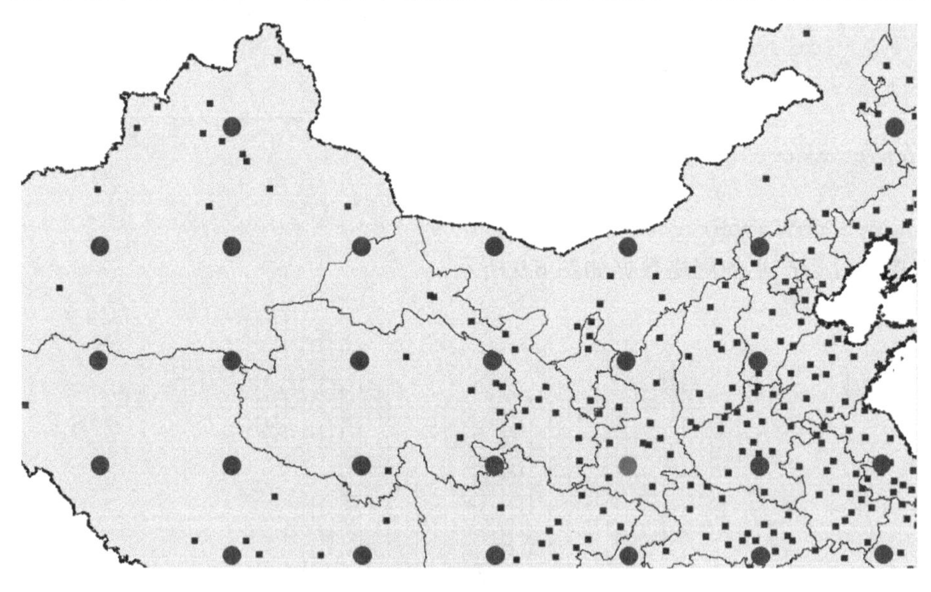

图 6.10　已有城市距离和为最小的点

这个例子主要用到了两个空间数据处理函数。第一个是计算点要素与邻近要素距离的函数 PointDistance_analysis，这个函数的定义如下。

```
PointDistance_analysis (in_features, near_features, out_table, {search_radius})
```

该函数参数含义如下：

in_features：计算点要素与邻近要素之间的距离时作为起点的点要素。

near_features：计算输入要素与点之间的距离时作为终点的点。可通过为输入要素和邻近要素指定同一要素类或图层来确定同一要素类或图层范围内各点之间的距离。

out_table：包含输入要素列表和搜索半径内所有邻近要素相关信息的表。如果未指定搜索半径，则计算所有输入要素与所有邻近要素之间的距离。

search_radius（可选）：指定用于搜索候选邻近要素的半径。将考虑此半径中的邻近要素来计算最近的要素。如果未指定值（即使用默认半径），则在计算中考虑所有邻近要素。搜索半径的单位默认为输入要素的单位。可以将单位更改为任何其他单位。但是，这对输出 DISTANCE 字段的单位不会产生任何影响，后者基于输入要素坐标系的单位。

PointDistance_analysis 计算示意图如图 6.11 所示。左侧 A 表示输入图层 in_features，B 表示待计算距离的点，右侧为计算结果的输出表，其中 INPUT_ID 是输入图层 in_features 中几何点的 FID，而 NEAR_FID 是待计算距离图层几何点的 FID，DISTANCE 是两点之间的距离。

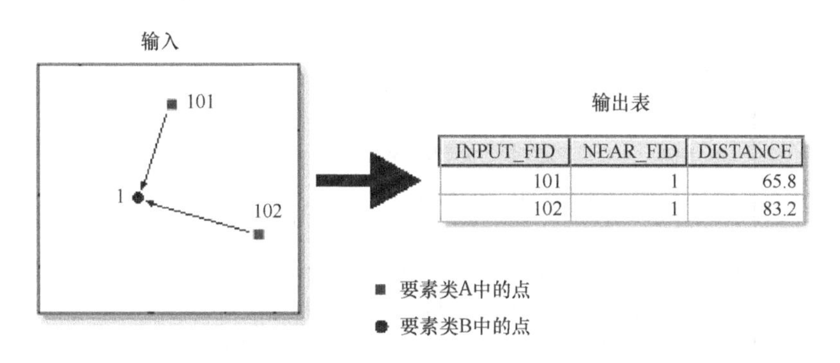

图 6.11　PointDistance_analysis 计算示意图

如果使用默认搜索半径计算所有输入点与所有邻近点之间的距离，则此工具将创建两组点之间的距离表，输出表可能非常大。例如，如果输入要素和邻近要素各包含 1 000 个点，则输出表会包含一百万条记录。因此，应使用有意义的搜索半径来限制输出的大小和提高工具的性能。输出表仅包含具有搜索半径内邻近点的这些记录。

结果将记录在输出表中，其中包含以下信息：

✓ INPUT_FID：输入要素的要素 ID；

✓ NEAR_FID：邻近要素的要素 ID；

✓ DISTANCE：输入要素与邻近要素之间的距离。

输入要素和邻近要素可以是相同的数据集。在此情况下，如果输入要素和邻近要素是相同的记录，将忽略这一结果，这样就不会报告与一个要素的距离是 0 个单位的要素本身。

这个例子用到的另一个函数是统计函数 Statistics_analysis，其定义如下。

```
Statistics_analysis (in_table, out_table, statistics_fields, {case_field})
```

该函数的功能是为表中特定的字段数据进行汇总统计，该函数的参数说明如表 6.7 所示。

表 6.7　Statistics_analysis 函数的参数说明

参　数	说　明
in_table	包含用于计算统计数据的字段的输入表。输入可以是 INFO 表、dBASE 表、OLE DB 表、VPF 表或要素类
out_table	将存储计算的统计数据输出 dBASE 或地学数据库表
statistics_fields [[field, statistics_type],...]	包含用于计算指定统计数据的属性值的字段。可以指定多项统计数据和字段组合。空值将被排除在所有统计计算之外 “添加字段”按钮（只能在模型构建器中使用）可用于添加所需字段，以完成对话框并继续构建模型 可用的统计类型有： SUM——添加指定字段的合计值 MEAN——计算指定字段的平均值 MIN——查找指定字段所有记录的最小值 MAX——查找指定字段所有记录的最大值 RANGE——查找指定字段的值范围 (MAX～MIN) SSTD——查找指定字段中值的标准差 COUNT——查找统计计算中包括的值的数目。计数范围包括除空值外的每个值。要确定字段中的空值数，应在相应字段上使用 COUNT 统计，然后在另一个不包含空值的字段上使用 COUNT 统计（如 OID，如果存在的话），然后将这两个值相减 FIRST——查找“输入表”中第一条记录，并使用该记录的指定字段值 LAST——查找“输入表”中最后一条记录，并使用该记录的指定字段值
case_field [case_field,...]（可选）	“输入表”中用于为每个唯一属性值（如果指定多个字段，则为属性值组合）单独计算的统计数据的字段

用法描述如下：

（1）输出表将由包含统计运算结果的字段组成。

（2）以下统计运算可用于此工具：总和、平均值、最大值、最小值、范围、标准差、计数、第一个和最后一个。中值运算不可用。

（3）将使用以下命名约定为每种统计类型创建字段：SUM_<field>、MAX_<field>、MIN_<field>、RANGE_<field>、STD_<field>、FIRST_<field>, LAST_<field>、COUNT_<field>（其中 <field> 是计算统计数据的输入字段的名称）。当输出表是 dBASE 表时，字段名称会被截断为 10 个字符。

（4）如果已指定案例分组字段，则单独为每个唯一属性值计算统计数据。如果未指定案例分组字段，则输出表中将仅包含一条记录。如果已指定一个案例分组字段，则每个案例分组字段值均有一条对应的记录。

（5）空值将被排除在所有统计计算之外。例如，10、5 和空值的 AVERAGE 为 7.5［(10+5）/2］。COUNT 工具可返回统计计算中所包括值的数目。

（6）统计字段参数添加字段按钮仅可以在“模型构建器”中使用。在模型构建器中，如果先前的工具尚未运行或其派生数据不存在，则可能不会使用字段名称来填充统计字段参数。添加字段按钮可用于添加所需字段，以完成“汇总统计数据”对话框并继续构建模型。

（7）使用图层时，仅使用当前所选要素计算统计数据。

```
import ArcPy
from ArcPy import Env
Env.workspace = "e:\\chinamap"
Env.overwriteOutput = True
desc = ArcPy.Describe("e:\\chinamap\\中国政区.shp")
ext = desc.extent
XMin = int(ext.XMin)
YMin = int(ext.YMin)
XMax = int(ext.XMax)
YMax = int(ext.YMax)
dX = 1
dY = 1
origX = XMin/dX*dX
origY = YMin/dY*dY
point = ArcPy.Point()
pointGeometryList = []
for X in range(origX, XMax, dX):
    for Y in range(origY, YMax, dY):
        point.X = X
        point.Y = Y
        pointGeometry = ArcPy.PointGeometry(point)
        pointGeometryList.append(pointGeometry)
ArcPy.Clip_analysis(pointGeometryList, "chinaboundary.shp",
```

```
"e:\\chinamap\\out\\gridPoint")
        try:
            ArcPy.PointDistance_analysis("e:\\chinamap\\out\\gridPoint.shp",
"省会城市.shp","e:\\chinamap\\out\\dist.dbf")
            ArcPy.Statistics_analysis("e:\\chinamap\\out\\dist.dbf",
"e:\\chinamap\\out\\summary", [["DISTANCE", "SUM"]], "INPUT_FID")
            dist_List = []
            FID_List = []
            cur = ArcPy.SearchCursor("e:\\chinamap\\out\\summary")
            for row in cur:
                dist_List.append(row.SUM_DISTANCE)
                FID_List.append(row.INPUT_FID)
            min_dist = min(dist_List)
            min_dist_FID = FID_List[dist_List.index(min_dist)]
            print min_dist_FID
        except:
            ArcPy.GetMessages()
```

程序首先产生规则排列的点数据，并通过裁剪方法保留中国行政区内的点，其次计算各省份省会城市与点的距离并进行距离和统计，最后通过遍历找出距离和最小点对应的 ID，程序运行后显示结果为 27。图 6.12 显示了规则点 gridPoint 和省会城市两个图层，选中省会城市中 ID 为 27 的省会城市，这里算出来为兰州，基本处于整个中国内地的中心位置。

图 6.12　高亮显示的计算结果

6.1.3　矢量数据网络分析

网络分析是依据网络拓扑关系（线性实体之间、线性实体与结点之间、结点与结点之间的连接、连通关系），通过考察网络元素的空间及属性数据，以数学理论模型为基础，对网络的性能特征进行多方面的分析计算。

网络分析的主要问题包括：路径分析、资源分配、连通分析、流分析等。这几类网络分析的描述如下。

（1）路径分析是 GIS 中最基本的功能，其核心是对最佳路径的求解。从网络模型的角度看，最佳路径的求解就是在指定网络的两结点间找一条阻抗强度最小的路径。

（2）资源分配也称定位与分配问题，它包括了目标选址和按最近原则寻找供应中心两个问题。

（3）人们常常需要知道从某一结点或边出发能够到达的全部结点或边，这一类连通分析问题称为连通分析求解。另一类连通分析问题是最少费用连通方案的求解，即在耗费最小的情况下使得全部结点相互连通。连通分析对应图的生成树求解，通常采用深度优先便利或广度优先遍历生成相应的树。最少费用求解过程则是生成最优生成树的过程，一般使用 Prim 算法或 KNskal 算法。

（4）所谓流，就是资源在结点间的传输。流分析的问题主要是按照某种优化标准（时间最短、费用最低、路程最短或运送量最大等）设计资源的运送方案。

地理网络分为两种类型：定向网络和非定向网络。定向网络的流向由源（source）至汇（sink），网络中流动的资源自身不能决定流向（如水流、电流）。非定向网络的流向不完全由系统控制，网络中流动的资源可以决定流向。

ArcGIS 支持以下两种网络：几何网络（Geometric Networks），用于定向网络分析；网络数据集（Network Datasets），用于非定向网络分析。表 6.8 所示是两者的区别。

表 6.8　几何网络和网络数据集的区别

	几何网络（Geometric Network）	网络数据集（Network Datasets）
网络组成元素	Edges and junctions	Edges，junctions，turns
数据源	GDB 要素类 （only）	GDB 要素类，shapefiles，StreetMap 数据
连通性管理	网络系统管理	创建数据集时用户控制
网络属性（权重）	基于要素类属性	更灵活的属性模型
存在位置	GDB 要素集（only）	要素集或文件夹
网络模式	单一模式	单一或多模式

ArcGIS 的网络分析分为两类：传输网络（Network Analyst）和实用网络（Utility Network Analyst）。从应用上来考虑，ArcGIS 的网络分析分为传输网络分析（常用于道路、地铁等交通网络分析）、实用网络分析（常用于水、电、气等管网的连通分析）、定向网

络分析；从技术上来考虑分为传输网络（Network Analyst，基于 Network Dataset）和实用网络（Utility Network Analyst，基于 Geometric Network）。

进行网络分析一般在 Geodatabase 模型中进行，我们可以选择 Personal Geodatabase 创建一个 MDB 数据库，为了对多个道路层进行同时处理，可以先创建一个“道路”数据集，然后将要进行网络分析的数据都导入这个数据库中。比如本例中将北京市的道路数据（多个图层）都导入了数据库中（见图 6.13）。可以利用这些数据创建网络数据集，创建网络数据集的过程本质上是将道路数据提取为符合数据结构图类型要求的点—线二元结构。右击“道路”数据集，单击“新建”菜单命令后，可以看到系统允许创建网络数据集（Network Dataset）和几何网络（Geometric Network）两类网络（见图 6.14）。这里可以选择新建网络数据集，来创建网络数据集的向导。

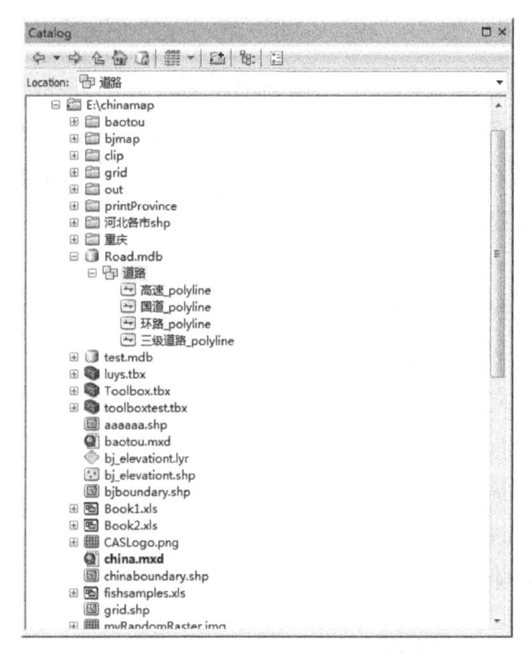

图 6.13　准备创建网络数据集的数据

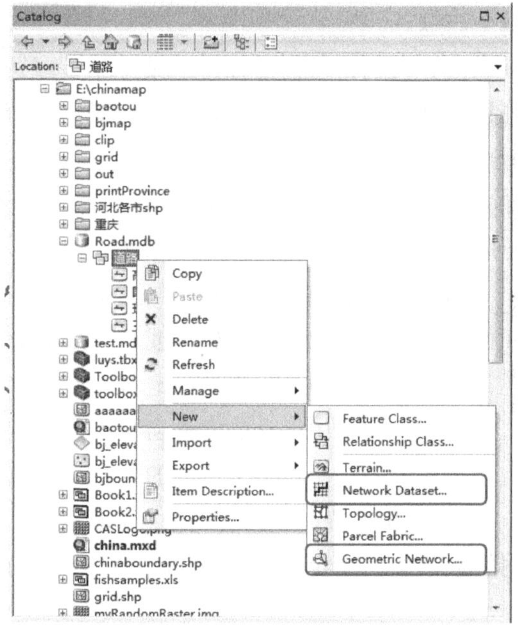

图 6.14　创建网络数据集

创建网络数据集的第一步是确定网络数据集的名称（见图 6.15）；第二步是选择构建网络数据集的道路数据（见图 6.16），可以将需要参与构建网络数据集的所有数据都选上；第三步是添加转弯限制数据，这里直接使用默认的设置（见图 6.17）；第四步是数据集连通性设置（见图 6.18），系统默认会使用线段的首尾结点判断与其他线段的连通性；第五步是高程数据设置（见图 6.19），如果路网含有高程信息，则可以进行设置，在类似于重庆这样的城市，道路高低起伏比较明显的地方，使用高程数据能够使最优路径更符合实际情况；第六步是道路权重设置（见图 6.20），这里选择距离作为权重，目的是求两点间最短距离。

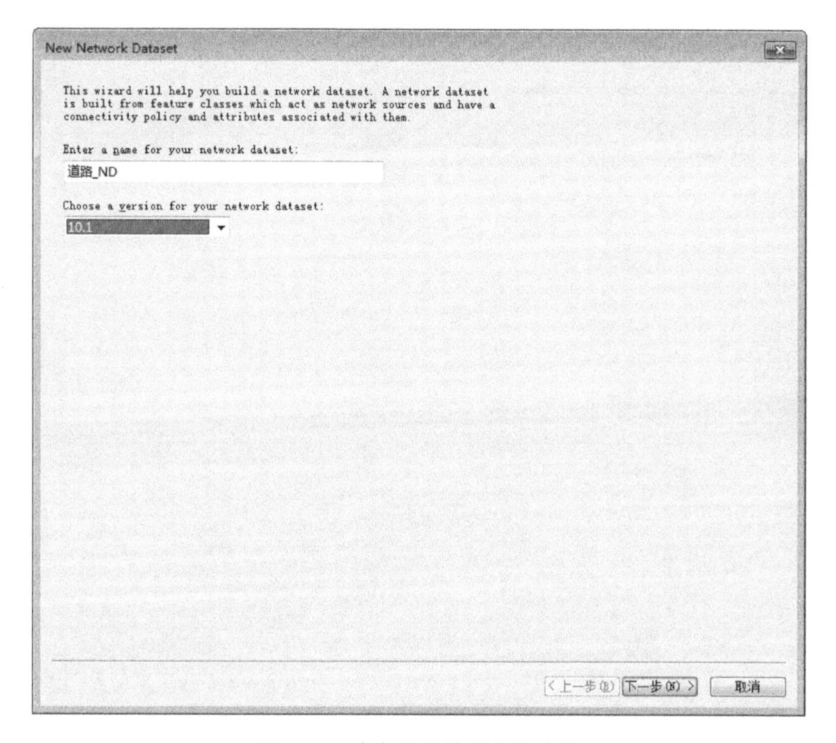

图 6.15　确定网络数据集的名称

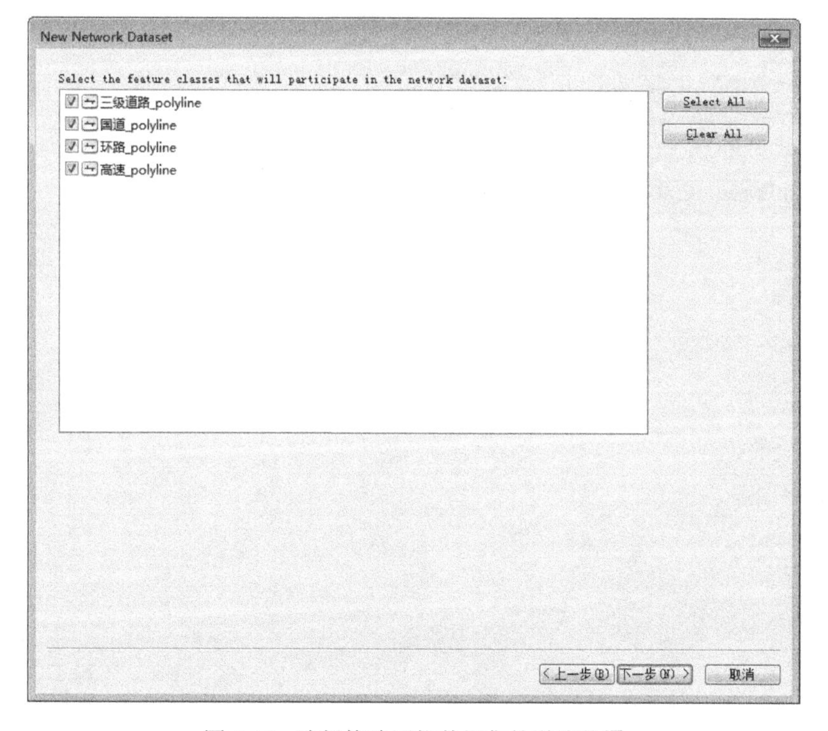

图 6.16　选择构建网络数据集的道路数据

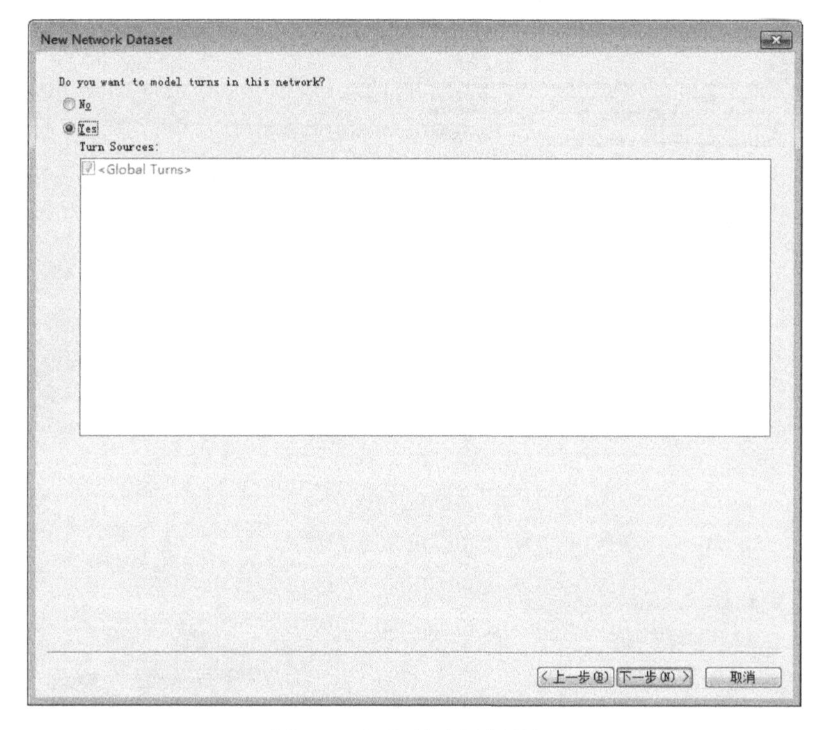

图 6.17　添加转弯限制数据

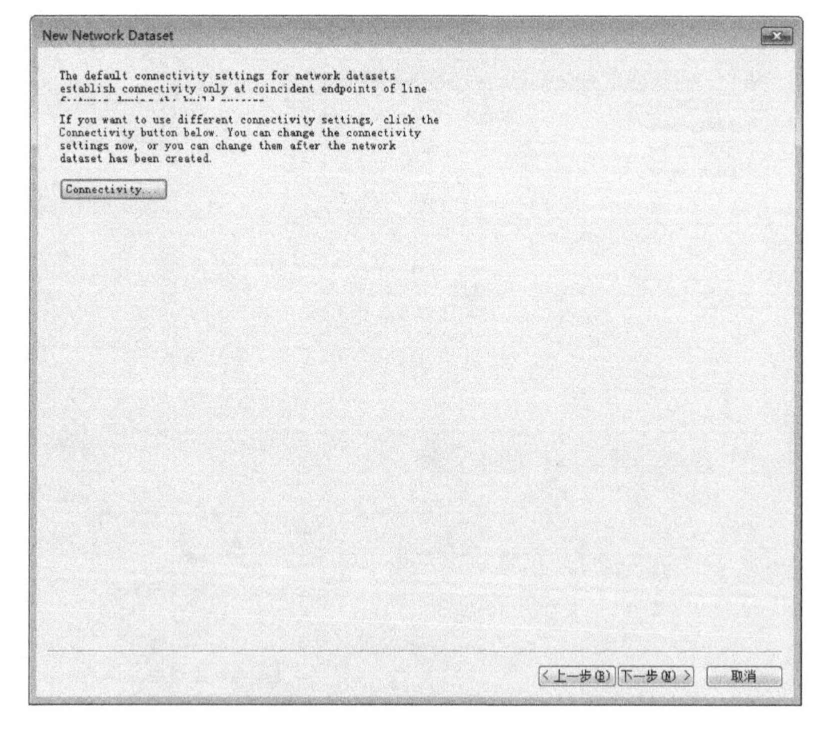

图 6.18　数据集连通性设置

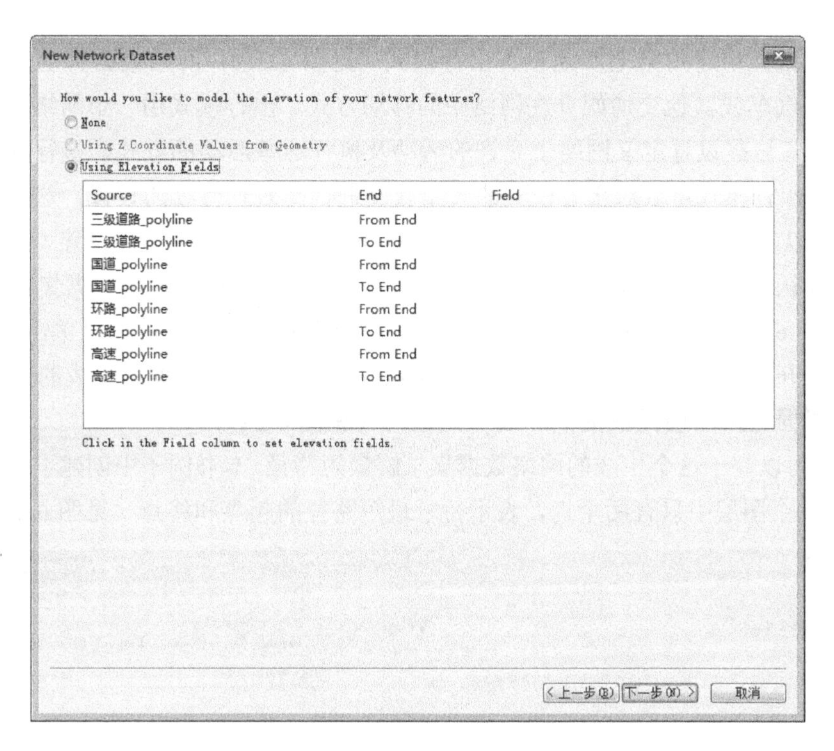

图 6.19　使用高程数据设置

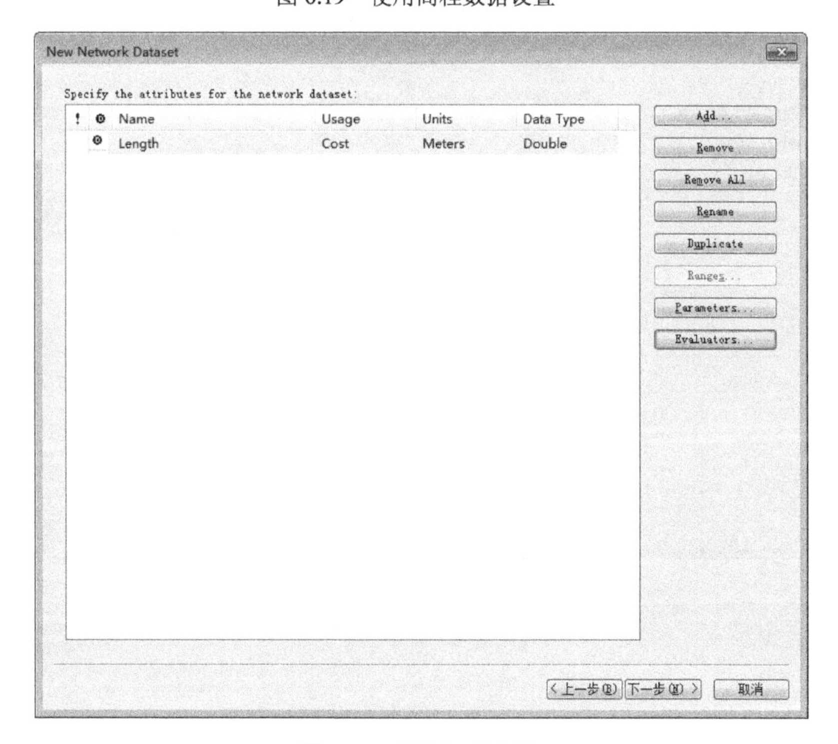

图 6.20　道路权重设置

网络数据集构建的第七步是设置出行模式（见图 6.21），网络数据集上的出行模式定义行人、汽车或其他交通媒介在网络中的移动方式。出行模式由一个网络数据集设置的集合组成，这些设置定义网络上允许的活动及执行这些活动的方式。执行分析时，选择预定义的出行模式可以对出行模式的大量属性进行高效且持续的设置，这里不详细描述，读者可以参考 ArcGIS 的帮助文档。第八步是进行道路行驶方向性设置（见图 6.22），可以使用默认的方向性设置。再单击“下一步”，就会出现整个网络数据集构建的一个总结（见图 6.23），用户可以看是否满足要求，如果满足要求，就可以单击“Finish”按钮，系统开始创建网络数据集，创建完毕后，在 ArcMap 中加载生成的图层，可以看到系统根据道路图层提取的点和线二元结构（见图 6.24）。

ArcPy 可以基于这个生成的网络数据集求解最短路径，本书例子中创建了一个点图层“pt.shp”，这个图层中只有两个点，表示待求最短路径的起点和终点（见图 6.25）。

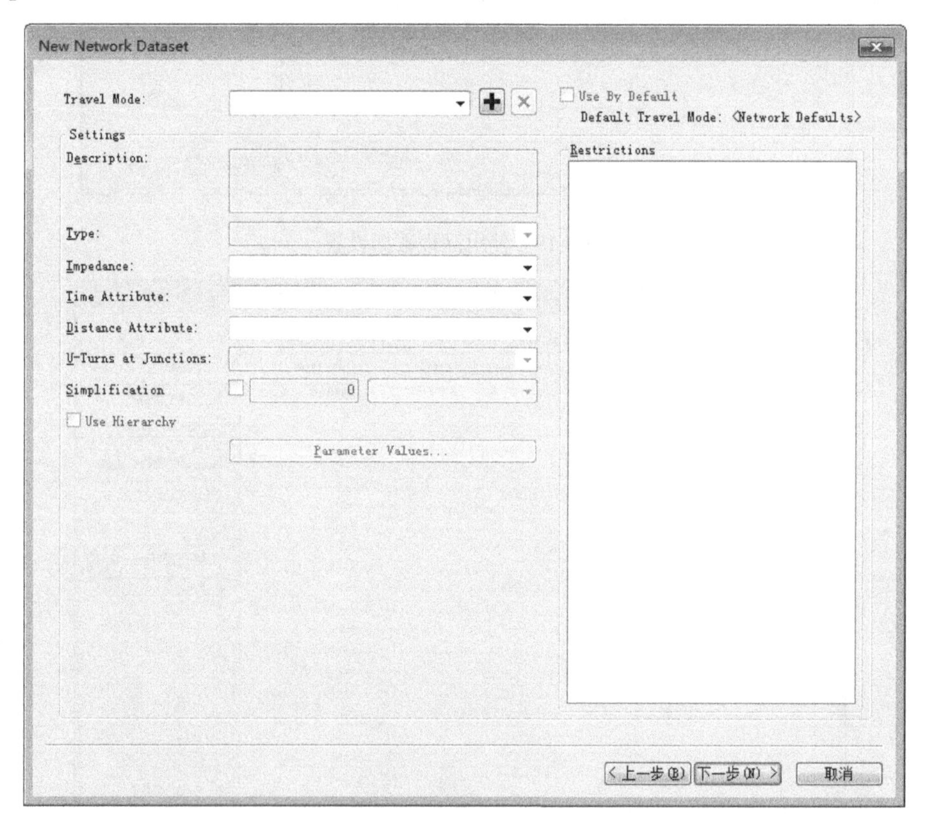

图 6.21　设置出行模式

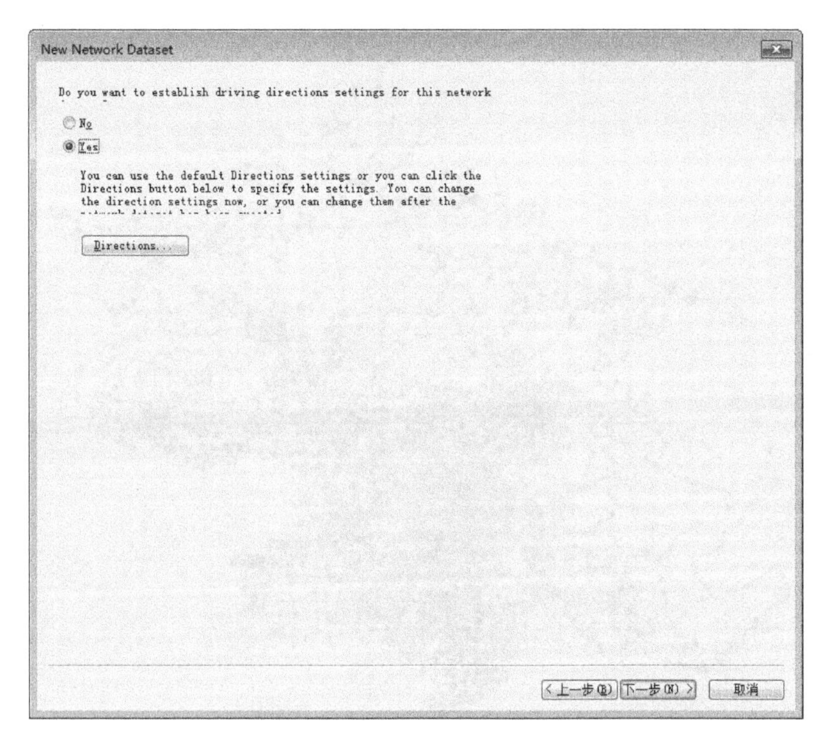

图 6.22 道路行驶方向性设置

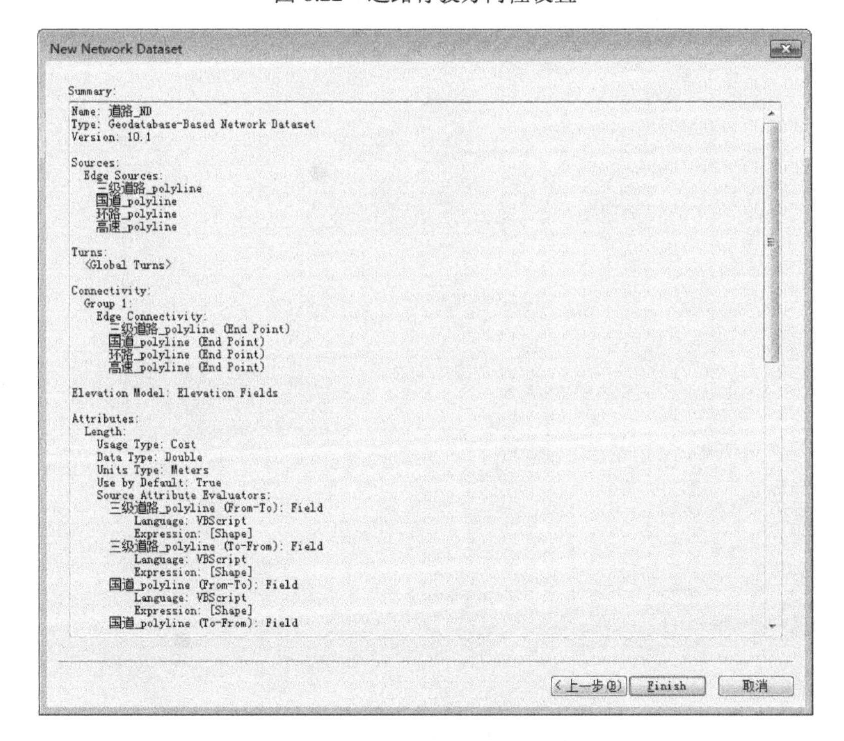

图 6.23 构建网络数据集的总结

图 6.24　提取的点和线二元结构

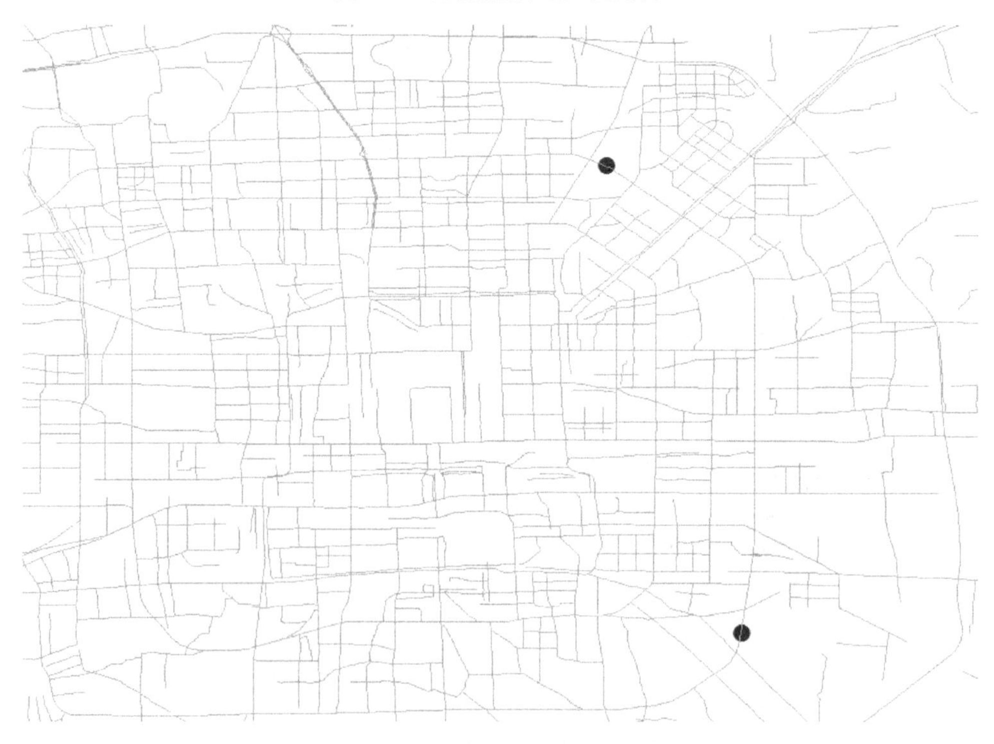

图 6.25　待求最短路径的起点和终点

ArcPy 网络分析基本流程包括 4 个步骤，各个步骤及其涉及的 ArcPy 函数如下所示。

（1）创建路径分析图层（MakeRouteLayer_na）。

（2）添加起点和终点两点位置（AddLocations_na）。

（3）基于网络位置和属性求解网络分析图层问题（Solve_na）。

（4）输出结果图层（SaveToLayerFile_management）。

这里与求解最优路径密切相关的三个函数定义如下。

```
    MakeRouteLayer_na (in_network_dataset, out_network_analysis_layer,
impedance_attribute, {find_best_order}, {ordering_type}, {time_windows},
{accumulate_attribute_name}, {UTurn_policy}, {restriction_attribute_name},
{hierarchy}, {hierarchy_settings}, {output_path_shape}, {start_date_time})
```

MakeRouteLayer_na 用于创建路径网络分析图层并设置其分析属性。该函数参数比较多，很多参数实际在 ArcMap 中构建网络数据集时已经设置了，因此这里不再赘述，路径分析图层用于存放两点之间的最佳路径。

```
    AddLocations_na (in_network_analysis_layer, sub_layer, in_table,
field_mappings, search_tolerance, {sort_field}, {search_criteria}, {match_
type}, {append}, {snap_to_position_along_network}, {snap_offset}, {exclude_
restricted_elements}, {search_query})
```

AddLocations_na 函数用于向网络分析图层添加网络分析对象。可向特定子图层（如“停靠点”图层和“障碍”图层）添加对象。在求最短路径时，可以通过该函数向 Stops 子图层添加待求最优路径的起点和终点。点对象将作为要素或记录输入。

```
    Solve_na (in_network_analysis_layer, {ignore_invalids}, {terminate_
on_solve_error}, {simplification_tolerance})
```

AddLocations_na 函数用于基于网络位置和属性求解最优路径。

为使 Network Analyst 扩展模块的风格更 Python 化，最新的 Network Analyst（na）模块调整了访问 ArcToolbox 中 Network Analyst 工具的方法。这些工具不是直接通过 ArcPy 调用，而是放到了现在的 na 模块中，通过 na 模块访问网络分析提供的方法。这可以使开发人员减少混淆，并更容易记住网络分析的方法名称。

下面给出一个求解最短路径的简单实例，里面包含了最短路径求解的核心代码，如果读者想要写更加复杂的最优路径代码，可以进一步参考其他资料。这个例子用到的数据就是上面创建的网络数据集和本书例子数据中的“pt.shp”图层，起点和终点在北京市四环路上，代码如下。

```
    import ArcPy
    # 需要提取网络扩展模块
    ArcPy.CheckOutExtension("Network")

    #局部变量设置
    ROAD_ND = "E:\\chinamap\\Road.mdb\\道路\\道路_ND"
```

```
        pt_shp = "E:\\chinamap\\pt.shp"
        Route = "Route"
        impedance = "Length"
        routelayer_lyr = "E:\\chinamap\\out\\routelayer.lyr"

        # 创建 Route 图层
        ArcPy.MakeRouteLayer_na(ROAD_ND, "Route", impedance)
        print 'layer created'

        # 添加起始点位置信息
        ArcPy.AddLocations_na(Route, "Stops", pt_shp, "", "5000 Meters", "", "")

        # 求解最短路径
        ArcPy.Solve_na(Route, "SKIP", "TERMINATE", "10 Meters")

        # 将最短路径存储为图层文件
        ArcPy.SaveToLayerFile_management(Route, routelayer_lyr, "RELATIVE",
"CURRENT")
        print 'finished'
```

程序运行后求解出的最短路径结果如图 6.26 所示。在左侧 TOC 栏目可以看到，产生的路径主要包括 5 部分内容，其中点、线、面障碍用于设置路上的障碍，路径不能通过；Stops 是路径需要通过的点，如果只设置两个点，一般为起点和终点，当然也可以设置更多个点，比如设置公交站点的位置等；Routes 为产生的最优路径，可以将该子图层存储为新的图层。

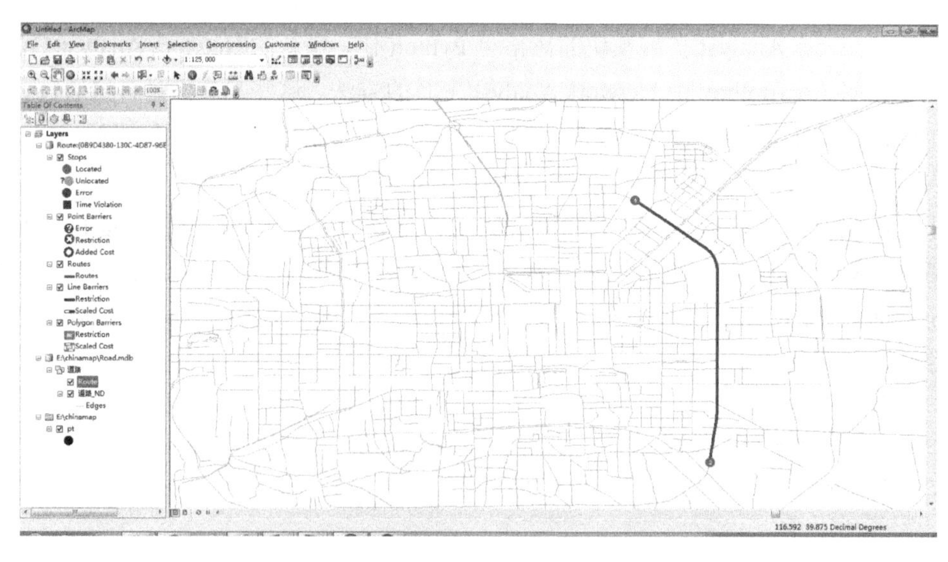

图 6.26　程序运行后求解出的最短路径结果

6.2　栅格数据空间分析

栅格数据直观、结构简单，利于计算机处理与操作，是 GIS 常用的空间基础数据格式。利用栅格进行空间数据分析也是 GIS 中重要的功能，栅格数据的空间分析在自然地理、生态、遥感等领域有着广阔的应用。第 5 章已经介绍了栅格数据的一般操作方法，本节重点介绍 ArcPy 对栅格数据组织和基于栅格数据进行空间分析的方法。

6.2.1　栅格数据的归一化

栅格数据的归一化就是（属性值-min）/（max-min），把结果都划归到 0～1，便于不同变量之间的比较，取消了不同数量差别。比如将黄土高原的高程图和温度图做叠加，如果不做归一化处理，温度相对于高程的值很小，可以说数值差了两个量级，图层叠加后温度的差异性几乎无法体现。

栅格数据归一化的实现方法很多，下面给出两种比较常见的方法。

第一种归一化方法程序中会用到两个很重要的函数，一个是条件函数工具 Con，一个是分区统计函数工具 ZonalStatistics。下面先介绍这两个函数的功能和使用方法。

条件函数工具允许用户根据像元在指定条件语句中的结果（“真”或“假”）来控制每个像元的输出。如果像元被判定为“真”，它将获得一类值；如果像元被判定为“假”，它将获得另一类值。当像元被判定为“真”时，它所获得的输出值由输入条件为真时所取的栅格数据或常数值指定；当像元被判定为“假”时，它所获得的输出值由输入条件为假时所取的栅格数据或常数值指定。

条件函数的定义如下：

```
    Con (in_conditional_raster, in_true_raster_or_constant, {in_false_raster_or_constant}, {where_clause})
```

该函数的参数含义如下：

- ✓ in_conditional_raster：表示所需条件结果为真或假的输入栅格（Raster Layer）。可以是整型或浮点型的。
- ✓ in_true_raster_or_constant：条件为真时，其值作为输出像元值的输入。可为整型或浮点型栅格，或为常数值。
- ✓ in_false_raster_or_constant（可选）：条件为假时，其值作为输出像元值的输入。可为整型或浮点型栅格，或为常数值。如果不设置该值，则把条件为假时的值输出为 NoData。
- ✓ where_clause（可选）：决定输入像元为真或假的逻辑表达式。表达式遵循 SQL 表达式的一般格式。where_clause 的一个示例为“VALUE > 100”。如果不设置该值，则把非 NoData 值的部分输出为 in_true_raster_or_constant 设定的值，而其他部分仍输出为 NoData。

条件函数工具返回的是一个栅格图层，应将该结果赋值给一个栅格图层变量，否则会将产生的结果存到默认的 Default.gdb 中。

例如，如果想根据像元的坡度（由输入条件栅格数据确定）来判读地形的好坏，用值 10 来标识好的地形，而用值 1 标识不适宜的地形。地形好坏的认定条件是：小于 15% 的坡度是好的构造，那么应输入的表达式为“value < 15”。如果一个像元的坡度小于 15%，那么它将获得为条件真指定的值（此例中为 10）；否则，它将获得为条件假指定的值（此例中为 1）。

```
OutRas = Con(SlopeRas, 10, 1, "VALUE < 15")
```

ArcGIS 帮助中的条件函数功能示意图如图 6.27 所示，表示的是 OutRas = Con(InRas1, 40, 30, "Value >= 2")计算结果。

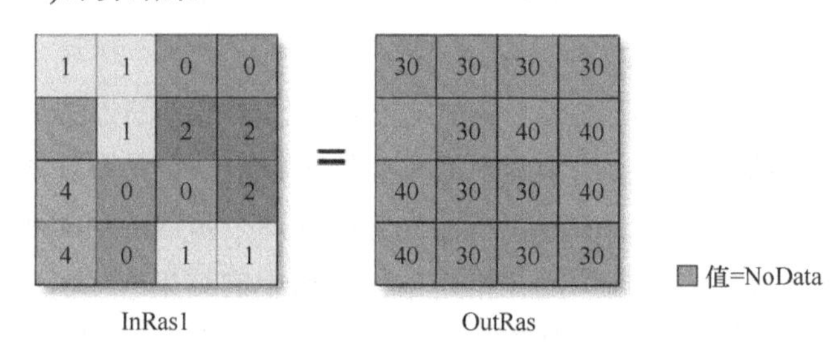

图 6.27　条件函数功能示意图

分区统计工具用于根据来自其他数据集的值（赋值栅格）为每一个由区域数据集定义的区域计算统计数据，为输入区域数据集中的每一个区域计算单个输出值。如果区域输入和值输入的栅格数据分辨率相同，则可直接使用它们。如果分辨率不同，则可先应用内部重采样以使其一致，然后再执行区域操作。

```
ZonalStatistics (in_zone_data, zone_field, in_value_raster, {statistics_type}, {ignore_nodata})
```

in_zone_data：定义区域的数据集，可通过整型栅格或要素图层来定义区域。

zone_field：保存定义每个区域的值的字段，该字段可以是区域数据集的整型字段或字符串型字段。

in_value_raster：含有要计算统计数据值的栅格。

statistics_type（可选）：要计算的统计类型。

✓ MEAN——计算值栅格中与输出像元同属一个区域的所有像元的平均值。

✓ MAJORITY——确定值栅格中与输出像元同属一个区域的所有像元中最常出现的值。

✓ MAXIMUM——确定值栅格中与输出像元同属一个区域的所有像元的最大值。

✓ MEDIAN——确定值栅格中与输出像元同属一个区域的所有像元的中值。
✓ MINIMUM——确定值栅格中与输出像元同属一个区域的所有像元的最小值。
✓ MINORITY——确定值栅格中与输出像元同属一个区域的所有像元中出现次数最少的值。
✓ RANGE——计算值栅格中与输出像元同属一个区域的所有像元的最大值与最小值之差。
✓ STD——计算值栅格中与输出像元同属一个区域的所有像元的标准差。
✓ SUM——计算值栅格中与输出像元同属一个区域的所有像元值的总和。
✓ VARIETY——计算值栅格中与输出像元同属一个区域的所有像元中唯一值的数目。

ignore_nodata（可选）：指示值输入中的 NoData 值是否会影响其所落入区域的结果。

✓ DATA——在任意特定区域内，仅使用在输入值栅格中拥有值的像元来确定该区域的输出值。在统计计算过程中，值栅格内的 NoData 像元将被忽略。这是默认设置。
✓ NODATA——在任意特定区域内，如果值栅格中存在任何 NoData 像元，则会视作对该区域中所有像元执行统计计算的信息不足，因此整个区域在输出栅格中都将接收 NoData 值。

```
OutRas = ZonalStatistics(ZoneRas, "VALUE", ValRas, "Maximum")
```

分区统计函数示意图如图 6.28 所示。

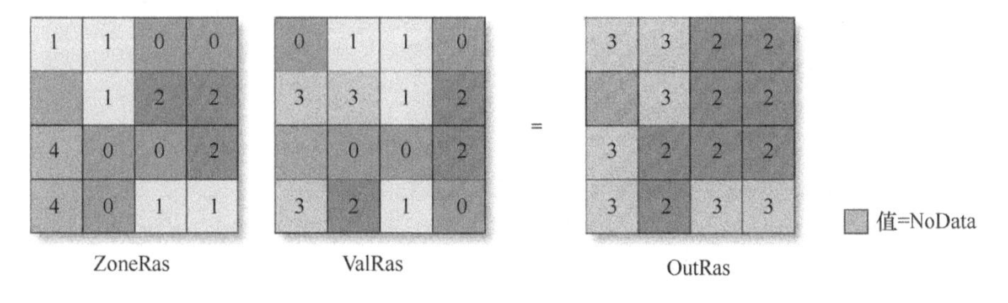

图 6.28　分区统计函数示意图

在介绍了两个函数之后，再给出栅格数据归一化第一种方法的 ArcPy 代码。

```
    #本功能实现对一个栅格图像进行归一化处理，需要指定输入文件和输出路径
    import ArcPy
    from ArcPy import Env
    from ArcPy.sa import*
    ArcPy.CheckOutExtension("Spatial")
    rawRasterData="E:/chinamap/北京 11.img"                    #待归一化文件
    NormalizationResultFilePath="E:/chinamap/out/Bj_Normaliztion.img"
#归一化后
    print "产生 mask 中"
    MaskRaster = Con(Raster(rawRasterData)>0,1,0)
```

```
        print "获取最大值中"
        MaxRaster                                                          =
ZonalStatistics(MaskRaster,"value",rawRasterData,"MAXIMUM","NODATA")
        print "获取最小值中"
        MinRaster                                                          =
ZonalStatistics(MaskRaster,"value",rawRasterData,"MINIMUM","NODATA")
        print "归一化处理中"
        NormalizationRaster=(Raster(rawRasterData)-MinRaster)*1.0/(MaxRast
er-MinRaster)
        NormalizationRaster.save(NormalizationResultFilePath)
        print "归一化成功！"
```

这个代码首先用北京市高程数据做了一个 Mask 模板图层，结果高程值大于 0 的区域为 1，实际就是有高程值的地方形成了一个区域，用它进行分区统计，可以统计出该区域内北京高程数据 rawRasterData 的最大值和最小值，最后用归一化公式对高程数据进行归一化计算，把结果输出存盘。

第二种归一化的实现方法是直接获取属性的最大值和最小值，而不是产生 Mask，比上面的办法要好些。获取栅格数据属性的方法在第 5 章已经介绍过，这里直接给出实现代码。

```
        import ArcPy
        from ArcPy import Env
        from ArcPy.sa import *
        ArcPy.CheckOutExtension("Spatial")

        rawRasterData = " E:/chinamap/北京11.img "
        NormalizationResultFilePath = "E:/chinamap/out/Bj_Normaliztion.img "

        maxValueDS   =   ArcPy.GetRasterProperties_management(rawRasterData,
"MAXIMUM")
        maxValue = maxValueDS.getOutput(0)
        print "最大值:"+str(maxValue)

        minValueDS   =   ArcPy.GetRasterProperties_management(rawRasterData,
"MINIMUM")
        minValue = minValueDS.getOutput(0)
        print "最小值:"+str(minValue)

        NormalizationRaster  =  (Raster(rawRasterData)  -  float(minValue))  /
(float(maxValue) - float(minValue) ))
        NormalizationRaster.save(NormalizationResultFilePath)
```

```
    print "归一化成功！"
```

6.2.2　成本距离分析

从像元的角度来讲，成本工具的目标是确定分析窗口中各像元位置到某个源的最小成本路径，在这个过程中必须确定每个像元的通向源的最低累积成本路径，考虑最小成本路径的源及最小成本路径本身。

成本距离工具可创建输入栅格，在栅格中为每个像元分配到最近源像元的累积成本。该算法应用在图论中使用的是结点/连接线像元制图表达。在结点/连接线制图表达中，各像元的中心被视为结点，并且各结点通过多条连接线与其相邻结点连接。

每条连接线都带有关联的阻抗。阻抗是根据与连接线各端点上的像元相关联的成本（从成本表面）在像元中的移动方向确定的。

分配给各像元的成本表示在像元中移动每单位距离所需的成本。每个像元的最终值由像元大小乘以成本值求得。例如，如果成本栅格的一个像元大小为 30，某特定像元的成本值为 10，则该像元的最终成本是 300。图 6.29～图 6.31 列出了不同栅格单元间成本的计算方式。

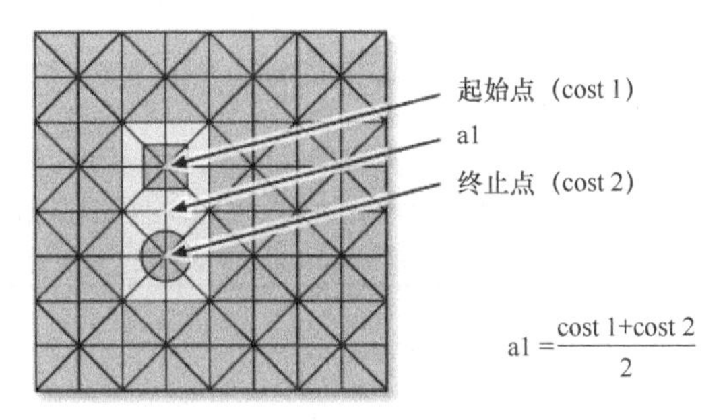

图 6.29　水平和垂直结点计算

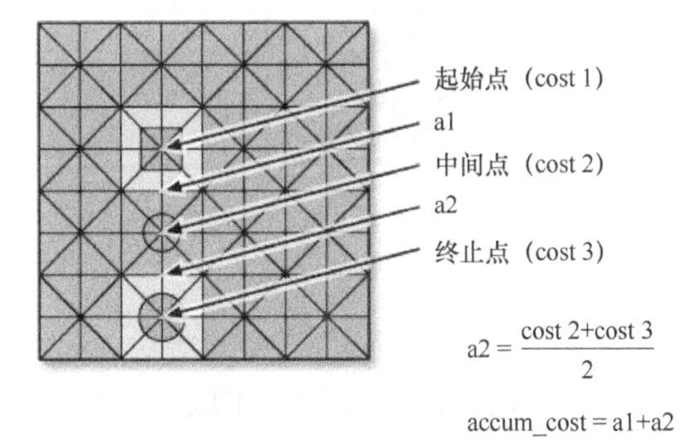

图 6.30　累计成本结点计算

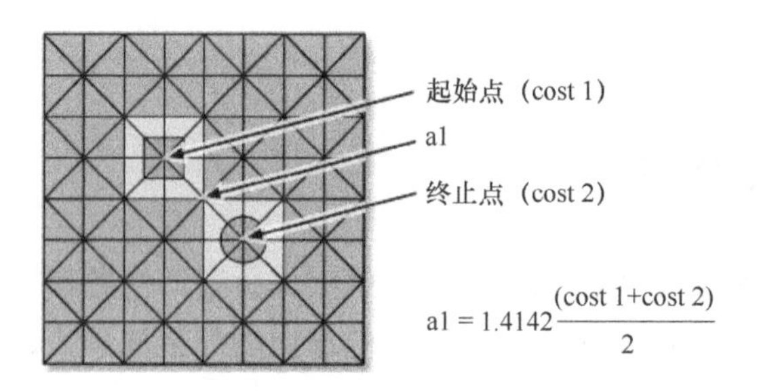

图 6.31　斜向结点计算

Spatial Analyst 工具箱提供了基于栅格的距离计算工具，输出数据的栅格值表示与最近目标的距离，其中 Euclidean Distance 计算栅格与目标的欧氏距离，Cost Distance 计算栅格与目标的费用距离（考虑经过不同栅格时的费用，也称成本）。

在利用 Cost Distance 工具时，需要用到 cost_raster（成本栅格数据），该数据的栅格值表示通过该栅格的成本，空值表示不能通过（障碍）。Cost Distance 工具函数及其参数含义如表 6.9 所示。

表 6.9　Cost Distance 工具函数及其参数含义

函　　数	参　　数
CostDistance (in_source_data, in_cost_raster, {maximum_distance}, {out_backlink_raster})	in_source_data：输入数据 in_cost_raster：费用栅格，表示栅格是否可通过或通过栅格的费用，空值表示不能通过 maximum_distance：可选参数，表示累计费用不能超过的阈值，如果累计的费用值超过该值，则该像元位置的输出值为 NoData out_backlink_raster：可选参数，用于输出费用回溯链接栅格

成本距离计算过程示意图如图 6.32 所示。

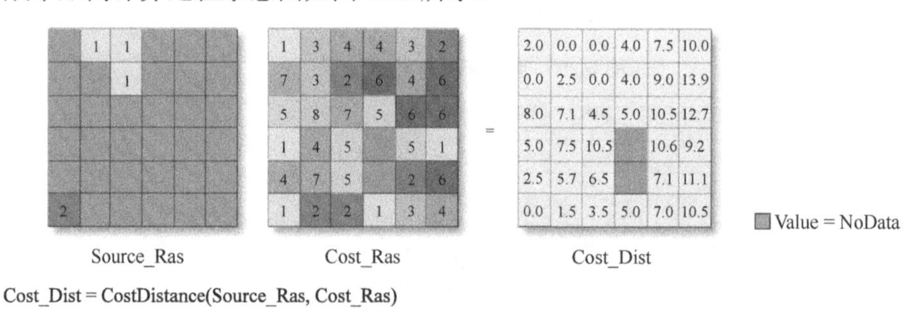

图 6.32　成本距离计算过程示意图

这里给出一个例子：分析 500 米范围内没有公园分布的区域（考虑铁路等不能直接通过的障碍）。

这个复杂的空间分析首先要产生 Cost 栅格，把铁路覆盖区域设置为空值，其他区域的栅格值设置为 1，实现的具体步骤如下：

（1）铁路线转栅格（PolylineToRaster_conversion ），铁路覆盖的栅格为非空值，其他栅格为空值。

（2）利用 IsNull 工具把空值转为 1，非空值转为 0。

（3）利用 SetNull 工具把 0（铁路覆盖区域）设置为空值。

（4）利用 CostDistance (in_source_data, in_cost_raster)工具计算每个栅格与公园的距离，in_cost_raster 为有空值（铁路覆盖）的栅格数据。

（5）利用 Con 工具把距离大于 500 的栅格设置为 0。

这里涉及三个新的函数，分别是 PolylineToRaster_conversion、IsNull 和 SetNull，各自的定义及参数含义如表 6.10 所示。

表 6.10　PolylineToRaster_conversion、IsNull 和 SetNull 函数定义及其参数含义

函　　数	说　　明
PolylineToRaster_conversion (in_features, value_field, out_rasterdataset, {cell_assignment}, {priority_field}, {cellsize})	in_features：输入要素类 value_field：值字段 out_raster_dataset：输出栅格数据集 cell_assignment：可选参数，栅格取值分配方法，用于确定当多个要素落在一个像元中时如何为像元分配值的方法 priority_field：可选参数，优先字段，根据该字段属性确定哪个要素优先作为所在像元的取值。如该字段取长度（Length）字段，则落在该栅格单元中即使有多个要素，也不用管栅格取值分配方法采用何种方式，直接以要素长度为依据，为该栅格单元赋值 cellsize：可选参数，表示输出结果的栅格单元大小
IsNull (in_raster)	in_raster：输入栅格 该函数返回一个栅格，输入栅格中空值（NoData）栅格为 1，其他非空栅格为 0
SetNull (in_conditional_raster, in_false_raster_or_constant, {where_clause})	in_conditional_raster：输入栅格 in_false_raster_or_constant：栅格或常数（用于给不符合表达式的栅格赋值） where_clause：SQL 表达式 该函数返回一个栅格，输入栅格中符合表达式的栅格为 NoData，其他栅格为设定的栅格值或常数值

上述功能的代码如下：

```
    import ArcPy
    from ArcPy import Env
    from ArcPy.sa import *
    ArcPy.CheckOutExtension("Spatial")
    Env.workspace = "e:\\chinamap"
    desc = ArcPy.Describe("北京 11.img")
    Env.extent = desc.extent
    sName   =   ArcPy.CreateScratchName("x",   "",   "RasterDataset",
"e:\\chinamap\\out")
    ArcPy.PolylineToRaster_conversion  ("bjmap\\ 铁 路 线 _polyline.shp",
```

```
"FID", sName)
        outIsNull = IsNull(sName)
        outSetNull = SetNull(outIsNull, outIsNull, "VALUE = 0")
        Cost_D = CostDistance("bjmap\\绿地面_region.shp",outSetNull)
        result = Con(Cost_D, 0, 1, "Value > 0.05")
        result.save("e:\\chinamap\\out\\r.img")
        ArcPy.Delete_management(sName)
        del result
```

6.2.3 栅格数据的提取

栅格数据“提取分析”工具可用于根据像元的属性或其空间位置从栅格中提取像元的子集，也可以获取特定位置的像元值作为点要素类中的属性或表。

根据像元的属性或空间位置，将像元值提取到一个新栅格的工具包括以下几种。

（1）按照属性值提取像元（按属性提取）可通过一个 where 子句来完成。例如，在分析中可能需要从高程栅格中提取高程高于 100 米的像元。

（2）按照像元空间位置的几何提取像元时，要求像元组必须位于指定几何形状的内部或外部（按圆形区域提取、按多边形提取、按矩形提取）。

（3）按照指定位置提取像元时，需要根据像元的 x、y 点位置来识别像元的位置（按点提取），或者通过使用掩膜栅格数据来识别像元的位置（按掩膜提取）。

以下工具可用于指定将像元值提取到属性表或常规表的位置。

（1）通过点要素类识别的像元值可以记录为新输出要素类的属性（值提取至点）。此工具仅可以从一个输入栅格中提取像元值。

（2）通过点要素类识别的像元值可以追加到该要素类的属性表中（多值提取至点）。此工具可识别来自多个栅格的像元值。

（3）所识别位置（栅格和要素）的像元值可记录在表中（采样）。

1. 按属性提取

这种方法基于逻辑查询提取栅格像元，用到的函数 ExtractByAttributes 定义如下，参数含义如表 6.11 所示。

```
ExtractByAttributes (in_raster, where_clause)
```

表 6.11　ExtractByAttributes 参数含义

参　数	说　明	数据类型
in_raster	提取像元的输入栅格	Raster Layer
where_clause	用于选择栅格像元子集的逻辑表达式 表达式遵循 SQL 表达式的一般格式	SQL Expression

如果 where 子句的求值结果是 True，则将为该像元位置返回初始输入值，如果其求值结果是 False，则将为像元位置指定 NoData。

图 6.33 是一个使用 ExtractByAttributes 的计算过程示意图，从输入栅格数据中提取出值大于 1 的部分，输出结果中满足条件的原样输出，不满足条件的则用无值的形式表示。

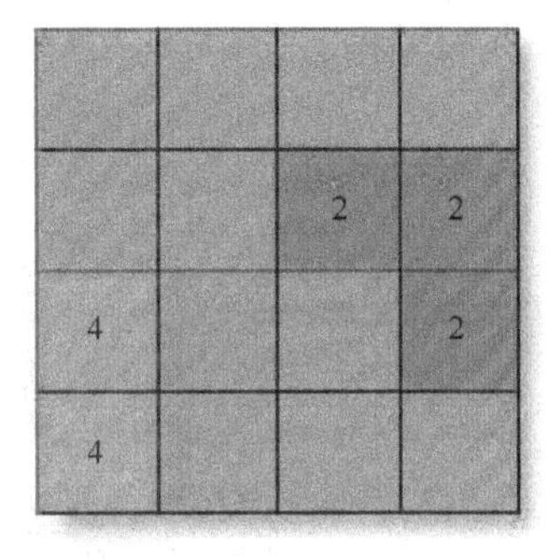

图 6.33　ExtractByAttributes 计算过程示意图

下面给出一个例子，在北京市高程数据中提取高程大于 200 米的栅格数据，代码如下：

```
import ArcPy
from ArcPy import Env
from ArcPy.sa import *
# Set Environment settings
Env.workspace = "e:/chinamap"
# Set local variables
inRaster = "北京 11.img"
inSQLClause = "VALUE > 200"
# Check out the ArcGIS Spatial Analyst extension license
ArcPy.CheckOutExtension("Spatial")
try:
   # Execute ExtractByAttributes
   attExtract = ExtractByAttributes(inRaster, inSQLClause)
   # Save the output
   attExtract.save("e:/chinamap/out/attextract02.img")
   print "Saving is over"
except:
   ArcPy.GetMessages()
```

2. 按圆形区域提取

通过指定圆心和半径，基于圆提取栅格像元。用到的函数 ExtractByCircle 定义如下，参数含义如表 6.12 所示。

```
ExtractByCircle (in_raster, center_point, radius, {extraction_area})
```

表 6.12　ExtractByCircle 参数含义

参　数	说　明	数据类型
in_raster	提取像元的输入栅格	Raster Layer
center_point	指示用于定义提取区域的圆中心坐标（x, y）的点类 该类的形式为 Point (x, y) 将指定坐标使用与输入栅格相同的地图单位	Point
radius	用于定义提取区域的圆半径 将以地图单位指定半径，并且与输入栅格的单位相同	Double
extraction_area （可选）	标识要提取输入圆内部还是输入圆外部的像元 INSIDE——指定应选择输入圆内部的像元并将其写入输出栅格的关键字，圆形区域外部的所有像元都将在输出栅格中获得 NoData 值 OUTSIDE——指定应选择输入圆外部的像元并将其写入输出栅格的关键字，圆形区域内部的所有像元都将在输出栅格中获得 NoData 值	String

可通过像元的中心来确定该像元是位于圆的内部还是位于圆的外部。如果中心位于圆的内部，则即使部分像元落在圆外，也会将此像元视为完全处于圆内。未选择的像元位置被赋予 NoData 值。当输入为多波段栅格时，将输出一个新的多波段栅格。对输入多波段栅格中的每一单个波段都会进行相应分析。

下面给出一个例子，在北京市高程数据中提取以坐标（116.2，40）为中心，半径为 0.1 的圆内栅格数据，代码如下：

```
import ArcPy
from ArcPy import Env
from ArcPy.sa import *
# Set Environment settings
Env.workspace = "e:/chinamap"
# Set local variables
inRaster = "北京11.img"
centerPoint = ArcPy.Point(116.2,40)
circRadius = 0.1
extractType = "INSIDE"
# Check out the ArcGIS Spatial Analyst extension license
ArcPy.CheckOutExtension("Spatial")
# Execute ExtractByCircle
outExtCircle = ExtractByCircle(inRaster, centerPoint, circRadius, 
extractType)
# Save the output
outExtCircle.save("e:/chinamap/out/extcircle02.img")
print "Saving is over"
```

3. 按掩膜提取

提取所定义掩膜区域内的栅格像元。用到的函数 ExtractByMask 定义如下，参数含义如表 6.13 所示。

```
ExtractByMask (in_raster, in_mask_data)
```

表 6.13　ExtractByMask 参数含义

参　　数	说　　明	数 据 类 型
in_raster	提取像元的输入栅格	Raster Layer
in_mask_data	用于定义提取区域的输入掩膜数据 它可以是栅格或要素数据集 当输入掩膜数据为栅格时，将在输出栅格中为掩膜数据中的 NoData 像元指定 NoData 值	Raster Layer | Feature Layer

图 6.34 给出了一个使用 ExtractByMask 的计算过程示意图，输出结果保留输入栅格中掩膜范围的值。

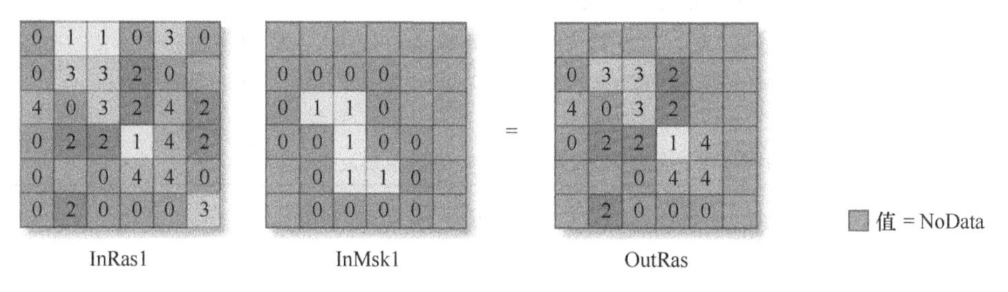

OutRas = ExtractByMask(InRas1, InMsk1)

图 6.34　ExtractByMask 计算过程示意图

下面给出一个例子，在北京市高程数据中提取以“bjmap/研究区域.shp”为 Mask 的栅格数据，代码如下：

```
import ArcPy
from ArcPy import Env
from ArcPy.sa import *
# Set Environment settings
Env.workspace = "e:/chinamap"
# Set local variables
inRaster = "北京 11.img"
inMaskData = "bjmap/研究区域.shp"
# Check out the ArcGIS Spatial Analyst extension license
ArcPy.CheckOutExtension("Spatial")
# Execute ExtractByMask
outExtractByMask = ExtractByMask(inRaster, inMaskData)
```

```
    # Save the output
    outExtractByMask.save("e:/chinamap/out/extractmask.img")
    print "Processing is over"
```

4. 按点提取

基于一组坐标点提取栅格像元。用到的函数 ExtractByPoints 定义如下，参数含义如表 6.14 所示。

```
    ExtractByPoints (in_raster, points, {extraction_area})
```

表 6.14　ExtractByPoints 参数含义

参　　数	说　　明	数据类型
in_raster	提取像元的输入栅格	Raster Layer
points [point,...]	点类对象的 Python 列表用于指示要提取栅格值的位置 点对象均在 *x*、*y* 坐标对列表中指定，对象形式为 [point(x_1,y_1), point(x_2,y_2),...] 点所使用的地图单位与输入栅格相同	Point
extraction_area （可选）	标识是基于指定点位置（内部）提取像元还是基于点位置外部（外部）提取像元 INSIDE——指定将所选点落入的像元写入输出栅格的关键字，方框区域外部的所有像元都将在输出栅格中获得 NoData 值 OUTSIDE——指定应选择输入点外部的像元并将其写入输出栅格的关键字	String

图 6.35 给出了一个使用 ExtractByPoints 的计算过程示意图。

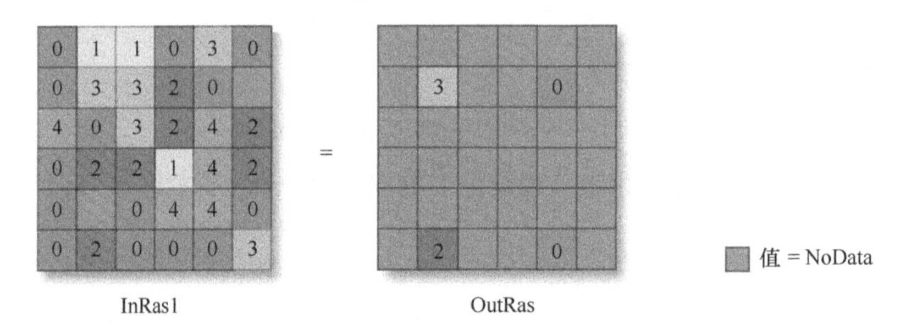

OutRas = ExtractByPoints(InRas1, [Point(1.5,0.5),Point(1.5,4.5),Point(4.5,4.5),Point(4.5,0.5)], "INSIDE")

图 6.35　ExtractByPoints 计算过程示意图

下面给出一个例子，在北京市高程数据中提取 4 个点对应的栅格数据，代码如下：

```
    import ArcPy
    from ArcPy import Env
    from ArcPy.sa import *
    # Set Environment settings
    Env.workspace = "e:/chinamap"
    # Set local variables
    inRaster = "北京 11.img"
```

```
        pointList                                                         =
[ArcPy.Point(116,40),ArcPy.Point(116.4,40),ArcPy.Point(116.4,39.5),ArcPy.P
oint(116,39.5)]
        # Check out the ArcGIS Spatial Analyst extension license
        ArcPy.CheckOutExtension("Spatial")
        # Execute ExtractByPoints
        outPointExtract = ExtractByPoints(inRaster, pointList,"INSIDE")
        # Save the output
        outPointExtract.save("e:/chinamap/out/pntext.img")
        print "Processing is over"
```

5. 按多边形提取

通过指定多边形顶点，基于多边形提取栅格像元。用到的函数 ExtractByPolygon 定义如下，参数含义如表 6.15 所示。

```
        ExtractByPolygon (in_raster, polygon, {extraction_area})
```

表 6.15　ExtractByPolygon 参数含义

参　　数	说　　明	数据类型
in_raster	提取像元的输入栅格	Raster Layer
polygon [point,...]	用于定义要提取的输入栅格区域的一个或多个多边形 每个多边形部分都是由点类定义的一系列折点，可使用多边形类来定义各个多边形部分 点将指定为 x、y 坐标对，对象形式为： [[point(x_1, y_1), point(x_2, y_2), point(x_n, y_n), ..., point(x_1, y_1)], [point(x'_1, y'_1), point(x'_2, y'_2), point(x'_n, y'_n), ..., point(x'_1, y'_1)]] 请注意，最后一个坐标应与第一个坐标相同，从而使多边形闭合	Point
extraction_area （可选）	标识要提取输入多边形内部还是输入多边形外部的像元 INSIDE——指定应选择输入多边形内部的像元并将其写入输出栅格的关键字，多边形区域外部的所有像元都将在输出栅格中获得 NoData 值 OUTSIDE——指定应选择输入多边形外部的像元并将其写入输出栅格的关键字，多边形区域内部的所有像元都将在输出栅格中获得 NoData 值	String

图 6.36 给出了一个使用 ExtractByPolygon 的计算过程示意图。通过指定多边形可以将输入栅格中落在多边形内部的栅格属性值输出，在多边形外的部分则为无值。

若要基于要素类中的多边形提取像元，而不是提供一系列 x、y 坐标对，则可以使用按掩膜提取工具。

多边形对象可以仅包含一个部分，也可以作为一个多边形类包含多个部分。对于后一种情况，多边形的各个部分必须连续，这样才能用一个多边形来呈现其轮廓。若要基于包含多个断开部分的多边形要素提取像元，可使用按掩膜提取工具。

可通过像元的中心来确定该像元是位于多边形的内部还是多边形的外部。如果中心位于多边形的内部，则即使部分像元落在多边形之外，也会将此像元视为完全处于多边形之内。

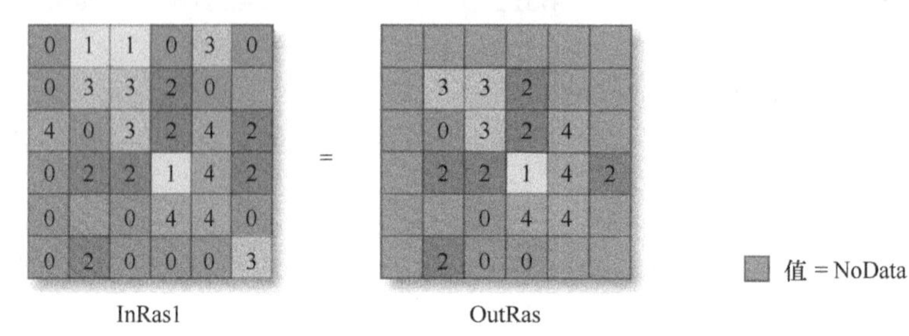
InRas1
OutRas
值 = NoData
OutRas = ExtractByPolygon(InRas1,[Point(1.4,0.4),Point(1.4,4.6),Point(3.6,4.6),Point(5.6,2.6),Point(3.6,0.4),Point(1.4,0.4)],"INSIDE")

图 6.36 ExtractByPolygon 计算过程示意图

多边形最多可以有 1 000 个折点。多边形折点必须按顺时针顺序输入。第一个顶点和最后一个顶点必须相同，以使多边形闭合。如果要使用多个多边形，那么这一点尤为重要。这种情况下，如果每个多边形的最后一个点与起始点不同，那么可通过直接连接至第一个点来自动闭合这些多边形。然而，结果可能会与预期的不符，所以使用此方法时务必慎重。多边形的弧之间可以相交，但不建议使用过于复杂的多边形。

下面给出一个例子，在北京市高程数据中提取 4 个点对应的栅格数据，代码如下：

```
import ArcPy
from ArcPy import Env
from ArcPy.sa import *
# Set Environment settings
Env.workspace = "e:/chinamap"
# Set local variables
inRaster = "北京 11.img"
polyPoints = [ArcPy.Point(116,40), ArcPy.Point(116.4,40), ArcPy.
Point(116.4,39.5), ArcPy.Point(116,39.5)]
# 获取扩展模块 License
ArcPy.CheckOutExtension("Spatial")
#执行 ExtractByPolygon
extPolygonOut = ExtractByPolygon(inRaster, polyPoints, "INSIDE")
# 输出结果
extPolygonOut.save("e:/chinamap/out/extpoly02.img")
print "Processing is over"
```

6. 按矩形提取

通过指定矩形范围提取栅格像元。用到的函数 ExtractByRectangle 定义如下，参数含义如表 6.16 所示。

```
ExtractByRectangle (in_raster, rectangle, {extraction_area})
```

表 6.16　ExtractByRectangle 参数含义

参　　数	说　　明	数据类型
in_raster	提取像元的输入栅格	Raster Layer
rectangle	用于定义待提取区域的矩形，可以使用范围对象来指定坐标 对象形式为 Extent(XMin，YMin，XMax，YMax) 其中，XMin 和 YMin 定义待提取区域左下方的坐标，XMax 和 YMax 定义右上方的坐标 将指定坐标使用与输入栅格相同的地图单位	Extent
extraction_area（可选）	标识要提取输入矩形内部还是输入矩形外部的像元 INSIDE——指定应选择输入矩形内部的像元并将其写入输出栅格的关键字，矩形区域外部的所有像元都将在输出栅格中获得 NoData 值 OUTSIDE—— 指定应选择输入矩形外部的像元并将其写入输出栅格的关键字，矩形区域内部的所有像元都将在输出栅格中获得 NoData 值	String

```
import ArcPy
from ArcPy import Env
from ArcPy.sa import *
# Set Environment settings
Env.workspace = "e:/chinamap"
#设置变量
inRaster = "北京 11.img"
inRectangle = Extent(116,40,116.4,39.5)
# 获取扩展模块 License
ArcPy.CheckOutExtension("Spatial")
# Execute ExtractByPolygon
extPolygonOut = ExtractByRectangle(inRaster, inRectangle, "INSIDE")
# 输出结果
extPolygonOut.save("e:/chinamap/out/extrect02.img")
print "Processing is over"
```

6.2.4　地面因子分析

栅格的地面因子分析从输入的栅格高程表面入手，生成可识别原始数据集中特定模式的新数据集来获取信息，包括坡度、坡向、等高线、曲率等地形信息，便于更加深入地对地形表面情况进行分析。

1. 提取坡度

坡度工具可确定栅格表面每个像元处的陡度。坡度值越小，地势越平坦；坡度值越大，地势越陡峭。

ArcGIS 输出坡度栅格可使用两种单位计算：度和百分比（高程增量百分比）。这两种坡度提取方法原理如图 6.37 所示。采用百分比的目的是拉伸坡度值的表示区间，可以将坡度值的区间从[0,90]拉伸到[0,∞]。当地形较为平缓，坡度的空间异质性如果用度表示不明显时，需要使用百分比表示坡度。

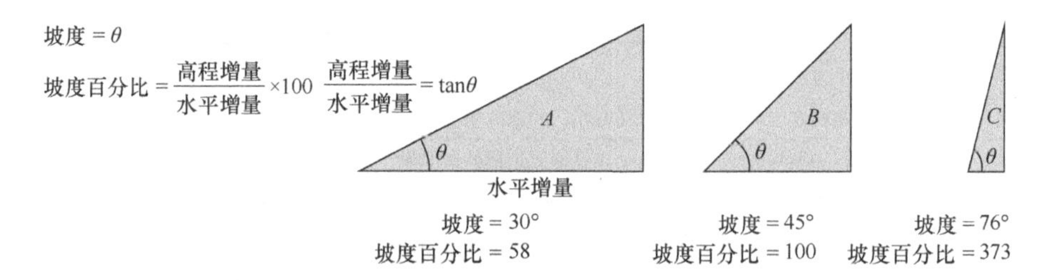

图 6.37　两种不同的坡度提取方法原理

ArcPy 求解坡度需要用到 Slope，其定义如下：

```
Slope (in_raster, {output_measurement}, {z_factor})
```

in_raster：输入表面栅格。

output_measurement（可选）：确定输出坡度数据的测量单位（度或百分比）。

✓ DEGREE——坡度倾角将以度为单位进行计算。

✓ PERCENT_RISE——输出增量百分比的关键字，也称为百分比坡度。

z_factor（可选）：z 因子，z 单位与输入表面的 x、y 单位不同时，可使用 z 因子调整 z 单位的测量单位。计算最终输出表面时，将用 z 因子乘以输入表面的 z 值。如果 x、y 单位和 z 单位采用相同的测量单位，则 z 因子为 1，这是默认值。如果 x、y 单位和 z 单位采用不同的测量单位，则必须将 z 因子设置为适当的因子，否则会得到错误的结果。例如，如果 z 单位是英尺而 x、y 单位是米，则应使用 z 因子 0.304 8 将 z 单位从英尺转换为米（1 英尺= 0.304 8 米）。表 6.17 给出了 x、y 单位和 z 单位之间的转换关系，一般国内的高程数据大都采用米作为单位，而表面坐标一般采用地理坐标或平面直角坐标，当表面坐标为平面直角坐标时，z 与 x、y 单位都是米，转换系数取 1；当表面坐标为地理坐标时，转换系数取 0.000 01。此外，z 大于 1 时，还有对高程拉升的效应。

表 6.17　不同 x、y 单位和 z 单位之间的转换关系

原单位	当前使用单位		
	英尺（Feet）	米（Meters）	度（Degrees）
英尺（Feet）	1	0.304 8	0.000 003
米（Meters）	3.280 84	1	0.000 01

下面给出一个以北京市高程数据为基础提取坡度的例子。

```
import ArcPy
from ArcPy import Env
from ArcPy.sa import *
# 设置环境变量
Env.workspace = "e:/chinamap"
# 设置局部变量
inRaster = "北京 11.img"
outMeasurement = "DEGREE"
zFactor = 0.00001
# 获取扩展模块 License
ArcPy.CheckOutExtension("Spatial")
# 执行坡向提取函数
outSlope = Slope(inRaster, outMeasurement, zFactor)
# 将输出结果存盘
outSlope.save("e:/chinamap/out/outslope02.img")
print "Processing is over"
```

本例中，由于 DEM 数据使用的是地理坐标，因此 *z* 单位要从米转换到输入表面的度，取值为 0.000 01。

2. 提取坡向

坡向提取是指根据高程数据识别每个位置的下坡坡度所面对的方向，其结果为 0～360° 的角度值，输出结果为坡向栅格。ArcGIS 中的坡向表示如图 6.38 所示。

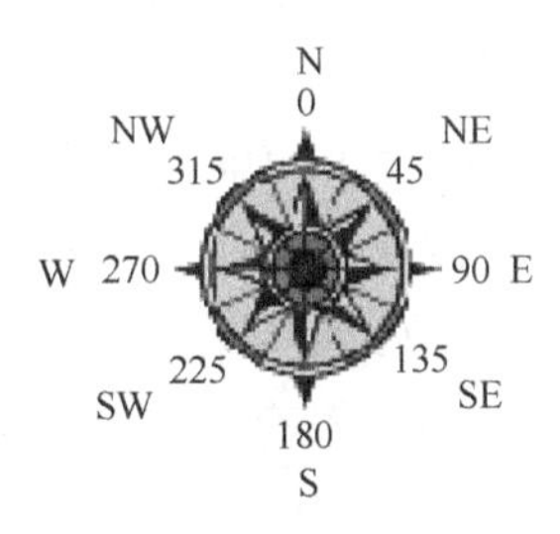

图 6.38　ArcGIS 中的坡向表示

ArcPy 提取坡向用到的 Aspect 函数定义如下，只要提供高程栅格数据，就能提取出坡向栅格。

```
Aspect (in_raster)
```

下面给出一个以北京市高程数据为基础提取坡向的例子。

```
import ArcPy
import ArcPy
from ArcPy import Env
```

```
from ArcPy.sa import *
# Set Environment settings
Env.workspace = "e:/chinamap"
# Set local variables
inRaster = "北京11.img"
# 获取扩展模块License
ArcPy.CheckOutExtension("Spatial")
# Execute Aspect
outAspect = Aspect(inRaster)
# Save the output
outAspect.save("e:/chinamap/out/outaspect02.img")
print "Processing is over"
```

3. 提取等值线

等值线（等高线）是 GIS 中重要的专题图，很多地形图的绘制都会在 DEM 的基础上叠加等值线，帮助读者进一步理解地形的空间变化。ArcPy 可以根据栅格数据创建等值线的线要素类，用到的 Contour 函数定义及其参数含义描述如下：

```
Contour (in_raster, out_polyline_features, contour_interval, {base_contour}, {z_factor})
```

in_raster：输入表面栅格。

out_polyline_features：输出等值线折线要素。

contour_interval：等值线间的间距或距离，该值可为任意正数。

base_contour（可选）：起始等值线值，根据需要生成高于和低于该值的等值线以覆盖输入栅格的整个值范围，默认值为零。

z_factor（可选）：在生成等值线时使用的单位转换因子，默认值为 1。等值线是基于输入栅格中的 z 值生成的，所采用的测量单位通常为米或英尺。如果使用默认值 1，等值线将采用与输入栅格中 z 值相同的单位。若以不同于 z 值的单位创建等值线，需要为 z 因子设置适当的值。注意，对于此工具，没有必要使地面 x、y 单位与表面 z 单位保持一致。例如，如果输入栅格中的高程值单位为英尺，但希望以米为单位来生成等值线，则可将 z 因子设置为 0.304 8（因为 1 英尺= 0.304 8 米）。再如，考虑采用 WGS_84 地理坐标系且高程单位为米的输入栅格，希望以 50 英尺为基础、100 英尺为间隔来生成等值线（等值线将为 50 英尺、150 英尺、250 英尺，以此类推），为此，可将 contour_interval 设置为 100、base_contour 设置为 50，并将 z_factor 设置为 3.280 8（因为 1 米= 3.280 8 英尺）。

下面给出一个以北京市高程数据为基础提取等高线的例子。

```
import ArcPy
from ArcPy import Env
```

```
from ArcPy.sa import *
# Set Environment settings
Env.workspace = "e:/chinamap"
# Set local variables
inRaster = "北京 11.img"
contourInterval = 100
baseContour = 0
outContours = "e:/chinamap/out/outcontours02.shp"
# 获取扩展模块 License
ArcPy.CheckOutExtension("Spatial")
# 执行提取等值线
Contour(inRaster, outContours, contourInterval, baseContour)
print "Processing is over"
```

6.2.5　空间数据插值

空间插值是指在特定的规则下根据已知样本点数据推测未知点数据，它是将离散样本点转换为连续数据曲面的一种基本方法。ArcGIS 的插值可以根据有限的样本点数据形成覆盖研究区面域的栅格数据，通过插值可以预测任何地理点数据（如高程、降雨、化学物质浓度和噪声等级等）的未知值。ArcGIS 主要有下面几种经典的插值方法。

反距离权重法（IDW）：通过对各个要处理的像元邻域中的样本数据点取平均值来估计像元值，点距离要估计的像元中心越近，则其在平均过程中的影响或权重越大。

样条函数法（Spline）：使用可最小化整体表面曲率的数学函数来估计值，以生成恰好经过输入点的平滑表面。

克里金法（Kriging）：首先考虑的是空间属性在空间位置上的变异分布，确定对一个待插点值有影响的距离范围，然后用此范围内的采样点来估计待插点的属性值。它也是通过一组具有 z 值的分散点来生成覆盖面域的栅格数据。

下面分别介绍 ArcPy 利用这三种方法进行插值的函数及其使用方法。

1. IDW 插值

IDW 插值函数定义如下：

```
    Idw (in_point_features, z_field, {cell_size}, {power}, {search_
radius}, {in_barrier_polyline_features})
```

该函数的参数含义如下：

in_point_features：点图层，必须包含要插值到表面栅格中的 z 值。

z_field：存放点数据的高程值或其他属性值的字段。如果输入点要素包含 z 值，则该字段可以是数值型字段或者 shape 字段。

cell_size（可选）：要创建的输出栅格的像元大小。如果明确设置该值，则它将是环境中的值，否则它是输入空间参考中输入点要素范围的宽度或高度除以 250 之后得到的较小值。

power（可选）：距离的幂指数，该指数的含义可以参考 IDW 插值的原理。用于控制内插值周围点的显著性。幂指数值越大，远数据点的影响会越小。它可以是任意大于 0 的实数，但使用从 0.5 到 3 的值可以获得最合理的结果。默认值为 2。

search_radius（可选）：Radius 类可定义要用来对输出栅格中各像元值进行插值的输入点。半径类分为两种类型：RadiusVariable 和 RadiusFixed。“可变”搜索半径来查找用于插值的指定数量的输入采样点；“固定”类型使用指定的固定距离，将利用此距离范围内的所有输入点进行插值。“可变”类型是默认值。

✓ RadiusVariable ({numberofPoints}, {maxDistance})

{numberofPoints}——指定要用于执行插值的最邻近输入采样点数量的整数值。默认值为 12 个点。

{maxDistance}——使用地图单位指定距离，以此限制对最邻近输入采样点的搜索。默认值是范围的对角线长度。

✓ RadiusFixed ({distance}, {minNumberofPoints})

{distance}——指定用作半径的距离，在该半径范围内的输入采样点将用于执行插值。半径值使用地图单位来表示。默认半径是输出栅格像元大小的五倍。

{minNumberofPoints}——定义用于插值的最小点数的整数。默认值为 0。

如果在指定距离内没有找到所需点数，则将增大搜索距离，直至找到指定的最小点数。

搜索半径需要增加时就会增加，直到 {minNumberofPoints} 在该半径范围内，或者半径的范围越过输出栅格的下部（南）和/或上部（北）范围为止。NoData 会分配给不满足以上条件的所有位置。

in_barrier_polyline_features（可选）：在搜索输入采样点时用作中断或限制的折线要素。

需要注意的是，使用反距离权重法（IDW）获得的像元输出值限定在插值时用到的值范围之内。因为反距离权重法是加权平均距离，所以该平均值不可能大于最大输入或小于最小输入。搜索半径的设置需要根据样本点的数量进行设置，一般样本点数量较多时，采用固定半径搜索，这样很容易找到满足插值要求的 minNumberofPoints，如果样本点较少，可以选择可变半径搜索，搜索到满足插值要求的数量点为止。

下面给出一个以“bj_elevationt.shp”中“elevation”字段进行插值的例子，为了使插值结果在特定的区域内，一般需要在环境变量里设置 Mask 参数。

```
import ArcPy
from ArcPy import Env
from ArcPy.sa import *
# 设置环境变量
Env.workspace = "e:/chinamap"
ArcPy.Env.mask = "e:/chinamap/北京 11.img"
# 设置局部变量
inPointFeatures = "bj_elevationt.shp"
zField = "elevation"
cellSize = 500.0
power = 2
searchRadius = RadiusVariable(12)
# 获取扩展模块 License
ArcPy.CheckOutExtension("Spatial")
#执行 IDW 插值
outIDW = Idw(inPointFeatures, zField, cellSize, power, searchRadius)
# 输出结果
outIDW.save("e:/chinamap/out/idwout01.img")
print "processing is over"
```

2. Spline 插值

Spline 插值有规则样条和张力样条两种函数。使用样条函数法类型的规则样条函数选项所生成的表面通常比使用张力样条函数选项创建的表面更平滑。

使用规则样条函数选项，为权重参数输入的较高值可生成更加平滑的表面。为该参数输入的值必须大于或等于零。所使用的典型值为 0、0.001、0.01、0.1 和 0.5。权重是文献资料中称为“tau (t)”的参数的平方。

使用张力样条函数选项，为权重参数输入的较高值会产生略微粗糙的表面，但表面与控制点紧密贴合。输入的值必须大于或等于零。典型值分别为 0、1、5 和 10。权重是文献资料中称为“phi (Φ)”的参数的平方。

Spline 插值函数定义如下：

```
Spline (in_point_features, z_field, {cell_size}, {spline_type}, {weight}, {number_points})
```

该函数的参数含义如下：

in_point_features：点图层，必须包含要插值到表面栅格中的 *z* 值。

z_field：存放点数据的高程值或其他属性值的字段。如果输入点要素包含 *z* 值，则该字段可以是数值型字段或者 shape 字段。

cell_size（可选）：要创建的输出栅格像元大小。如果明确设置该值，则它将是环境中的值，否则，它是输入空间参考中输入点要素范围的宽度或高度除以 250 之后得到的较小值。

spline_type（可选）：要使用的样条函数法类型。

✓ REGULARIZED——产生平滑的表面和平滑的一阶导数。

✓ TENSION——根据建模现象的特征调整插值的硬度。

weight（可选）：影响表面插值特征的参数。使用 REGULARIZED 选项时，它定义曲率最小化表达式中表面三阶导数的权重。如果使用 TENSION 选项，它将定义张力的权重，默认权重为 0.1。

number_points（可选）：用于局部近似的每个区域的点数，默认值为 12。

样条函数插值生成的平滑表面经过样本点，为了达到这个目的，曲面会经过不同程度的扭曲，这会使得离样本点远的地方误差特别大，用户可以通过插值结果的最大值和最小值简单判断插值结果的准确性。一般来说，点数的值越大，输出栅格的表面越平滑。

下面给出如上以“bj_elevationt.shp”中“elevation”字段进行插值的例子。

```
    import ArcPy
    from ArcPy import Env
    from ArcPy.sa import *
    #设置环境变量
    Env.workspace = "e:/chinamap"
    ArcPy.Env.mask = "e:/chinamap/北京11.img"
    # 设置局部变量
    inPointFeatures = "bj_elevationt.shp"
    zField = "elevation"
    cellSize = 500.0
    splineType = "REGULARIZED"
    weight = 0.1
    # 获取扩展模块License
    ArcPy.CheckOutExtension("Spatial")
    # 执行 Spline 插值
    outSpline = Spline(inPointFeatures, zField, cellSize, splineType,
weight)
    # 输出结果
    outSpline.save("e:/chinamap/out/splineout02.img")
    print "processing is over"
```

3. Kriging 插值

Kriging 插值的函数定义如下：

```
    Kriging    (in_point_features,    z_field,    semiVariogram_props,
{cell_size}, {search_radius}, {out_variance_prediction_raster})
```

in_point_features：点图层，必须包含要插值到表面栅格中的 z 值。

z_field：存放点数据的高程值或其他属性值的字段。如果输入点要素包含 z 值，则该字段可以是数值型字段或者 shape 字段。

semiVariogram_props：这个参数是一个 KrigingModel 类，是克里金插值的核心参数，主要定义要使用的克里金模型。克里金模型分为两类：普通克里金模型和通用克里金模型。普通克里金模型用 KrigingModelOrdinary 表示，该方法具有五种可用的半变异函数；通用克里金模型用 KrigingModelUniversal 表示，该方法具有两种可用的半变异函数。这两种类型的具体定义如下所示，读者可以进一步通过学习地统计学的相关知识了解这些参数的物理意义。

✓ KrigingModelOrdinary ({semivariogramType}，{lagSize}，{majorRange}，{partialSill}，{nugget})

semivariogramType——要使用的半变异函数模型。

SPHERICAL——球面半变异函数模型。这是默认设置。

CIRCULAR——圆半变异函数模型。

EXPONENTIAL——指数半变异函数模型。

GAUSSIAN——高斯（或正态分布）半变异函数模型。

LINEAR——采用基台的线性半变异函数模型。

✓ KrigingModelUniversal ({semivariogramType}，{lagSize}，{majorRange}，{partialSill}，{nugget})

semivariogramType——要使用的半变异函数模型。

LINEARDRIFT——采用一次漂移函数的泛克里金法。

QUADRATICDRIFT——采用二次漂移函数的泛克里金法。

{semivariogramType}之后的其他参数均是普通克里金法和泛克里金法所共有的参数。

lagSize——默认值为输出栅格的像元大小。

majorRange——表示距离，超出此距离即认定为不相关。

partialSill——块金和基台之间的差值。

nugget——表示在因过小而无法检测到的空间尺度下的误差和变差。块金效应被视为在原点处的不连续。

cell_size（可选）：要创建的输出栅格像元大小。如果明确设置该值，则它将是环境中的值，否则，它是输入空间参考中输入点要素范围的宽度或高度除以 250 之后得到的较小值。

search_radius（可选）：Radius 类可定义要用来对输出栅格中各像元值进行插值的输入点。半径类分为两种类型：RadiusVariable 和 RadiusFixed。“可变”搜索半径用来查找用于插值的指定数量的输入采样点；“固定”类型使用指定的固定距离，将利用此距离范围内的所有输入点进行插值。“可变”类型是默认值。

✓ RadiusVariable ({numberofPoints}, {maxDistance})

{numberofPoints}——指定要用于执行插值的最邻近输入采样点数量的整数值。默认值为 12 个点。

{maxDistance}——使用地图单位指定距离，以此限制对最邻近输入采样点的搜索。默认值是范围的对角线长度。

✓ RadiusFixed ({distance}, {minNumberofPoints})

{distance}——指定用作半径的距离，在该半径范围内的输入采样点将用于执行插值。半径值使用地图单位来表示。默认半径是输出栅格像元大小的五倍。

{minNumberofPoints}——定义用于插值的最小点数的整数。默认值为 0。如果在指定距离内没有找到所需点数，则将增大搜索距离，直至找到指定的最小点数。

搜索半径需要增加时就会增加，直到 {minNumberofPoints} 在该半径范围内，或者半径的范围越过输出栅格的下部（南）和/或上部（北）范围为止。NoData 会分配给不满足以上条件的所有位置。

out_variance_prediction_raster（可选）：可选的输出栅格，其中每个像元都包含该位置的预测方差值。

同样给出以“bj_elevationt.shp”中“elevation”字段进行插值的例子。

```
        import ArcPy
        from ArcPy import Env
        from ArcPy.sa import *
        # 设置空间分析环境变量
        Env.workspace = "e:/chinamap"
        ArcPy.Env.mask = "e:/chinamap/北京11.img"
        # 设置局部变量
        inPointFeatures = "bj_elevationt.shp"
        zField = "elevation"
        cellSize = 500.0
        outVarRaster = "e:/chinamap/out/outvariance.img"
        lagSize = 500
        majorRange = 500
        partialSill = ""
        nugget = 0
        # 设置复杂变量
        kModelOrdinary    =    KrigingModelOrdinary("Spherical",    lagSize,
majorRange, partialSill, nugget)
        kRadius = RadiusFixed(12, 1)
        # 签出空间分析许可
        ArcPy.CheckOutExtension("Spatial")
        # 执行 Kriging 插值
```

```
        outKriging   =   Kriging(inPointFeatures,   zField,   kModelOrdinary,
cellSize, kRadius, outVarRaster)
        # 保存输出
        outKriging.save("e:/chinamap/out/krigoutput02.img")
        print "processing is over!"
```

6.2.6 栅格数据重分类

重分类是将栅格输入像元值进行重分类或将输入像元值更改为替代值的方法，该方法主要是为了将某些值归为一组，或根据新信息来替换原栅格数据中的值。

栅格数据主要通过两种方式进行重分类：按范围重分类和按单个值重分类。在 ArcPy 中，这两种方法都由相应的类实现。

ArcPy 使用重映射对象进行重分类。重映射对象用于定义如何对数据进行重分类。重映射对象为列表，这些列表用于为新输出像元值分配输入像元值。

ArcPy 重分类的函数是 Reclassify，其定义如下：

```
        Reclassify (in_raster, reclass_field, remap, {missing_values})
```

其参数含义如下：

in_raster：要进行重分类的输入栅格。

reclass_field：表示要进行重分类的值的字段。

remap：该参数为重映射对象，是重分类函数中最重要的参数，用于指定如何对输入栅格的值进行重分类。有两种对输出栅格中的值进行重新分类的方法——RemapRange 和 RemapValue。可将输入值的范围指定给新的输出值，也可将单个值指定给新的输出值。下面是重映射对象的格式。

- ✓ RemapRange (remapTable)
- ✓ RemapValue (remapTable)

missing_values（可选）：该参数是一个布尔变量，指示重分类表中的缺失值是保持不变还是映射为 NoData。

- ✓ DATA——表明如果输入栅格的任何像元位置含有未在重映射表中出现或重分类的值，则该值应保持不变，并且应写入输出栅格中的相应位置。这是默认设置。
- ✓ NODATA——表明如果输入栅格的任何像元位置含有未在重映射表中出现或重分类的值，则该值将在输出栅格中的相应位置被重分类为 NoData。

重分类函数中重映射对象的设置是关键，下面分别介绍 RemapRange 和 RemapValue 两个重映射对象的使用方法。

1. RemapRange 重分类

RemapRange 方法将输入值重分类为预先定制的区间列表，然后将对应新值的栅格输出。这是一种按原始数据值的范围进行重新划分分类的方法。如果输入值是连续的（如高程值或距离值），或需要更改分类数据的分组，则通常会按值的范围进行重分类。按照栅格数据范围重分类如图 6.39 所示。

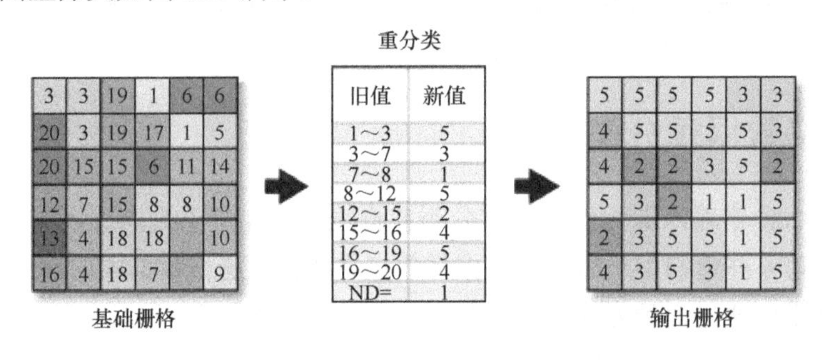

图 6.39　按照栅格数据范围重分类

RemapRange 对象可以由 RemapRange 函数定义，方法如下：

```
RemapRange (remapTable)
```

该函数用于将旧值（按范围指定）重映射为新值的重映射表，remapTable 参数是一个列表，每个元素包括 startValue、endValue、newValue 三部分。

✓ startValue——要指定给新输出值的值范围的下限（数据类型：双精度型）。

✓ endValue——要指定给新输出值的值范围的上限（数据类型：双精度型）。

✓ newValue——要指定给由起始值和结束值所定义的输入值范围的新值（数据类型：整型）。

下面给出一个使用范围重映射方法对北京市高程数据进行重分类的代码。

```
import ArcPy
from ArcPy import Env
from ArcPy.sa import *
# 签出空间分析许可
ArcPy.CheckOutExtension("Spatial")
Env.workspace = "e:/chinamap"
# 设置输入栅格数据
inRaster = "e:/chinamap/北京 11.img"

# 定义重映射对象
myRemapRange = RemapRange([[8, 150, 1], [150, 250, 2], [250, 500, 3],
[500, 1000, 4], [1000, 1500, 5], [1500, 2000, 6], [2000, 2500, 7]])

# 执行重分类
outReclassRR = Reclassify(inRaster, "VALUE", myRemapRange,"NODATA")
```

```
    # 输出结果
    outReclassRR.save("e:/chinamap/out/reclassreran2.img")
    print "processing is over!"
```

实际应用中，用户可以根据栅格数据的属性值，自己定制重分类的映射表。值得注意的是，如果要将单个值重分类为新值，需要将 startValue 和 endValue 设置为相同的值（重分类的目标值）。如果将 startValue 到 endValue 区间内输入 NoData（字符串）作为 newValue，可以将旧值指定为 NoData。此外，除非位于两个输入范围的边界处，否则值的输入范围不应发生重叠。发生重叠时，较低输入范围的最大值将包含在取值范围中，而较高输入范围的最小值将不包含在取值范围中。

2. RemapValue 重分类

各输入值为分类值或者仅需更改少量栅格值时，通常使用按单个值进行重分类，这个在土地利用制图时非常有用。这时候需要使用 RemapValue 函数来创建 RemapValue 重映射对象。将栅格数据旧值重分类为新值如图 6.40 所示。

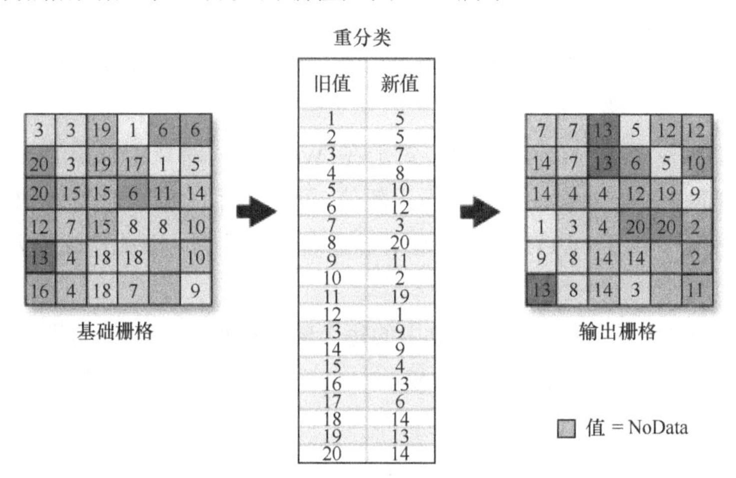

图 6.40　将栅格数据旧值重分类为新值

RemapValue 对象可以由 RemapValue 函数定义，方法如下：

```
    RemapValue (remapTable)
```

RemapValue 定义一个用于重映射输入值的列表，这是一个列表的列表，且内部列表由两个部分组成，这两个部分为：

✓ oldValue——表示基础栅格中的原始值（数据类型：双精度型、长整型、字符串型）。

✓ newValue——是经过重分类的新值（数据类型：长整型）。

oldValue 可以是数值或字符串，newValue 值必须是整数。

下面给出一个使用重映射方法将旧值映射到新值的重分类的代码。

```
    import ArcPy
```

```
from ArcPy import Env
from ArcPy.sa import *
# 设置空间分析环境变量
Env.workspace = " e:/chinamap"
#设置局部变量
inRaster = "negs"
# 定义 RemapValue 对象
myRemapVal =
RemapValue([[-3,9],[0,1],[3,-4],[4,5],[5,6],[6,4],[7,-7]])
#使用空间分析扩展功能
ArcPy.CheckOutExtension("Spatial")
# 执行重分类运算
outReclassRV = Reclassify(inRaster, "VALUE", myRcmapVal, "")
#将输出存为栅格数据
outReclassRV.save("e:/chinamap/out/reclassrevar2")
```

3. 加权叠加

加权叠加指多个栅格数据进行叠加时，为每个栅格数据先设置权重和评估等级，然后再进行叠加的一种栅格数据分析方式。

加权 Overlay 使用 WOTable 实现。对于在 WOTable 对象中标识的输入栅格中的每个值，加权叠加工具可根据重映射对象指定新值。两个可用的重映射类为 RemapValue 和 RemapRange。然而，由于 WOTable 通常用于处理分类数据，因此建议输入 RemapValue 对象。

在加权叠加工具中，WOTable 对象中的每个输入栅格都是根据其重要性或者影响力百分比（此对象也进行了定义）进行加权的。权重是相对百分比，并且影响力百分比权重的总和必须等于 100%。

WOTable 定义如下：

```
WOTable (weightedOverlayTable, evaluationScale)
```

weightedOverlayTable：用于指定输入栅格及其影响、要使用的字段，以及重映射表（用于识别旧值需重映射到的新值）。

✓ inRaster——进行加权的输入栅格条件。

✓ influence（影响）——栅格相对于其他条件的影响力（数据类型：双精度）。

✓ field（字段）——用于加权的条件栅格字段（数据类型：字符串）。

✓ Remap（重映射）——重映射对象可识别输入条件的比例权重。

除了重映射表中比例权重的数值，还可以使用以下选项。

✓ RESTRICTED——无论其他输入栅格是否具有为该像元设置的其他等级值，都将受限制的值分配至输出像元中。

✓ NoData——无论其他输入栅格是否为该像元设置了其他等级值，都将 NoData 分配至输出中的像元。

evaluationScale：重映射旧值时所采用的新值的范围和间隔。该参数为对话框和脚本所需参数，编程时必须要设置，但对脚本无任何影响。

✓ from 参数——是新值要使用的最低值（数据类型：双精度）。

✓ to 参数——是新值要使用的最高值（数据类型：双精度）。

✓ by 参数——是新重映射值之间的间隔（数据类型：双精度）。

```
    import ArcPy from ArcPy import Env
    from ArcPy.sa import *   #导入空间分析模块
    # 设置空间分析环境变量
    Env.workspace = "C:/sapyexamples/data"
     # 设置局部变量
    inRaster1 = "snow"; inRaster2 = "land" ; inRaster3 = "soil"
    remapsnow                                                    =
RemapValue([[0,1],[1,1],[5,5],[9,9],["NODATA","NODATA"]])
    remapland                                                    =
RemapValue([[1,1],[5,5],[6,6],[7,7],[8,8],[9,9],["NODATA","Restricted"]])
    remapsoil                                                    =
RemapValue([[0,1],[1,1],[5,5],[6,6],[7,7],[8,8],[9,9],["NODATA",
"NODATA"]])
    myWOTable = WOTable([[inRaster1, 50, "VALUE", remapsnow],
    [inRaster2, 20, "VALUE", remapland],
    [inRaster3, 30, "VALUE", remapsoil] ],
    [1, 9, 1])
     # 使用空间分析扩展功能
     ArcPy.CheckOutExtension("Spatial")
    # 执行 WeightedOverlay 加权叠加
    outWeightedOverlay = WeightedOverlay(myWOTable)
     # 将输出存为栅格数据
    outWeightedOverlay.save("C:/sapyexamples/output/weightover2")
```

6.2.7　栅格数据重采样

重采样是指根据一类像元信息内插出另一类像元信息的过程。在遥感中，重采样是从高分辨率遥感影像中提取出低分辨率影像的过程。

重采样操作可更改像元大小，但栅格数据集的范围将保持不变。重采样工具仅能输出方形像元大小。重采样工具可将结果输出保存为多种栅格格式，如 BIL、BIP、BMP、BSQ、DAT、GIF、GRID、IMG、JPEG、JPEG 2000、PNG、TIFF 格式或任意地学数据库栅格数据集等。输出栅格数据集的左下角与输入栅格数据集的左下角具有相同的地图空间坐标位置。

有 4 个用于重采样技术参数的选项。

（1）“最邻近”选项，用于执行最邻近分配法，是速度最快的插值方法。此选项主要用于离散数据（如土地使用分类），因为它不会更改像元的值。最大空间误差将是像元大小的一半。

（2）“众数”选项，用于执行众数算法，可根据过滤器窗口内的最常用值确定像元的新值。与“最邻近”选项一样，此选项主要用于离散数据；但与“最邻近”选项相比，“众数”选项通常可生成更平滑的结果。

（3）“双线性”选项，用于执行双线性插值法，可根据四个最邻近输入像元中心的加权平均距离确定像元的新值。此选项用于连续数据，并会生成平滑的数据。

（4）“三次”选项，用于进行三次卷积插值，可通过拟合穿过 16 个最邻近输入像元中心的平滑曲线确定像元的新值。此选项适用于连续数据，所生成的输出栅格可能会包含输入栅格范围以外的值。与通过运行最邻近重采样算法获得的栅格相比，输出栅格的几何变形程度较小。“三次”选项的缺点是需要更多的处理时间。在某些情况下，此选项会使输出像元值位于输入像元值范围之外。如果无法接受此结果，可使用“双线性”选项。

“双线性”选项或“三次”选项不得用于分类数据，因为像元值可能被更改。

ArcPy 使用 Resample_management 函数实现重采样功能，其定义如下：

```
    Resample_management(in_raster,out_raster,{cell_size},{resampling_type})
```

该函数的参数含义如下：

in_raster：想要重采样的栅格数据集，可以是 Mosaic Dataset、Mosaic Layer、Raster Dataset、Raster Layer。

out_raster：要创建的数据集的名称、位置和格式，可以创建以下格式的栅格数据。

- ✓ .bil - Esri BIL
- ✓ .bip - Esri BIP
- ✓ .bmp - BMP
- ✓ .bsq - Esri BSQ
- ✓ .dat - ENVI DAT
- ✓ .gif - GIF
- ✓ .img - ERDAS IMAGINE
- ✓ .jpg - JPEG
- ✓ .jp2 - JPEG 2000

- ✓ .png - PNG
- ✓ .tif - TIFF
- ✓ .mrf - MRF
- ✓ .crf - CRF
- ✓ Esri Grid 无扩展名

以地学数据库形式存储栅格数据集时，请勿向栅格数据集的名称添加文件扩展名。将栅格数据集存储到 JPEG 文件、JPEG 2000 文件、TIFF 文件或地学数据库时，可以指定压缩类型和压缩质量。

cell_size（可选）：使用现有栅格数据集的新栅格的像元大小或指定其宽度 (x) 和高度(y)，可通过 3 种不同方法指定像元大小。

- ✓ 使用单个的数字指定方形像元大小。
- ✓ 使用两个数字（以空格分隔）指定像元大小。
- ✓ 使用栅格数据集（从其导入方形像元大小）的路径。

resampling_type（可选）：重采样方法，可根据数据类型选择相应的技术，可选以下方法。

- ✓ NEAREST——最邻近法是最快的重采样方法，由于没有新值创建，此方法可将像素值的更改内容最小化，适用于离散数据，如土地覆被。
- ✓ BILINEAR——双线性插值可通过计算（距离权重）周围 4 像素的平均值来计算每个像素的值，适用于连续数据。
- ✓ CUBIC——三次卷积插值法根据周围的 16 像素拟合平滑曲线来计算每个像素的值。此操作将生成平滑影像，但可创建位于源数据中超出范围外的值，适用于连续数据。
- ✓ MAJORITY——众数重采样法基于 3×3 窗口中出现频率最高的值来确定每个像素的值，适用于离散数据。

下面给出一个对原始景观影像［分辨率为（10，10）］进行重新采样的例子，要求以 10 为增量，分辨率从细到粗逐次重采样，直到分辨率为（130，130），最终将每个重采样产生的新栅格文件输出。

```
        raster = raw_input("Raster name and ext?:  " )
        rName,rExt = os.path.splitext(raster) # 分割文件名前后缀
        if ArcPy.Exists(os.path.join(root,raster)):
            x = range(10,140,10)
            for i in x:
                resample_tif = '{}\\resampled\\{}_{}m{}'.format(root,rName,i,rExt)
                print "Output is " + resample_tif
                ArcPy.Resample_management(os.path.join(root,raster),
resample_tif, i , "MAJORITY")
```

这个程序说明如下：

一般 Python 可以使用 os.path.exists 函数判断文件是否已经存在，但在 ArcGIS 环境下编程，使用 ArcPy.Exists 函数更好。因为这里判断的是一个 ArcGIS 类型的数据是否存在，可以使用 Exists 函数结果的输出来进行分支，如果文件不存在可以直接把结果输出。而使用 Python 的文件存在判断语句，用户即使输入的是一个文件夹名，os.path.exists 也会返回 True，这就需要对判断语句进行更复杂的判断。

将“\\”与文件名一起使用并不好，它会在后续的程序中导致问题。使用 os.path.join 来加入文件夹和文件名，会添加适合各种操作系统的分隔字符，从而保证程序可以正常工作在 Windows、Linux 和 Mac 等操作系统上。

6.2.8 ArcPy 水文分析

水文工具可用于识别水流的源和汇、确定流向、计算流量、描绘分水岭和创建河流网络。ArcGIS 水文主要包括以下内容。

1. 无洼地 DEM 生成

DEM 是比较光滑的地形表面模型，但由于 DEM 误差及一些真实地形或特殊地形的影响，DEM 表面存在一些凹陷的区域。在进行水流方向计算时，由于这些区域的存在，往往得到不合理的甚至错误的水流方向。因此，在进行水流方向的计算之前，应该首先对原始 DEM 数据进行洼地填充，得到无洼地的 DEM。

洼地填充的基本过程是先利用水流方向数据计算出 DEM 数据中的洼地区域，并计算洼地深度，然后依据这些洼地深度设定填充阈值进行洼地填充。

1）水流方向的提取

水流方向通过计算中心网格与邻域网格的最大距离权落差来确定。每一网格的水流方向指水流离开此网格的指向。在 ArcGIS 中，通过对中心栅格的 1、2、4、8、16、32、64、128 这 8 个邻域栅格编码，中心栅格的水流方向便可由其中的某一值来确定。流向的生成是个自动的过程，可能需要等待一段时间，运算的时间跟电脑性能和 DEM 图的精度与大小有关。

2）洼地计算

洼地区域是水流方向不合理的地方，可以通过水流方向来判断哪些地方是洼地，并进行填充。但是，并非所有的洼地区域都是由于数据的误差造成的，有很多洼地是地表形态的真实反映。因此，在进行洼地填充之前，必须计算洼地深度，判断哪些地区是由于数据误差造成的，而哪些地区又是真实的地表形态。然后，在洼地填充时，设置合理的填充阈值。

3）洼地填充

经过洼地提取后，可以确定原始 DEM 上是否存在洼地，若有洼地，须进行填充。而洼地深度的计算为填充阈值的设置提供了依据，系统默认条件下是不设阈值，即所有的洼地区域都将被填平。应对照地形资料，确定填充域值。没有岩溶问题的话，直接用（洼地深度的最大值+1）作为域值。洼地填充是一个不断反复的过程，直到所有的洼地被填平，新的洼地不再产生为止。

2．汇流累积量计算

在地表径流模拟过程中，汇流累积量是基于水流方向数据计算得到的。基于无洼地 DEM 可生成水流方向图，利用该数据可进一步计算出汇流累积量数据。

3．水流长度计算

水流长度指地面上一点沿水流方向到流向起点（或终点）间的最大地面距离在水平面上的投影长度。它分为顺流（Downstream）计算及溯流（Upstream）计算两种，水流长度的提取和分析在水文学或水土保持工作中均具有很重要意义，因为水流长度直接影响地面径流的速度，进而影响地面土壤的侵蚀力。

4．河网的提取

目前常用的河网提取方法是采用地表径流漫流模型计算：首先在无洼地 DEM 上利用最大坡降的方法得到每一个栅格的水流方向；其次利用水流方向栅格数据计算出每一个栅格在水流方向上累积的栅格数，即汇流累积量，所得到的汇流累积量则代表在一个栅格位置上有多少个栅格的水流方向流经该栅格；最后假设每一个栅格处携带一份水流，那么栅格的汇流累积量则代表着该栅格的水流量。基于上述思想，当汇流量达到一定值时，就会产生地表水流，所有那些汇流量大于临界数值的栅格就是潜在的水流路径，由这些水流路径构成的网络，就是河网。生成河网后可对其进行矢量化和平滑、结构信息获取及河网分级处理。

不同级别的河网所代表的汇流累积量不同，级别越高，汇流累积量越大，一般是主流，而级别较低的河网一般则是支流。ArcGIS 提供两种常用的河网分级方法：Strahler 分级和 Shreve 分级。

5．流域分割

流域（watershed）又称集水区域，是指流经其中的水流和其他物质从一个公共的出水口排出从而形成的一个集中的排水区域。流域可以通过流域盆地（basin）、集水盆地（catchment）来描述。

1）流域盆地的确定

流域盆地是由分水岭分割而成的汇水区域，可利用水流方向确定出所相互连接并处于同一流域盆地的栅格区域。

2）集水盆地的确定

除用流域盆地来描述外，在水文分析中，经常基于更小的流域单元进行分析，首先需要寻找小级别流域的出水口位置，然后结合水流方向分析搜索出该出水点上游所有流过该出水口的栅格，直至生成集水流域为止，对计算结果重新分级后可以更方便寻找感兴趣的流域研究区。

```
        # Import ArcPy module
        import ArcPy
        ArcPy.Env.overwriteOutput = True
        from ArcPy import Env
        from ArcPy.sa import *

        # Set workspace
        ArcPy.Env.workspace = "e:/chinamap"

        #输入高程数据
        DEM = "北京11.img"

        # Check SRS
        sr = ArcPy.Describe(DEM).spatialReference
        print "Spatial Reference System:" + sr.name
        # 获取相关 license
        print "Spatial Analyst Extension Available:"
        print ArcPy.CheckOutExtension("spatial")


        # 开始水文分析
        fill = Fill(DEM)  #填洼
        flowdir = FlowDirection(fill, "NORMAL")  #提取流向
        flowacc = FlowAccumulation(flowdir, "", "FLOAT")  #提取累积流量
        streamrs = SetNull(flowacc, 1, "VALUE <= 90") # flowacc <=90 -> null,
90+ -> 1
        streamlink = StreamLink(streamrs, flowdir) #提取河网

        watershedrs = Watershed(flowdir, streamlink, "VALUE")  #提取流域
        ArcPy.RasterToPolygon_conversion(watershedrs,              "watershed",
"NO_SIMPLIFY", "VALUE") # watershed polygon saved

        streamorder = StreamOrder(streamrs, flowdir, "STRAHLER") #河网分级
```

```
        StreamToFeature(streamorder, flowdir, "stream", "SIMPLIFY") # 转换为
矢量数据

        basinrs = Basin(flowdir) # 流域盆地
        ArcPy.RasterToPolygon_conversion(basinrs,  "basin",  "NO_SIMPLIFY",
"VALUE") # basin polygon saved

        print  "All  done,  Check  'stream,  basin,  watershed'  in  Current
Workspace."
```

程序运行后可以看到基于 DEM 数据自动提取水系的各种中间数据。

6.3　定义和调用 Arctoolbox 工具

在 ArcGIS 中，一系列工具的集合，叫作工具箱（toolbox）。工具箱之下，可以划分不同的工具集（toolset）。一个工具可以组织于工具箱下的工具集中，或是直接组织于工具箱下。比如，Clip 工具默认情况下组织在 Analysis Tools 工具箱下的 Extract 工具集下。而 Create Routes 工具则是组织在 Linear Referencing Tools 工具箱下，不隶属于任何工具集。ArcPy 提供了自定义工具的方法，下面详细介绍自定义工具的相关内容。

6.3.1　新建工具箱

在工作目录下右击"新建"，创建一个新的工具箱，在工作目录下会产生一个后缀为".tbx"的文件（见图 6.41）。

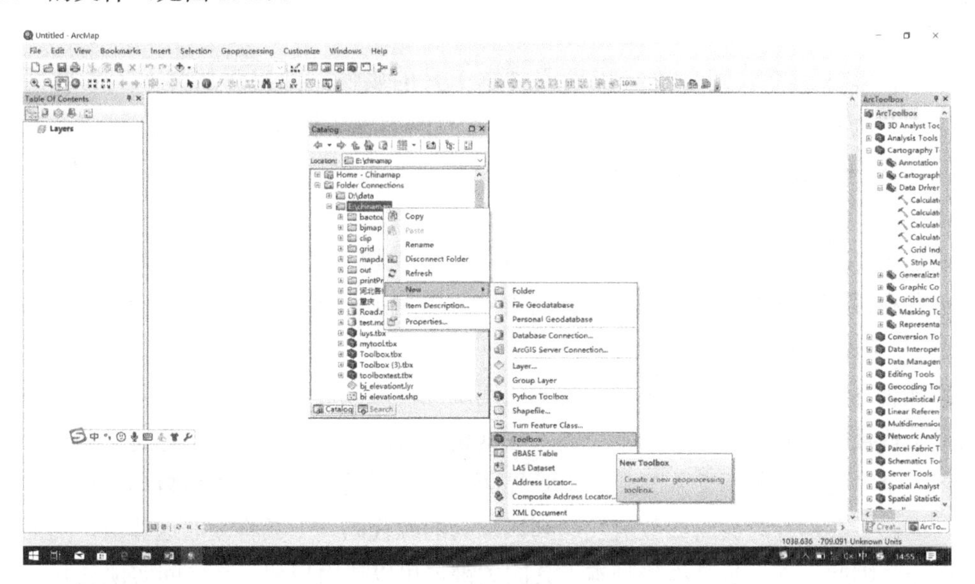

图 6.41　新建工具箱

6.3.2 添加脚本工具

在工具箱中可以添加不同的工具，右击新建的工具箱，单击“Add”菜单命令，可以添加 Script（脚本）工具，如图 6.42 所示。

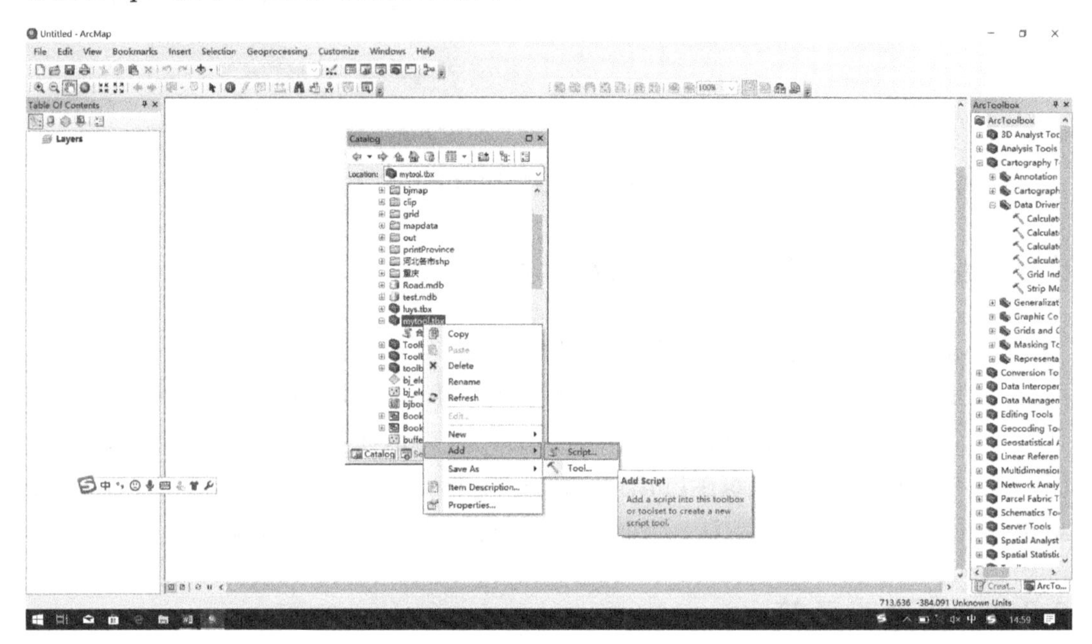

图 6.42 添加脚本工具

6.3.3 设置脚本工具属性

添加脚本工具后，可以进一步设置脚本工具的属性。弹出添加脚本工具属性设置框，第一步为设置通用属性，主要用于设置工具的名称、标签和描述，还可以设置该工具相关的程序是相对目录存储还是绝对目录存储，是前台运行还是后台运行，如图 6.43 所示。

添加脚本工具属性的第二步为添加该工具对应的脚本（见图 6.44），脚本程序是通过 Python 代码编辑器编辑好的，脚本程序主要利用前面介绍的各种空间数据处理方法编写，是一个 Python 文件。

添加脚本工具属性的第三步是为脚本代码添加输入参数，如果新建的工具需要通过界面输入某些数据，则需要在这一步为输入数据设置对应的参数。每次运行这个工具时，都会看到一个对话框，提示输入参数。工具界面上会根据设置的参数类型自动出现相关参数的输入框，工具运行时会将参数值发送到该工具的源代码。工具将读取这些值，然后继续执行操作。因此，这一步是添加脚本工具的关键，可以让用户和工具之间实现交互。

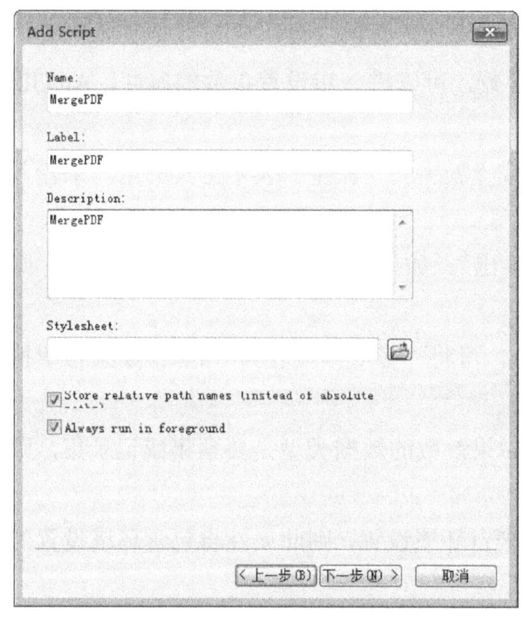

图 6.43　工具的通用属性

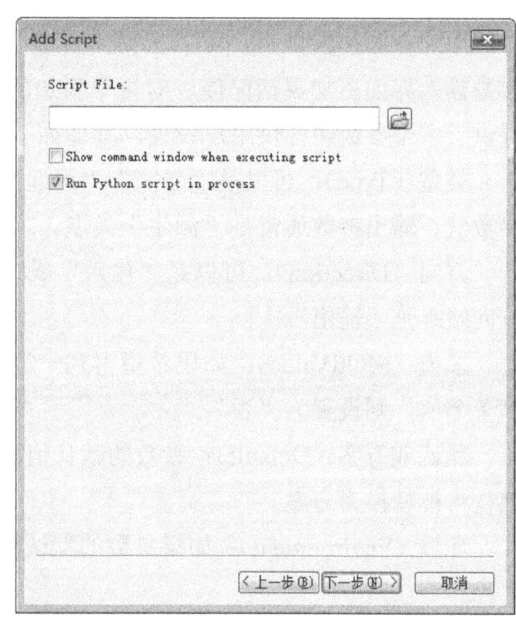

图 6.44　设置该工具需要用到的 Python 代码

要添加新参数，可以在图 6.45 界面中单击“Display Name”（显示名称）列的第一个空单元格并输入该参数的名称。此名称将显示在工具对话框中，名称中可以包含空格。对于 Python 语法，参数名称将用下画线代替该显示名称中的空格。输入参数的显示名称后，单击数据类型单元格为参数选择一种数据类型（见图 6.46）。

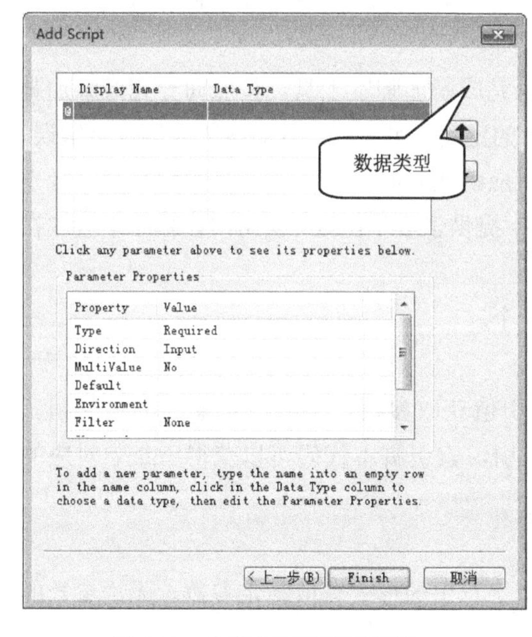

图 6.45　为脚本工具设置参数

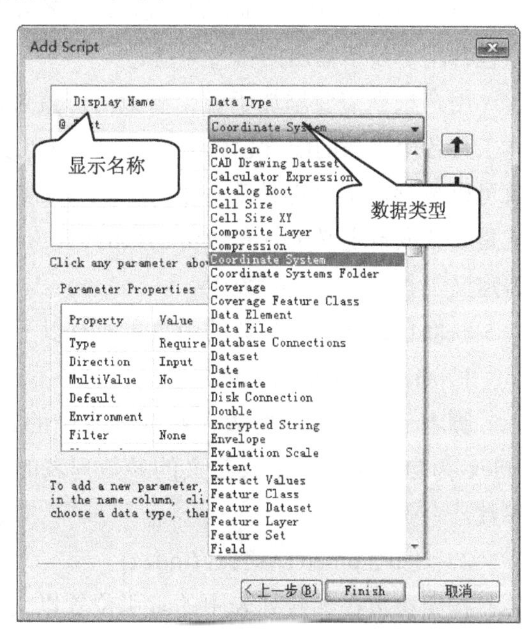

图 6.46　设置参数名称和类型

用户在添加参数后，可以根据需要进一步设置该参数的属性，它可以使脚本工具的参数输入界面更加灵活简便。对每个新加的参数，可以进一步设置参数的属性，ArcGIS 提供了多个参数属性供用户设置，具体如下：

类型（Type）：可以是“必需”、“可选”或“派生”。“派生”表示工具的用户未输入参数值。输出参数通常是“派生”类型。

方向（Direction）：可以是“输入”或“输出”。如果参数的“类型”是“派生”，则方向始终是“输出”。

多值（MultiValue）：如果希望得到一组值，可将“多值”设置为“是”；如果希望得到单个值，则设置为“否”。

默认或方案（Default）：参数的默认值。如果参数的数据类型是要素集或记录集，则默认将被替换为方案。

环境（Environment）：如果参数的默认值来自环境设置，则此属性将包含环境设置的名称。

过滤器（Filter）：如果希望仅为参数输入特定的数据集或值，可以指定过滤器。过滤器有 6 种类型，可以根据参数的数据类型来选择过滤器的类型。

获取自（Obtained From）：此属性适用于派生的输出参数及输入参数的数据类型。对于派生的输出参数，“获取自”可以设置为包含输出定义的参数。对于输入参数，“获取自”可以设置为包含输入所需信息的参数。

符号系统/符号化：此属性仅适用于输出参数，值为图层文件（.lyr）的位置，该文件中包含用于显示输出的符号系统。

用户根据需要添加了各个参数后，就可以完成添加脚本工具。按照向导完成添加脚本工具各个步骤的配置也就完成了该脚本工具的定制，如果该工具对应的代码没有错误，就可以执行这个自定义工具了。在编写工具对应的代码时，和前面介绍的程序最大区别就是要获取自定义工具参数传回来的值。ArcPy 提供了多个函数，供用户在程序中获取在自定义工具上设置的参数。

获取自定义工具参数的函数主要有以下 3 个。

1）GetParameter (index)

脚本代码按所需参数在参数列表中的索引值获取参数。参数以对象的形式返回。index 为自定义脚本工具定义的参数列表的索引，索引脚本代码可以获得 index 对应的参数。

2）GetParameterAsText (index)

按照参数在参数列表中的索引位置以文本字符串的形式获取指定参数。无论参数的数据类型是什么，所有值都将作为字符串返回。

3）GetParameterValue (tool_name, index)

为指定工具名称返回所需参数的默认值。tool_name 是工具名称。这个函数也可以用于获取 ArcGIS 已有工具的参数，需要用户知道工具名称。如下面的例子，可以访问创建矢量文件（CreateFeatureClass_management）函数中第三个参数的值，该函数默认是“POLYGON”。

```
import ArcPy
print(ArcPy.GetParameterValue("CreateFeatureClass_management", 2))
```

参数也可以通过 ArcPy 在代码中进行设置，传递给外部调用工具中对应的参数，如 ArcGIS Service 中经常需要调用 ArcPy 处理的数据结果，这用参数反向设置很容易将结果以参数的形式返回。参数从代码向外部调用工具传递的 ArcPy 函数主要有以下两个。

1）SetParameter (index, value)

用于使用对象按索引来设置指定参数属性。将对象从脚本传递到脚本工具时会用到此函数。返回指定工具的参数值计数。

2）SetParameterAsText (index, text)

使用字符串值按索引来设置指定参数属性。将值从脚本传递到脚本工具时会用到此函数。参数 index 是参数列表中指定参数的索引位置；参数 text 是用于设置指定参数属性的字符串值。

此外，还可以利用 GetParameterCount 函数获得某工具的参数个数。GetParameterCount 函数定义如下：

```
GetParameterCount (tool_name)
```

参数数量将返回工具名称。

```
import ArcPy
# 返回结果
print(ArcPy.GetParameterCount("Buffer_analysis"))
```

运行这段程序后，返回结果为 8。

下面举一个例子介绍自定义工具的制作方法。例子的目标是：将工作目录下的所有地图文档输出为 PDF 文件，并将这些 PDF 文件合并到一个 PDF 文件中。这个工具需要三个参数：

✓ 参数一为需要合并的文档所在目录，方向为输入；

✓ 参数二为导出的 PDF 文件的目录，方向为输入；

✓ 参数三为新导出的 PDF 文件的文件名称，方向为输出。

对于新加的脚本工具可以通过右击该工具，单击脚本属性，从而设置脚本的属性。这几个属性基本内容和上面介绍的新加脚本工具内容一致，只是增加了校验和帮助两个选项卡。本例的三个参数设置如图 6.47 和图 6.48 所示。

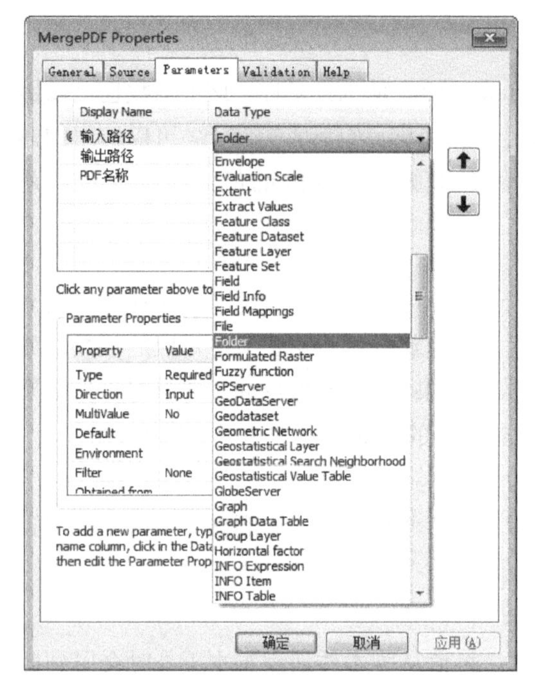

图 6.47　选择参数的类型

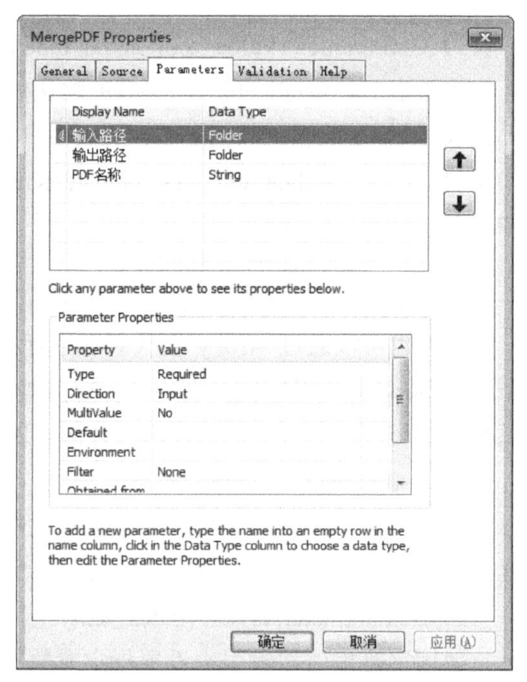

图 6.48　最终确定的三个参数

该工具对应的代码如下：

```
    #工具名称：MergePDF
    import ArcPy,os
    def MergePDF(inDir,outDir,fileName):
        ArcPy.Env.workspace=inDir
        lists=ArcPy.ListFiles("*.pdf")
        pdfFile=ArcPy.mapping.PDFDocumentCreate(outDir+"\\"+fileName+
".pdf")
        for lst in lists:
            print "Appending {}".format(lst)
            pdfFile.appendPages(inDir+"\\"+lst)
            os.remove(inDir+"\\"+lst)
        pdfFile.saveAndClose()

    def ExportToPDF(inDir):
        ArcPy.Env.workspace=inDir
        lists=ArcPy.ListFiles("*.mxd")
        for lst in lists:
            print "find mxd file: {}".format(lst)
            mxd=ArcPy.mapping.MapDocument(inDir+"\\"+lst)
            ArcPy.mapping.ExportToPDF(mxd,inDir+"\\"+str(str(lst).
```

```
split('.')[0])+".pdf")
                del mxd
                #del lists

        if __name__ == '__main__':
            #The main funtcion
            inDirectory=ArcPy.GetParameterAsText(0)
            outDirectory=ArcPy.GetParameterAsText(1)
            fileName=ArcPy.GetParameterAsText(2)
            #inDirectory = r"e:\chinamap"
            #outDirectory = r"e:\chinamap\out"
            #fileName = "ttt"
            print "begin to generate pdf files..."
            ExportToPDF(inDirectory)
            print "begin to merge pdf files..."
            MergePDF(inDirectory,outDirectory,fileName)
            print "done!"
```

这个程序包括三个函数，ExportToPDF函数负责将工作目录下的地图文档输出为PDF文件；MergePDF函数负责将所有产生的PDF文件合并到一个PDF文件中；主函数中使用GetParameterAsText获得工具的三个参数。在自定义工具前，可以先通过简单的编程，将想要实现的功能实现，然后考虑该程序所需要的输入输出参数哪些是要在界面上让用户输入或者选择确定的，可以将这些参数在自定义工具时在参数定制中定制。

本例中首先使用inDir、outDir和fileName三个变量直接赋值三个参数，在简单环境下程序调试成功后，把这几个语句注释掉，将三个变量改为从自定义工具获取参数。这种方式可以保证自定义脚本工具中的代码准确无误，用户只要设置好自定义工具的参数，就可以使工具正常运行了。合并PDF文件工具界面如图6.49所示。

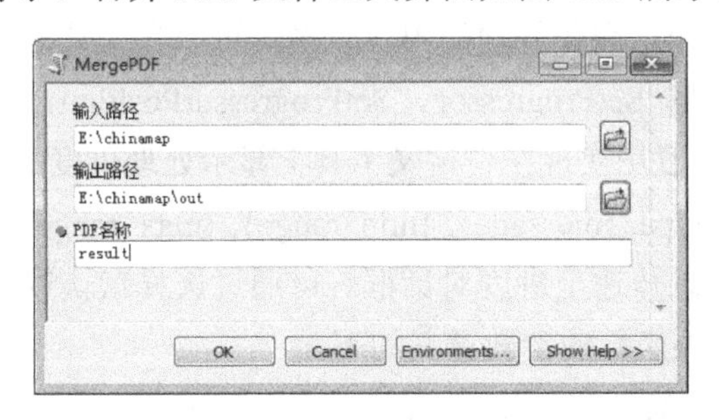

图6.49　合并PDF文件工具界面

对于自定义好的工具，可以对其进行多种操作，右击自定义工具后弹出的菜单命令如图6.50所示，这里给出常用的操作方式。单击“Open”可以运行工具；单击“Batch”（批处理）命令，可以为工具输入多组参数，让工具一次运行多个过程；单击“Edit”（编辑），打开 Python 源文件，可以对代码进行编辑；单击“Debug”（调试）可以调试代码；单击“Import Script”（导入脚本），为工具重新配置代码；单击“Properties”（属性），弹出脚本工具属性设置窗口。

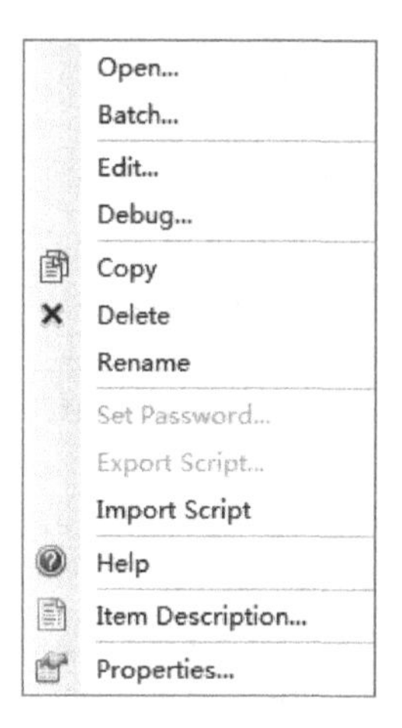

图 6.50　右击自定义工具后弹出的菜单命令

图 6.51 为单击“MergePDF”工具批处理以后出现的界面，用于输入多组参数进行批处理工作，大大提高工具的使用效率。

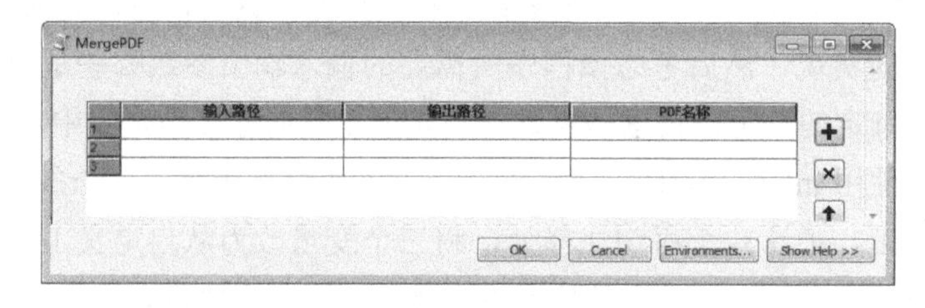

图 6.51　批处理执行 MergePDF 工具

在自定义工具时，如果需要处理的内容较多，可以在工具的界面上设置进度条和进度提示，在 ArcPy 中将 SetProgressor、SetProgressorPosition、 SetProgressorLabel 和 ResetProgressor 4 个函数联用实现在自定义工具上显示处理进度的信息。

（1）SetProgressor (type, {message}, {min_range}, {max_range}, {step_value})：建立一个进度条对象将进度信息传递至进度对话框。可通过选择默认进度条或步长进度条来控制进度对话框的外观。该函数的参数意义如下：

type：进度条类型，默认值为 default。

✓ default——进度条连续向后或向前移动。

✓ step——进度条显示完成百分比。

message：进度条标注，默认情况下没有标注。

min_range：进度条的开始值，默认值为 0。

max_range：进度条的结束值，默认值为 100。

step_value：用于更新进度条的步长间隔，默认值为 1。

（2）SetProgressorPosition ({position})：更新进度条对话框中的状态栏。position 用于设置进度条对话框中状态栏的位置。

（3）SetProgressorLabel (label)：更新进度条对话框标签。label 为用于进度条对话框的标签。

（4）ResetProgressor ()：将进度对话框重置为初始状态。

下面再举一个修复几何数据的例子，在 ArcGIS 中，几何数据的存储都是遵循一定规范的，如果处理时遇到不遵循规范的数据，软件可能会返回错误，操作也可能会不产生任何明显问题顺利执行，但结果可能不准确。

产生几何数据错误的原因很多，一个重要的原因是 ArcGIS 使用 shapefile 矢量数据格式存储空间矢量数据。shapefile 是目前使用最广泛的矢量数据格式，但是该数据类型是一种格式开放的数据，许多软件包都可将矢量数据写成此格式，其中一些软件可能由于存在缺陷或缺失相关信息而无法遵循以文档格式存在的 shapefile 格式规范。因此，可以在对矢量数据分析时首先修复一下数据。

本例的目的就是修复给定目录下的所有矢量数据，与上面例子不同的是，本例将使用进度条展示数据处理的进度。在设计自定义工具时只需要设定一个输入参数，即工作目录，如图 6.52 所示。

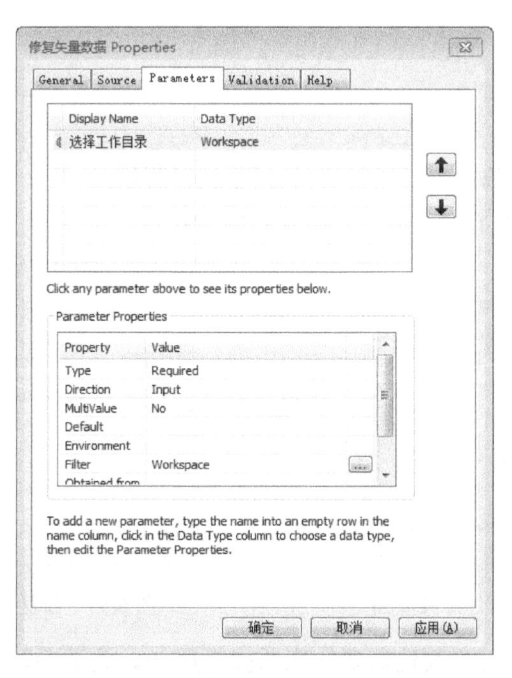

图 6.52　矢量数据修复工具参数设置

该工具对应的代码如下：

```
    #工具名称：Repair
    import sys
    reload(sys)
    sys.setdefaultencoding('utf-8')

    import ArcPy
    #获取工作空间
    path = ArcPy.GetParameter(0)
    ArcPy.Env.workspace = path
    # Use Python's built-in function len toreveal the number of feature
classes
    fcs = ArcPy.ListFeatureClasses()

    fcCount = len(fcs)
    #创建进度条
    ArcPy.SetProgressor("step", "修复要素类...", 0, fcCount, 1)
    for fc in fcs:
      ArcPy.SetProgressorLabel("修复要素类:" + fc +"...")
      #开始修复数据
      ArcPy.RepairGeometry_management(fc)
      print fc
      ArcPy.SetProgressorPosition()
    print fcCount
    ArcPy.ResetProgressor()
```

程序运行后弹出的修改文件工具界面如图 6.53 所示。

选择 chinamap 作为工作目录，运行界面如图 6.54 所示。

图 6.53　修改文件工具界面

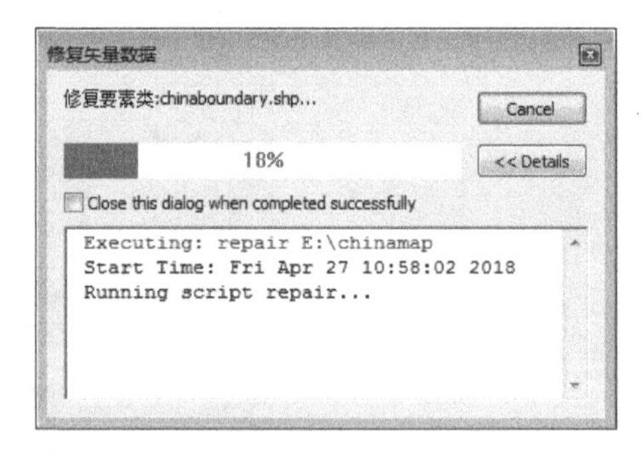

图 6.54　修复矢量数据工具运行界面

使用参数设置函数可为其他需要的应用提供服务。关于参数设置，本书只举一个简单的例子，在自定义工具里设置一个参数，方向为输出。该工具对应的代码如下：

```
import ArcPy
SR = ArcPy.SpatialReference(4326)
ArcPy.SetParameter(0, SR)
```

运行该代码，界面上不出现任何窗口，如图 6.55 所示，单击“OK”按钮后，程序运行完毕，可以通过 Result 窗口查看程序运行结果，可以看到对应的坐标信息已经传了出来，如图 6.56 所示。

图 6.55　测试参数反传的例子运行界面

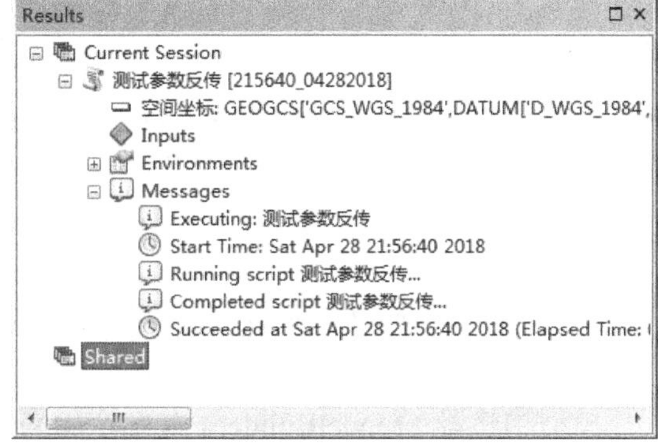

图 6.56　测试参数反传的例子运行结果

这个结果可以被其他的应用调用，感兴趣的读者可以进一步对其用法进行深入研究。

自定义工具也可以在程序中进行调用。将指定的工具箱导入 ArcPy 中，就可以访问工具箱中的相关工具了，ArcPy 导入工具箱的函数 ImportToolbox 定义如下：

```
ImportToolbox (input_file, {module_name})
```

input_file：通过 Python 访问地学数据处理工具箱。

module_name：如果工具箱不具有别名，则需要 module_name。通过 ArcPy 站点包访问某个工具时，该工具所在的工具箱的别名是必填后缀（ArcPy.<toolname>_<alias> 或 ArcPy.<alias>.<toolname>）。由于 ArcPy 要根据工具箱别名来访问正确的工具，因此在导入自定义工具箱时别名极其重要。一种很好的做法是，始终自定义工具箱别名；如果未定义工具箱别名，则可设置一个临时别名作为第二个参数。

该函数返回的是一个模块。

下面以上述将地图文档导出为 PDF 文件并合并输出结果的工具 MergePDF 为例，介绍在程序中调用该工具的方法，代码如下：

```
# -*- coding: UTF-8 -*-
import ArcPy
print "prepare to import...."
MName = ArcPy.ImportToolbox("E:\\chinamap\\toolboxtest.tbx")
print "import done!"
try:
    print "prepare to MergePDF file...."
```

```
        MName.MergePDF("e:\\chinamap","e:\\chinamap\\out", "result")
        print "PDF file merged"
    except ArcPy.ExecuteError:
        print(ArcPy.GetMessages(2))
```

通过这个程序可以看到，调用自定义工具时，如果该工具下没有定制模块，则第二个参数可以为空。执行 ImportToolbox 函数后返回了一个模块，本例中把返回结果赋值给了模块变量 MName，通过模块变量可以调用工具箱中的各个工具，如本例中调用了 MergePDF 工具。在调用工具时，只需将参数值直接传给工具即可。

值得注意的是，脚本文件是一个工具的参考，这是非常重要的一点。使用脚本创建了一个工具后，脚本文件并没有和工具一起保存，工具作为 Toolbox 的一部分保存在“*.tbx”文件中。所以，在移动时应将工具和脚本文件一起复制。

6.4 基于模型构建器建模的 ArcPy 使用方法

模型构建器（ModelBuilder）是一个用来创建、编辑和管理模型的应用程序。模型是将一系列地学数据处理工具串联在一起的工作流，它可以将其中一个工具的输出作为另一个工具的输入。可以将模型构建器看成是用于构建工作流的可视化编程语言。模型构建器除了有助于构造和执行简单工作流，还能创建模型并将其共享为工具，从而提供扩展 ArcGIS 的功能。模型构建器还可将 ArcGIS 与其他应用程序集成。

用户可以使用模型构建器创建自己的工具，所创建的工具可在 Python 脚本和其他模型中使用。

下面先给出一个简单的例子，介绍如何利用模型构建器构建模型并输出到 Python 程序。

首先，在 toolboxtest.tbx 下新建模型构建器，在构建器中添加“Add Field”工具，添加“省会城市.shp”图层，将两者进行关联（Connect），并设置“Add Field”工具属性为添加一个“test”整数字段，关联后模型如图 6.57 所示。这是一个非常简单的模型，其功能是为“省会城市.shp”添加“test”整数字段，构建完毕后存盘，之后在 toolboxtest.tbx 下就可以看到新建的模型。

该模型构建完毕后可以单击“Run”命令，查看运行的结果是否正确。如果模型构建无误，则可以将该模型输出为 Python 代码。单击 Model 菜单下的“Export”命令，并选择“To Python Scripting”，如图 6.58 所示。输入想要存储的 Python 文件名，如图 6.59 所示，这样就可以将所建的模型输出为对应的 Python 代码。

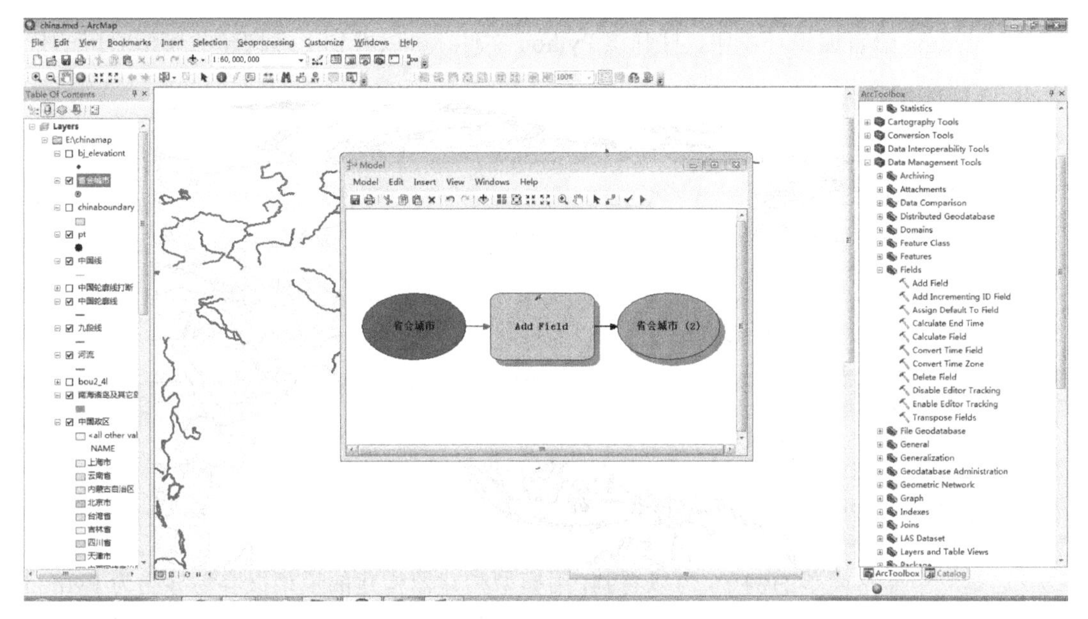

图 6.57　关联后模型

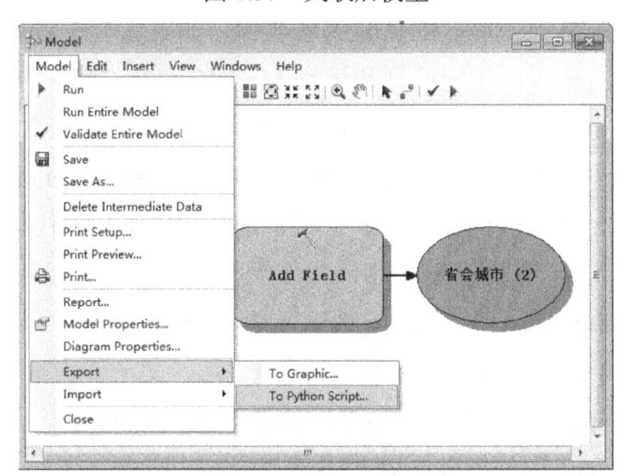

图 6.58　将 ModelBuilder 模型输出为 Python 代码

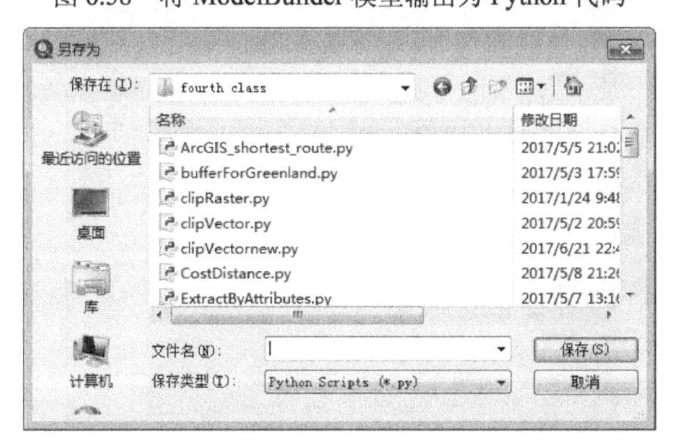

图 6.59　将 ModelBuilder 模型输出为 Python 文件

在 Python 语言编辑环境中，打开该 Python 文件，可以看到上述构建的模型对应的代码如下：

```
# -*- coding: utf-8 -*-
# ---------------------------------------------------------------------------
# tt.py
# Created on: 2017-12-20 13:54:43.00000
#   (generated by ArcGIS/ModelBuilder)
# ---------------------------------------------------------------------------
# Import ArcPy module
import ArcPy
# Local variables:
省会城市 = "省会城市"
# Process: Add Field
ArcPy.AddField_management(省会城市, "test", "LONG", "", "", "", "",
"NULLABLE", "NON_REQUIRED", "")
```

这是一个非常简单的例子，可以看到，用模型构建器构建的模型很容易导出为 Python 文件。在该程序中，用户能够看到该模型用到的数据、数据分析用到的 ArcPy 函数等。由于在定制模型时可能用到了很多中文的图层名称，如果运行该程序，会出现很多错误，必须对代码进行一定的修改，才能得到和运行 ModelBuilder 模型一样的结果。

下面再介绍一个复杂的例子，这个例子的目标是，从国内省会城市中选出距离主要河流 50 千米以内的城市。我们通过这个例子介绍如何将 ModelBuilder 模型转换为工具，并将模型工具输出为 Python 代码，利用 Python 代码自定义脚本工具对代码进行修改的方法。

首先在 toolboxtest.tbx 下新建 ModelBuilder 模型，这个例子用到的空间数据是“省会城市.shp”和“河流.shp”。主要使用两个空间分析方法：一个是缓冲区分析，对河流做 50 千米为半径的缓冲区分析，形成河流缓冲区多边形；另一个是相交判断，判断落在河流缓冲区多边形内的省会城市。因此往模型构建器中分别添加两个 shape 文件和两个空间分析模块。图 6.60 给出了河流缓冲区分析设置界面。

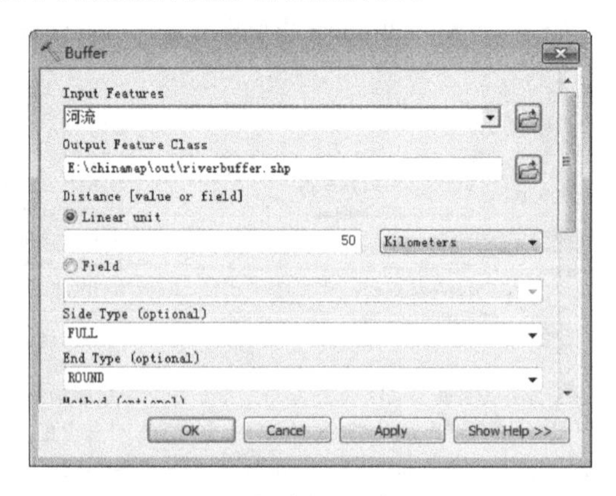

图 6.60　河流缓冲区分析设置界面

图 6.61 为模型构建器构建的分析模型，模型的功能是："河流"通过缓冲区分析后，用其产生的缓冲区多边形和"省会城市"求交，产生"河附近的省会城市"。

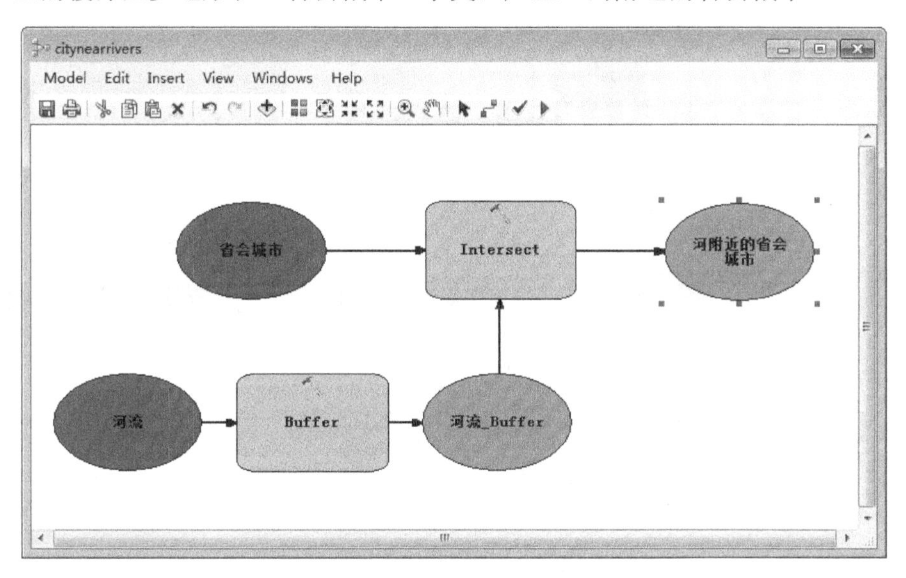

图 6.61　模型构建器构建的分析模型

设置好空间分析模块和模型所需要的数据后，可以将该模型存盘，系统会在 toolboxtest.tbx 下出现模型。

可以将模型构建器创建的模型转换为自定义脚本工具，只需要将模型中的相关图层设置为参数即可。本例中有三个数据，两个为输入数据，分别是"河流"和"省会城市"，一个是输出数据，为"河附近的省会城市"。在 ModelBuilder 中依次右击数据，弹出来右键菜单命令，如图 6.62 所示，选择 Model Parameter 即可。

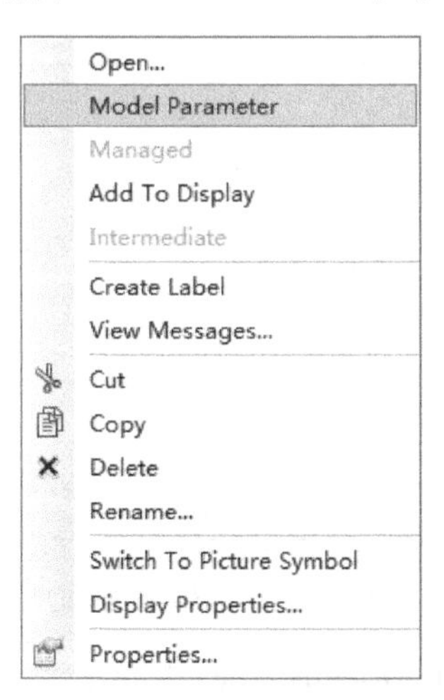

图 6.62　将 ModelBuilder 的图层设置为参数

三个数据分别设置好参数以后，ModelBuilder 中模型变成了图 6.63 的样子，每个数据的右上角出现了一个“P”字样，表示该数据可以作为参数。

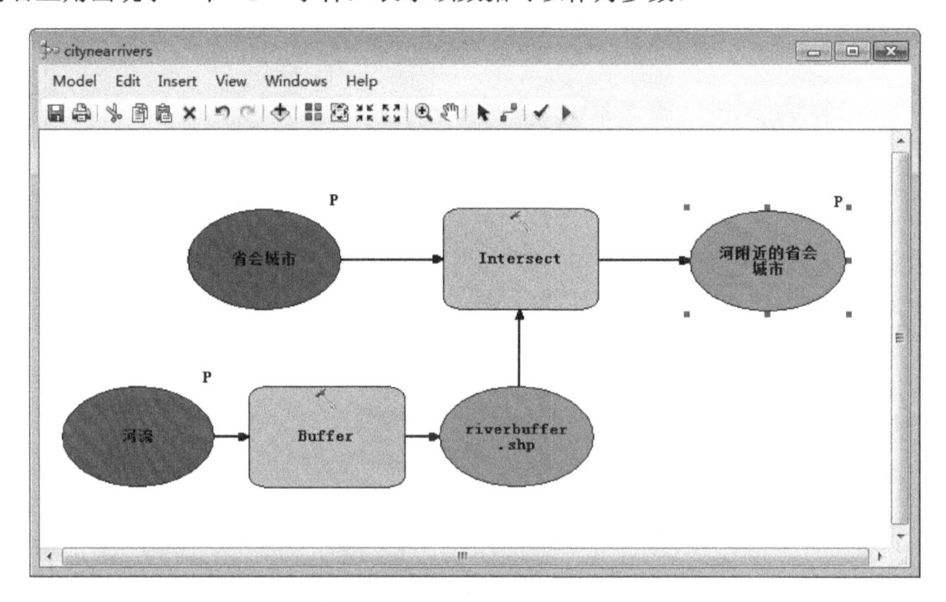

图 6.63　为数据设置好参数后的 ModelBuilder 模型

将 ModelBuilder 的修改存盘，这时的 ModelBuilder 模型已经变成了一个模型工具。用户双击 toolboxtest.tbx 下的模型工具时，会弹出模型工具界面，如图 6.64 所示。这个模型工具界面出现了上面设置的三个文本框，用户只要选择或输入参数就可以了。

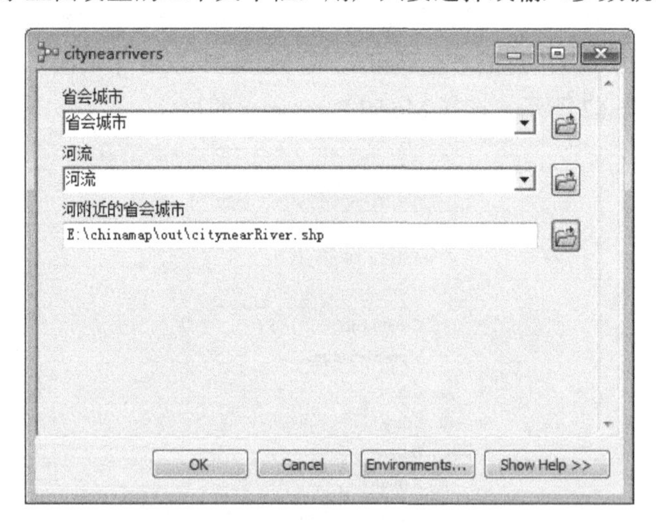

图 6.64　模型工具界面

同样，可以将该模型工具在 ModelBuilder 里导出为 Python 代码，下面给出了该工具导出的 Python 代码。可以看到，代码中用到了 GetParameterAsText 函数获取模型工具上填写的参数，但是由于工具中使用了很多中文名称且变量名大都不符合 Python 语言的规范，因此该代码不能运行。

```
# -*- coding: utf-8 -*-
# ---------------------------------------------------------------------------
# findCityNearRiver.py
# Created on: 2018-04-30 09:52:04.00000
#   (generated by ArcGIS/ModelBuilder)
# Usage: findCityNearRiver <省会城市> <河流> <河附近的省会城市>
# Description:
# 寻找距离河流 50 千米内的省会城市
# ---------------------------------------------------------------------------

# Import ArcPy module
import ArcPy
# Script arguments
省会城市 = ArcPy.GetParameterAsText(0)
if 省会城市 == '#' or not 省会城市:
    省会城市 = "省会城市" # provide a default value if unspecified

河流 = ArcPy.GetParameterAsText(1)
if 河流 == '#' or not 河流:
    河流 = "河流" # provide a default value if unspecified

河附近的省会城市 = ArcPy.GetParameterAsText(2)
if 河附近的省会城市 == '#' or not 河附近的省会城市:
    河附近的省会城市 = "C:\\Users\\ruixp\\Documents\\ArcGIS\\ Default.
gdb\\省会城市_Intersect" # provide a default value if unspecified

# Local variables:
riverbuffer_shp = "E:\\chinamap\\out\\riverbuffer.shp"

# Process: Buffer
ArcPy.Buffer_analysis(河流, riverbuffer_shp, "50 Kilometers", "FULL",
"ROUND", "NONE", "", "PLANAR")

# Process: Intersect
ArcPy.Intersect_analysis("省会城市 #;E:\\chinamap\\out\\riverbuffer.
shp #", 河附近的省会城市, "ALL", "", "INPUT")
```

下面介绍将上述模型工具转换为自定义脚本工具的方法。在 toolboxtest.tbx 下创建一个脚本工具，图 6.65～图 6.67 给出了自定义脚本工具的三个步骤。

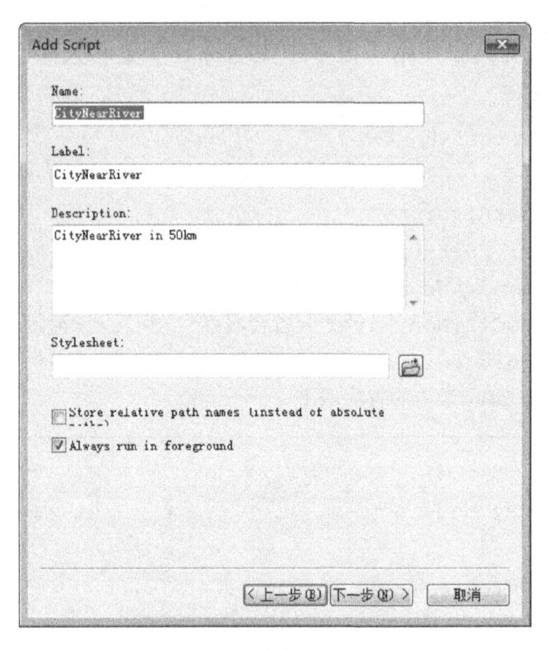

图 6.65　自定义脚本的基本属性

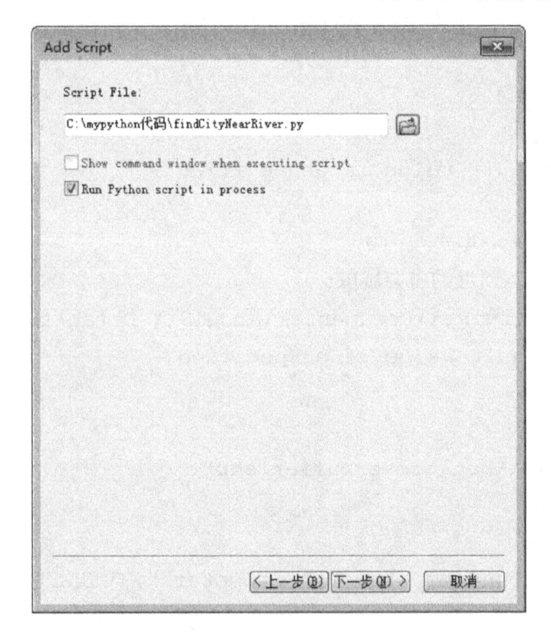

图 6.66　选择脚本工具对应的 Python 代码

图 6.67　设置脚本工具的参数

需要注意的是，在选择 Python 源代码时，需要选择上面模型工具导出的 Python 文件；在设置参数时，设置三个参数，其中两个参数是输入，名称分别为 Cities 和 Rivers，另一个参数是输出，名称为 CityNearRiver。

对上面导出的源代码进行编辑或修改，可以增加环境变量的设置，将原来程序中的中文变量名改为英文变量名。对其他代码进行优化，修改后的代码如下所示，读者可以仔细对比修改前后的代码。

```
# -*- coding: utf-8 -*-
# ---------------------------------------------------------------------------
# findCityNearRiver.py
# Created on: 2018-04-30 09:52:04.00000
#   (generated by ArcGIS/ModelBuilder)
# Usage: findCityNearRiver <省会城市> <河流> <河附近的省会城市>
# 程序描述:
# 寻找距离河流 50 千米内的省会城市
# ---------------------------------------------------------------------------

# 导入 ArcPy 模块
import ArcPy
ArcPy.Env.workspace = "e:\\chinamap"
ArcPy.Env.overwriteOutput = True

# 获取脚本参数
Cities = ArcPy.GetParameterAsText(0)
if Cities == '#' :
    Cities = "省会城市.shp" #根据需要提供默认值

Rivers = ArcPy.GetParameterAsText(1)
if Rivers == '#' :
   Rivers = "河流.shp" # provide a default value if unspecified

CitiesNearRIvers = ArcPy.GetParameterAsText(2)
if CitiesNearRIvers == '#' :
    CitiesNearRIvers = "\\out\\近河省会城市.shp" # 根据需要提供默认值

# 局部变量:
riverbuffer_shp = "\\out\\riverbuffer.shp"

# 地学数据处理: Buffer
ArcPy.Buffer_analysis(Rivers,  riverbuffer_shp,  "50  Kilometers", 
"FULL", "ROUND", "NONE", "", "PLANAR")

# 地学数据处理: Intersect
IntersectFeatures = Cities + ";" + riverbuffer_shp
ArcPy.Intersect_analysis(IntersectFeatures, CitiesNearRIvers, "ALL", 
"", "INPUT")
```

代码修改完毕后存盘，这时再运行新生成的自定义脚本工具，在界面上输入相应的参数，如图 6.68 所示。

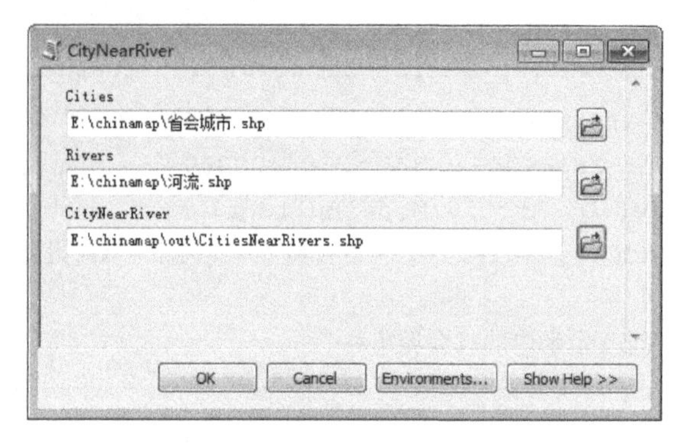

图 6.68　自定义脚本工具运行界面

单击“OK”按钮后，就可以运行该工具，运行结果如图 6.69 所示。

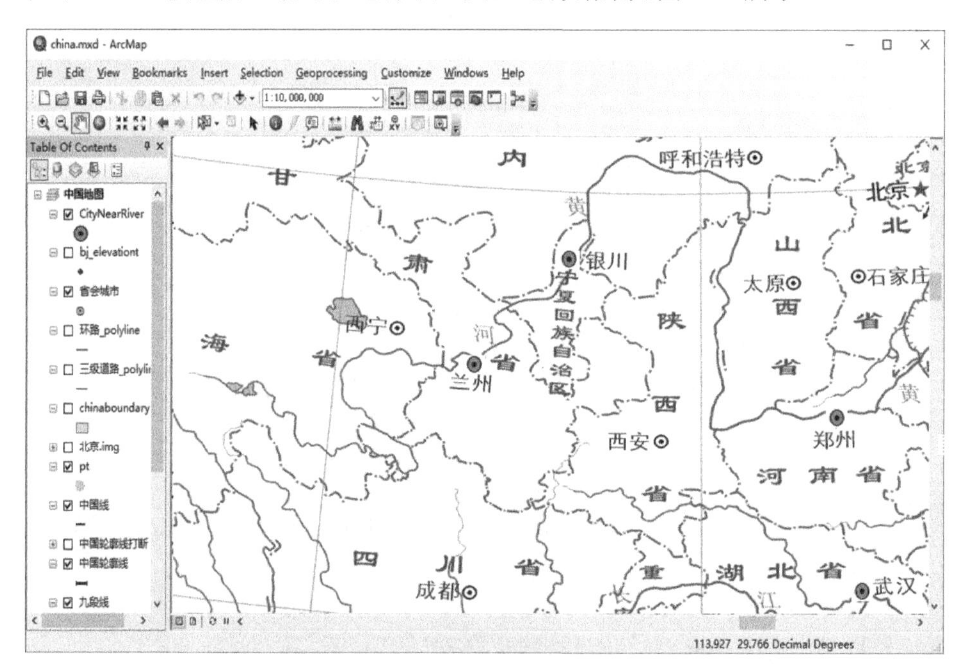

图 6.69　自定义脚本工具的运行结果

读者可以根据实际需要，在修改后的脚本代码上进一步添加自己的代码，使得地学数据处理功能更加丰富。

细心的读者会发现，对于缓冲区这样的操作，ArcGIS 还提供了缓冲半径、缓冲区多边形的生成位置（左侧、右侧和双侧）、两端的形状类型（圆头形和平整形）及处理范围等参数的设置，这些功能其实在 ModelBuilder 中也可以进行设置。比如可以右击“缓冲区”，系统会弹出右键菜单，如图 6.70 所示，单击“Make Variable”（创建变量命令），系统会进一步弹出右键菜单，让用户选择变量是从参数变量“From Parameter”获取还是从环境变量 “From Environment”获取。

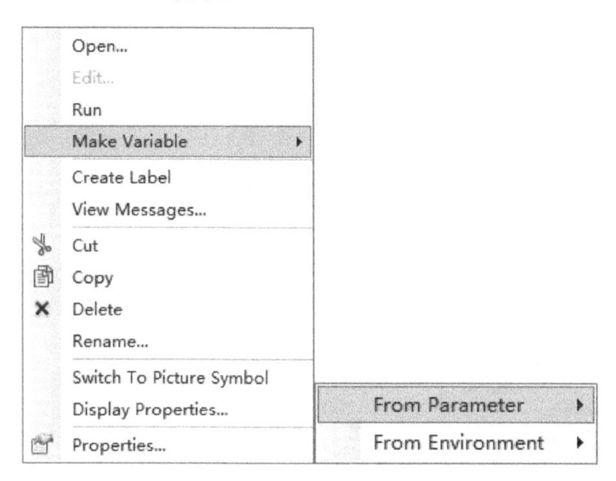

图 6.70　在 ModelBuilder 中创建 Python 变量

如果单击 “From Parameter”设置变量，则弹出如图 6.71 所示的命令菜单，显示缓冲区分析中用户可以设置的缓冲半径“Distance”、缓冲区多边形的生成位置（左侧、右侧和双侧）“Side Type”、两端的形状类型“End Type”及属性数据融合字段和类型等参数，可以根据在工具上需要显示的参数进行选择。如果单击 “From Environment”设置变量，则弹出如图 6.72 所示的命令菜单，显示地学数据分析时常用的环境变量，如比较常用的空间数据范围“Processing Extent”。

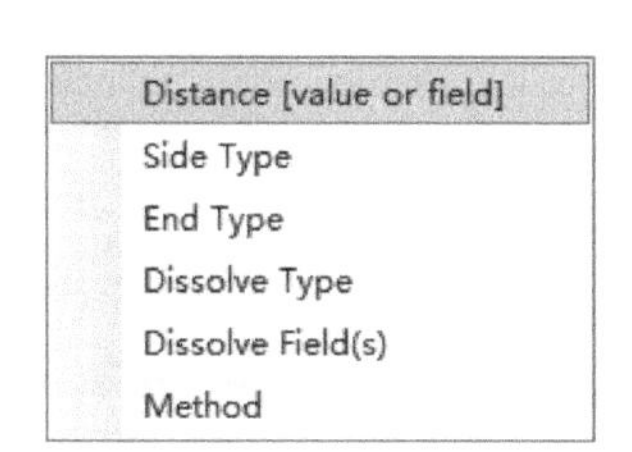

图 6.71　缓冲区分析对应的参数

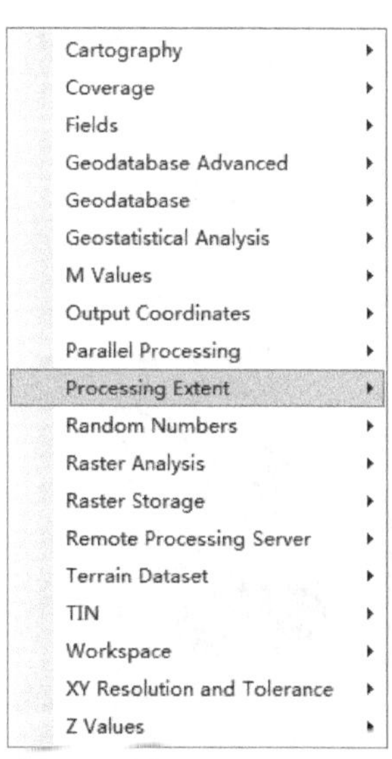

图 6.72　缓冲区分析对应的环境变量

本例中，在设置了数据输入和输出 3 个参数后，还分别选择了环境变量空间数据范围“Processing Extent”、缓冲半径“Distance”、缓冲区多边形生成位置“Side Type”及两端形状类型“End Type”，如图 6.73 所示。为这些参数分别设置“Model Parameter”后，在 ModelBuilder 中成功添加了参数，如图 6.74 所示，每个参数旁边显示了字母“P”，完成操作后存盘。

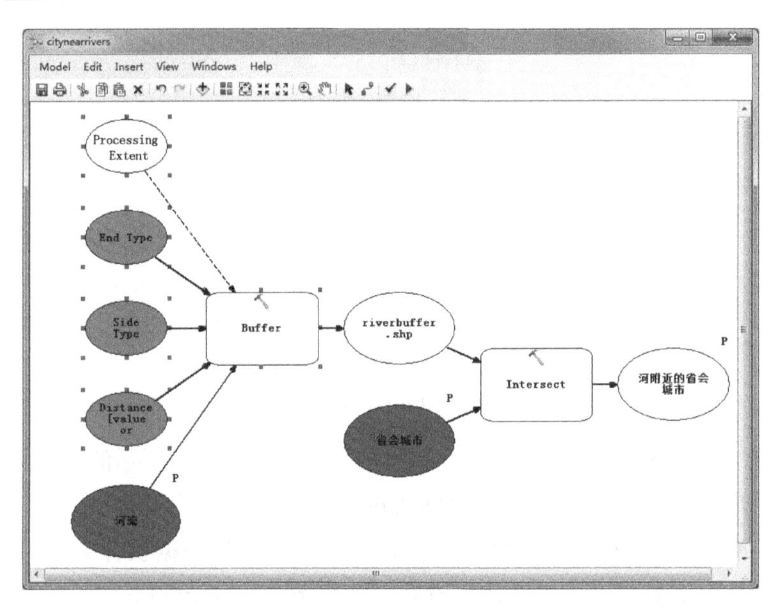

图 6.73　为模型增加不同的参数第一步

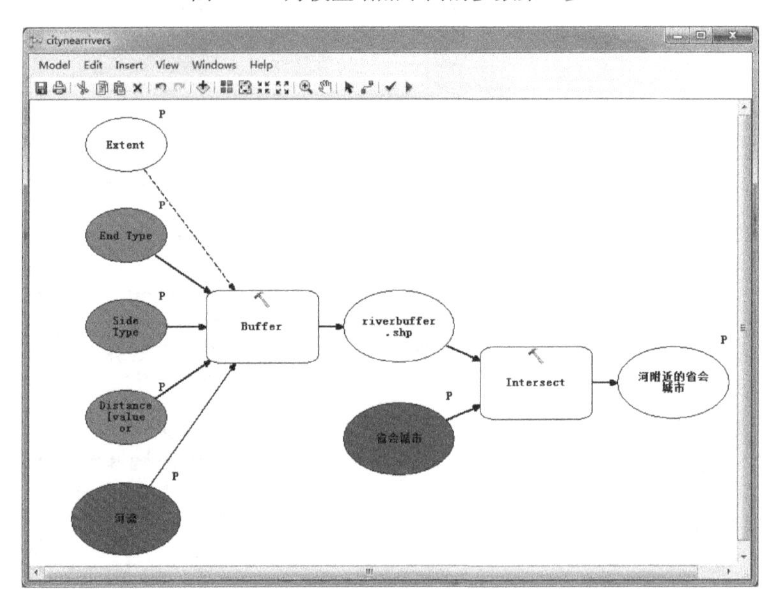

图 6.74　为模型添加不同的参数第二步

这种方式添加的参数可以直接在工具中生效，添加不同参数后工具的运行界面如图 6.75 所示。

图 6.75　添加不同参数后工具的运行界面

新工具的运行结果如图 6.76 所示，结果与上面的例子一样。

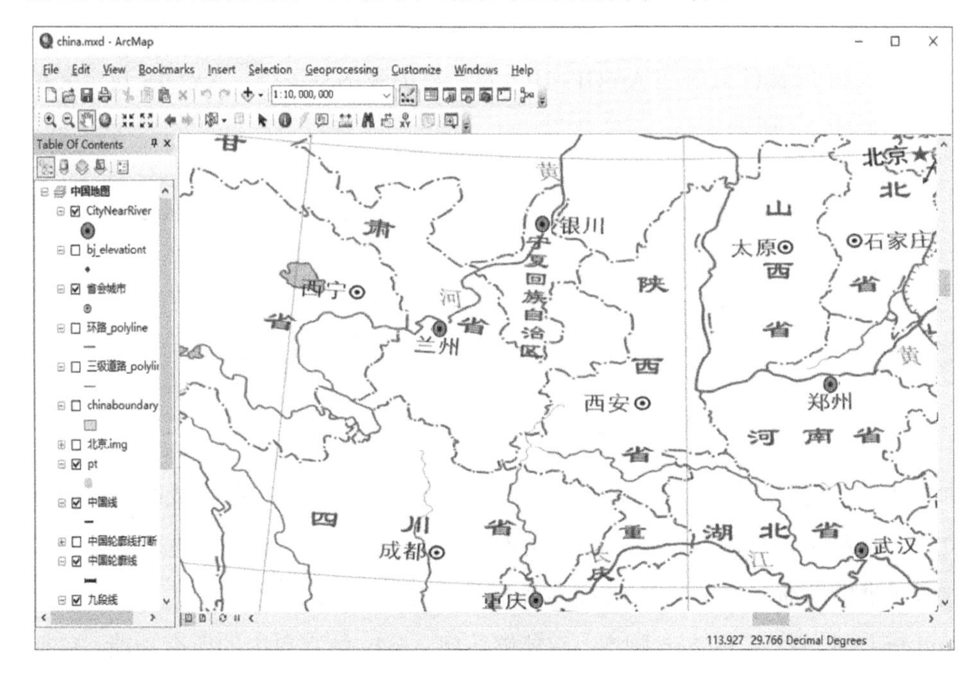

图 6.76　新工具的运行结果

第 7 章　ArcPy 定制 Add-In 插件

7.1　Add-In 简介

在实际工作中，会遇到很多已有工具不能解决的应用需求，这时就需要通过 Python 和 ArcPy 编程创建新工具，包括利用已有的各种 Python 包。

ArcGIS 10.0 以后的版本，为了让用户更方便地自定义或扩展 ArcGIS Desktop 应用程序，引入了几个新的特性，其中包括 Add-In 插件模型。新的 Add-In 插件模型提供了一个公开的基础框架，目的是方便用户创建一系列自定义工具，这些工具被打包压缩成了一个单独的文件。ArcGIS 10.0 为.NET 和 Java 开发者提供了 Add-In 插件来进行功能定制。在 ArcGIS 10.1 中，新增了 Add-In 插件功能，允许用户使用 Python 制作插件以定制桌面功能，但是 Add-In 插件只能在 ArcGIS 10.1 及之后的版本上运行。ArcGIS 自定义扩展程序发展历程如图 7.1 所示。

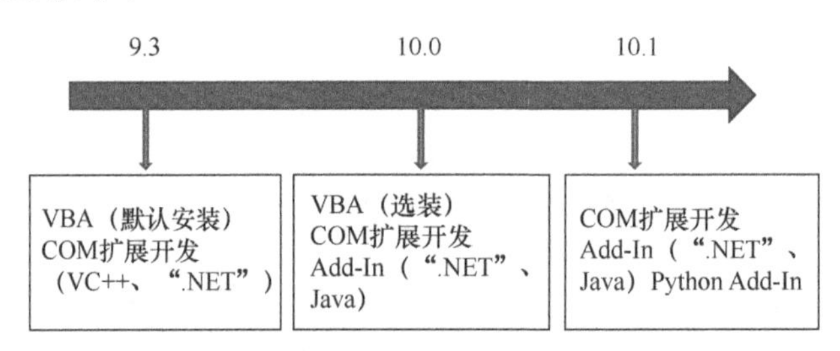

图 7.1　ArcGIS 自定义扩展程序发展历程

如果需要访问并运行地学数据处理工具用来执行数据管理、分析或制图工作流，那么独立脚本或脚本工具就可以胜任这些任务。但如果想要为用户提供更加复杂的应用程序定制或扩展的功能，那么 Add-In 插件就是更好的选择了。

Add-In 插件包括了 Python 脚本，它能够访问 ArcPy 站点包中的所有功能，包括扩展功能。但需要注意的是，Add-In 插件用户必须要有访问所需扩展的许可才能访问 ArcPy

站点包，相应的工具才能在 Add-In 插件中使用。Add-Ins 插件能够很方便地在用户之间共享，因为它们不需要安装即可使用。

Add-In 插件是用于扩展 ArcGIS 10.1 桌面版功能的应用程序，可以在 ArcMap、ArcCatalog、ArcScene 及 ArcGlobe 上运行。

7.1.1　Add-In 基本类型

ArcGIS 应用程序支持一组固定的 Add-In 插件类型，包括最流行的基于 COM 的扩展模型都被引入 ArcGIS 中了。Add-In 可以理解为包含多种 UI 和非 UI 对象的插件包，下面的 Add-In 插件类型是 ArcGIS 支持的插件类型。

1）Buttons and Tools（按钮和工具）

按钮和工具是最简单的能够在菜单上或工具栏显示的控件。

2）Combo Boxes（组合框）

Combo Boxes 提供了一个下拉列表框，同时能够灵活地提供可编辑的输入区域。

3）Menus and Context Menus（菜单和快捷菜单）

菜单展现的是一组下拉式列表。菜单可以来自嵌入的资源、Add-In 资源或者是两者的组合。菜单通常驻留在工具栏，但是也会出现在独立的快捷菜单（弹出式菜单）或者根菜单。

4）Multi-items（多项目）

多项目是在运行时创建的动态的菜单项集合，它在对下面两种情况下非常有用：①菜单上的项目在运行之前无法确定；②需要根据当前系统状态变换显示的项目。

5）Toolbars（工具栏）

工具栏包括各种宿主按钮（依赖于 ArcGIS 的按钮）：工具、命令、菜单、工具栏选项或者组合框。像菜单一样，出现在工具栏上的控件可以来自嵌入资源、Add-In 资源或者两者的组合。工具栏能够被自动配置，初始化时会被加到应用程序中。

6）Tool Palettes（工具栏选项）

工具栏选项提供了一系列工具，它用来选择同组中的其他工具。像菜单一样，出现在工具栏选项上的工具可以来自嵌入资源、Add-In 资源或者两者的组合。

7）Dockable Windows（可停靠窗体）

可停靠窗体可以悬浮或者停靠在 ArcGIS 应用程序界面上。使用者可以用任意一种内容填充可停靠窗体，如图表、幻灯片、视频、迷你地图或者包含其他控件的自定义对话框，当然也包括 ESRI 的控件等。Add-In 开发者需要考虑在可停靠窗体上的控件的初始化，还需考虑控件是否被其他可停靠窗体分组。

8）Application Extensions（应用程序扩展）

应用程序扩展被用来协调与其他组件的活动，如按钮、工具、可停靠窗体。应用程序扩展通常负责存储和 Add-In 插件相关的状态。当被关联的应用程序启动时，应用程序扩展插件的配置信息会在加载时配置好，扩展插件也能够在被配置好后出现在标准的 ArcGIS 扩展对话框内。

9）Editor Extensions（编辑器扩展）

编辑器扩展插件允许通过直接加载插件到编辑框架里来自定义编辑工作流。与应用程序拓展插件相反，Add-In 编辑扩展工具是在编辑会话时开始运行的。使用者可以通过创建编辑扩展工具来自定义编辑会话的功能。

不同的编程环境对 Add-In 支持的类型也不同，下面给出了不同编程框架对 Add-In 的支持类型。

目前.NET、Java 和 Python 均支持的类型主要包括：

✓ Buttons
✓ Tools
✓ Combo Boxes
✓ Menus
✓ Toolbars
✓ Tool Palettes
✓ Application Extensions

下面的类型只有.NET 和 Java 支持：

✓ Multi-items
✓ Context Menus
✓ Dockable Windows
✓ Editor Extensions

ArcGIS 的帮助文档中在指南（Guide Books）模块详细介绍了插件的开发方法。用户可以根据需要查阅相关的文档，如图 7.2 所示。

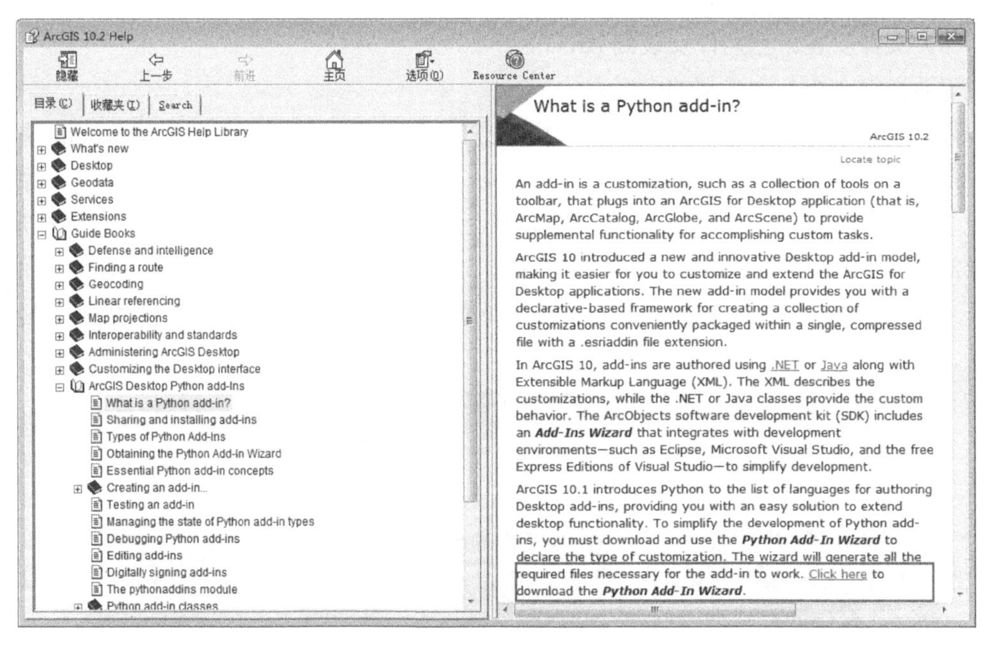

图 7.2　ArcGIS 指南中关于插件开发的帮助

7.1.2　Add-In 的组成

Python 的 Add-In 插件是一个扩展名为 esriaddin 的压缩文件，包含以下文件。

（1）config.xml、XML 文件，定义静态的 Add-In 工程属性，如作者、版本、标题、分类等。

（2）Python 脚本文件，主要是通过 Add-In 定制后形成的 Python 代码。

（3）资源文件，如图像，有时也包括支持 Add-In 的数据。

由于插件是一个单一的压缩文件，Add-In 很容易通过文件复制、邮件传输、网络发布等形式实现共享。只要用户有相同版本的 ArcGIS，就可以安装插件。

7.2　Python Add-In 插件的制作方法

制作插件主要包括以下几个步骤。

（1）构建 Python Add-In 框架。利用 Python Add-In 向导设置 Add-In 插件的项目属性、组成元素、元素属性等。

（2）编写 Python 程序。根据要响应的事件（如单击某个按钮），在相应的函数体中编写 Python 程序。

（3）文件打包。把创建的 Python Add-In 插件打包成一个压缩文件。

（4）文件安装。把插件安装到 ArcGIS 中。

下面详细介绍各个步骤的实现方法。

为了简化 Python Add-In 插件的开发，ESRI 公司提供了一个 addin_assistant 软件，用于帮助用户构建 Add-In 框架。该软件可以在 ESRI 公司主页上下载（压缩文件），在图 7.2 的帮助文档中，也提供了下载 addin_assistant 软件的链接（图 7.2 右下矩形框所示部分），用户可以单击该链接直接下载，这样能够保证下载的软件和 ArcGIS 的版本一致，用户也可以直接在 ESRI 公司官网下载。addin_assistant 软件下载页面如图 7.3 所示。

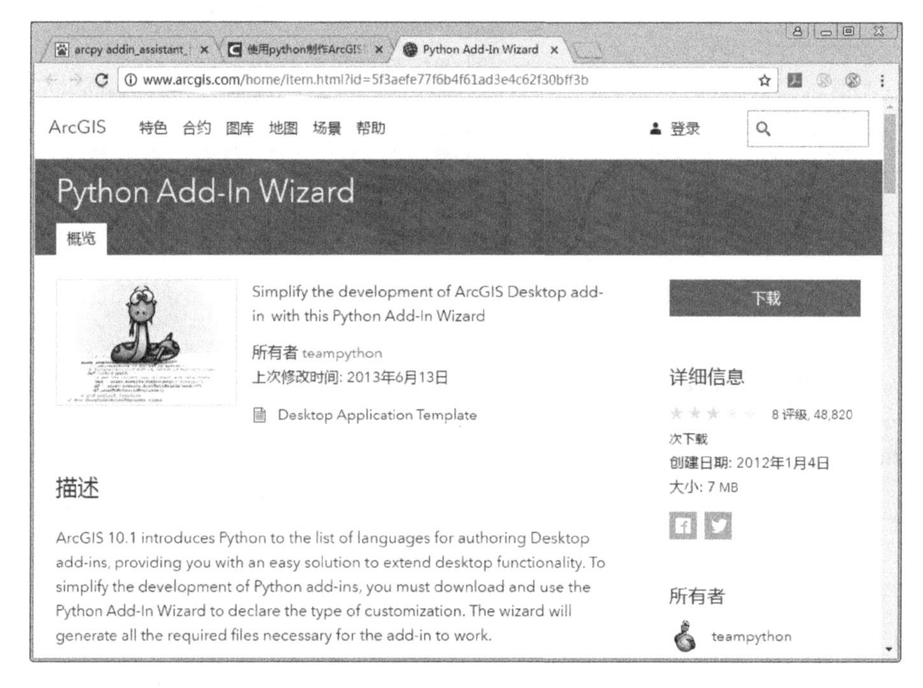

图 7.3　addin_assistant 软件下载页面

下载的软件全名为 addin_assistant.zip，用户可以解压缩后放到自己常用的目录。在 addin_assistant\bin 文件夹中双击“addin_assistant.exe”，如图 7.4 所示，将显示创建 Python Add-In 的向导界面。

下面介绍创建插件的详细步骤。

创建 Add-In 插件的第一步是新建一个 Add-In 项目。

启动 Python Add-In 的向导后，会弹出浏览文件对话框，用户可以在对话框中选择一个空的文件夹或者新建一个文件夹用于存放 Add-In 项目。该目录即为新建的插件工程所在目录，如图 7.5 所示。如果计算机上已经创建过插件，则可以选中该插件工程所在的目录对其进行编辑和修改。

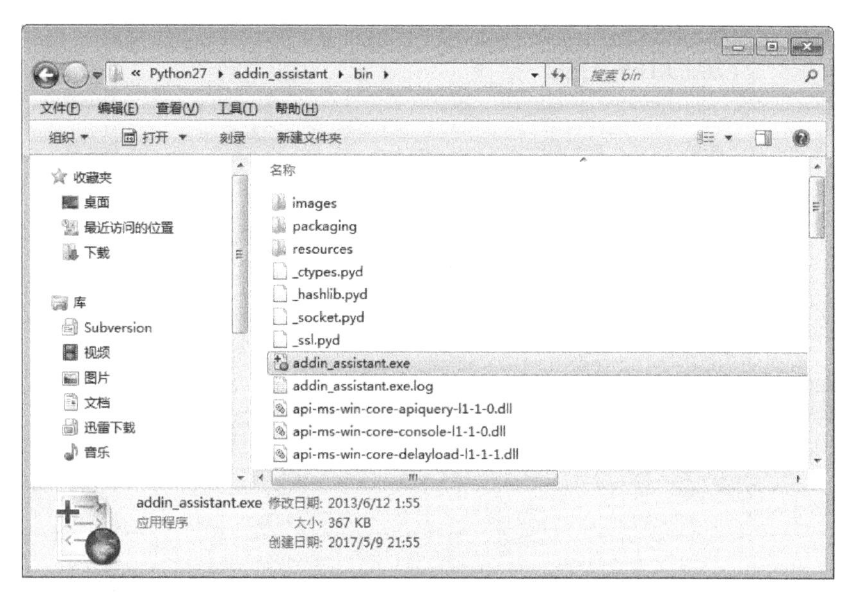

图 7.4　addin_assistant.exe 文件所在位置

图 7.5　新建的插件工程所在目录

选择文件夹后，将显示向导的第一个面板，用于输入项目的设置，包括名称、版本、完成单位、描述信息、完成人、项目图标等，如图 7.6 所示。这里需要注意的是，要确定使用插件的 ArcGIS 产品，默认是 ArcMap，也可以选择 ArcGlobe、ArcScene 或者 ArcCatalog。

在项目中增加 Add-In 内容。单击“Add-In Contents”选项卡，可以在 Add-In 中增加内容，可以增加的内容包括扩展、菜单及工具条。工具条和菜单在 Add-In 安装后，会显示在 Toolbars 列表和 Commands\Menus 列表中，其中菜单通过拖曳的方式可以加到主菜单或其他工具条中。扩展是不可见的，是对用户操作的响应，例如从地图文档中增加或移去一个图层时，程序需要做什么响应，用户可以添加需要响应的功能。

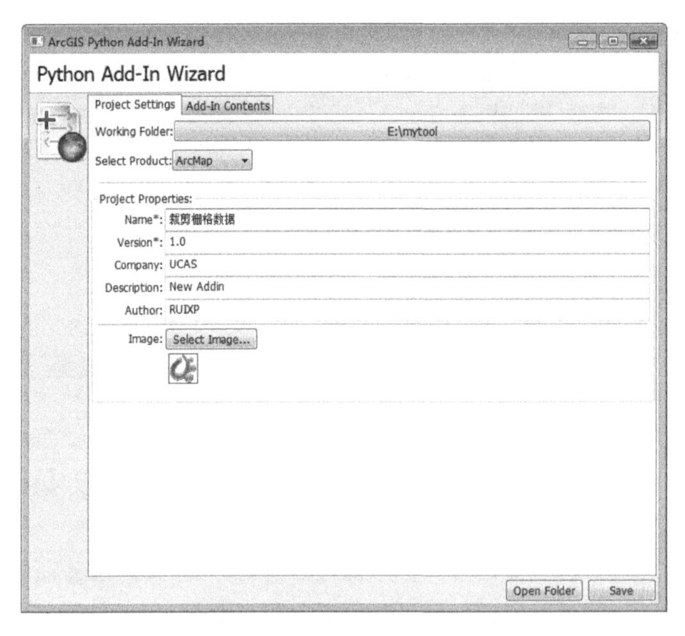

图 7.6　插件工程基本属性设置

下面例子为添加新建工具栏的功能。右击“TOOLBARS”插件（见图 7.7），显示“New Toolbar”，单击后可以创建一个新的工具栏。

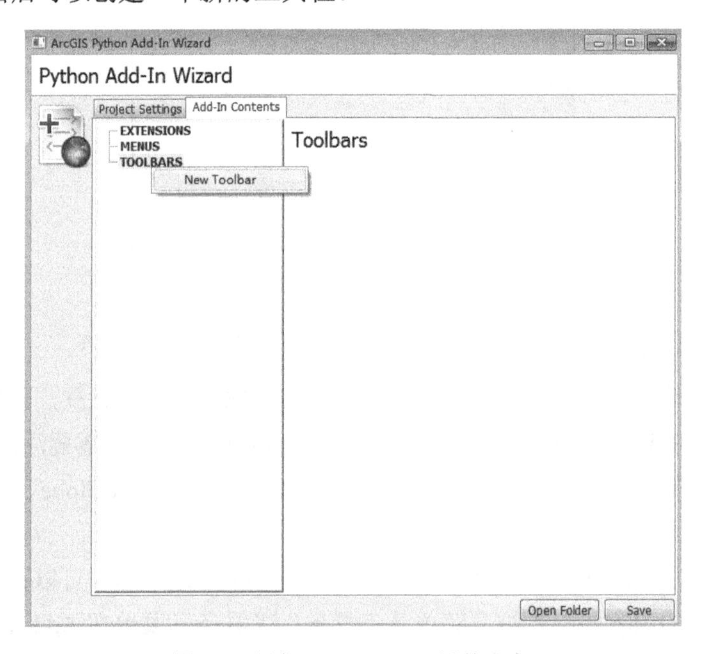

图 7.7　添加 TOOLBARS 插件内容

假设新建的工具栏为“裁剪栅格”，在右边的窗口中可设置属性值，在 Caption 右侧输入“裁剪栅格”，如图 7.8 所示。

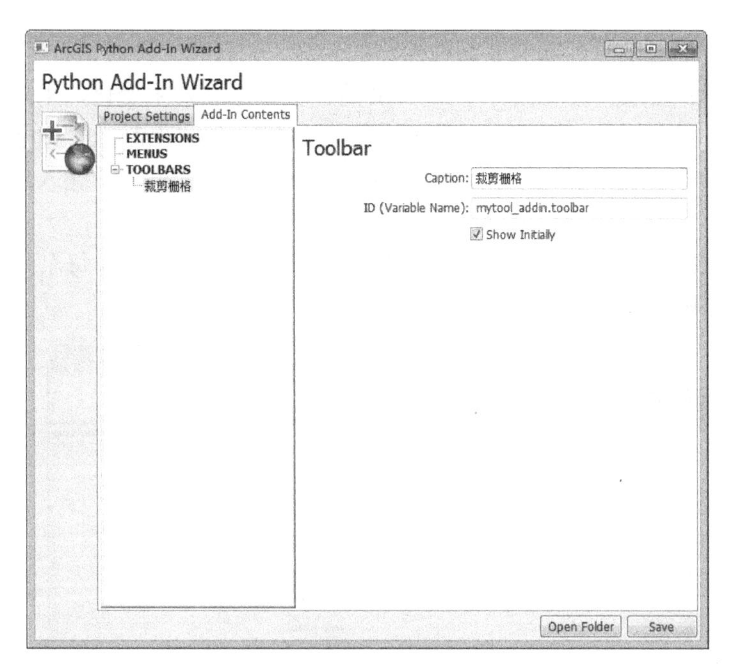

图 7.8　添加插件内容对应的属性

工具栏是一个容器，里面可以添加更多的内容。右击建立的“裁剪栅格”工具栏，如图 7.9 所示，可以显示能够在工具栏容器添加的内容，主要包括 Button（命令按钮）、Menu（菜单）、Tool（工具）、Tool Palette（工具面板）和 Combo Box（复合框）。

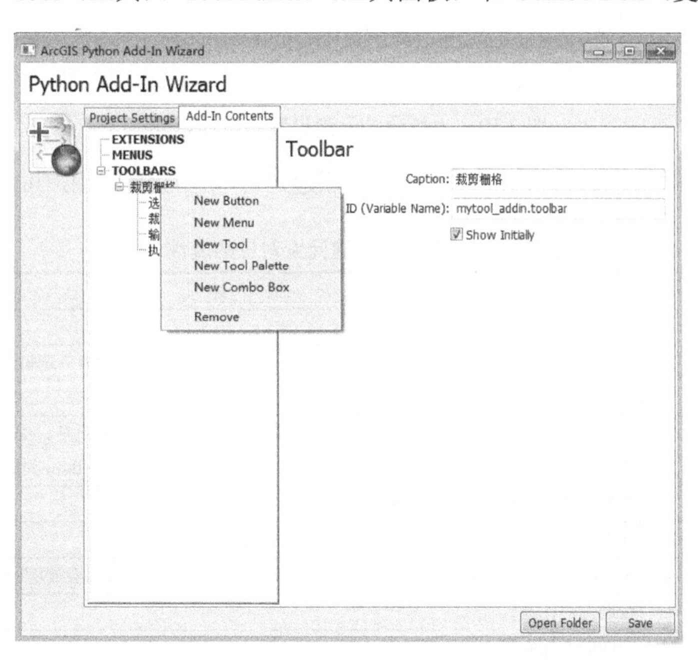

图 7.9　工具栏可以添加的内容

Button 具有单击以后直接响应某种操作的功能，如打开文件对话框等；Menu 是一个容器，可以进一步添加其他元素；单击 Tool 后，鼠标形状发生变化，用户可以在地图上进行某种指定的操作，如拉线段、拉矩形等，可以进一步实现测距、拉框选择等功能；Tool Palette 是一个容器，可以添加其他内容；Combo Box 允许用户输入或者下拉选择所需要的内容。

假设在建立的“裁剪栅格”工具栏添加了以下元素，则可以为每个元素在右侧设置相应的属性，如图 7.10 所示。

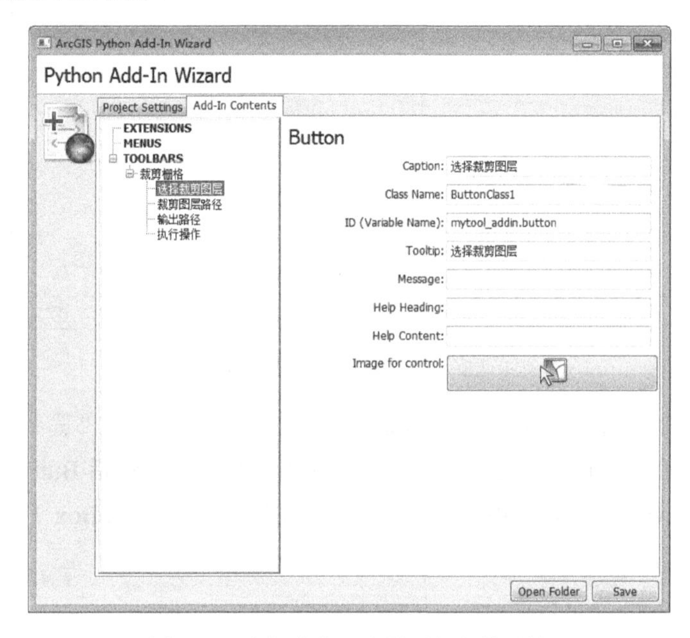

图 7.10　为新建的元素设置相应的属性

不同类型元素具有不同属性，表 7.1 列出了新建元素对应的属性，用户可以根据需要设置。

表 7.1　工具栏新建元素对应的属性

属　性	描　述
标题 Caption*	按钮标题
类名 Class Name*	Python 类，当单击按钮时候执行该类功能，在 Python 类里编写业务逻辑代码，采用 cap-word 命名方式给类命名
ID*	唯一标识符，在一个项目中可能有多个按钮，不同按钮 ID 不能重复。使用者应该命名更有意义的 ID 名称，该 ID 不能包含空格，可以使用下画线，不能使用 Python 关键字
提示 ToolTip	详细描述，鼠标移动到该按钮上的时候显示
消息 Message	详细描述该按钮做什么。这个消息显示在 ToolTip 下面
图标 Image	必须是 16 像素×16 像素大小的图片。格式必须为 bmp、jpg 等。该文件会被复制到 Images 文件夹内
标题 Heading	帮助内容标题
内容 Content	帮助的具体内容

注：*为必填的内容。

如果用户需要新增菜单，可以右击“MENUS”，则会显示新建菜单功能。假设新建如图 7.11 所示的菜单，可以在右侧进一步设置该菜单的属性信息，属性信息设置和含义如表 7.2 所示。

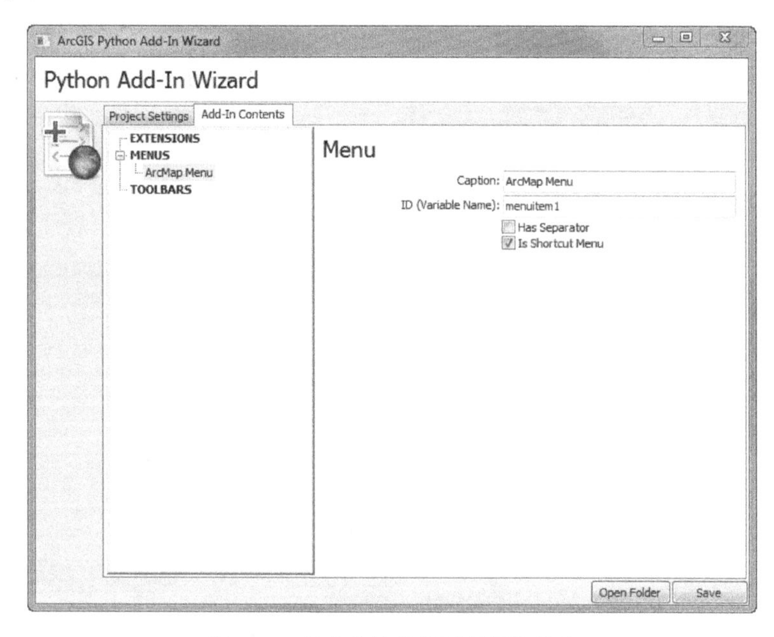

图 7.11　新建菜单并设置其属性信息

表 7.2　属性信息设置和含义

属　　性	描　　述
标题 Caption*	菜单命令的标题
ID*	唯一标识符，在一个项目中可能有多个按钮，不同按钮 ID 不能重复。使用者应该命名更有意义的 ID 名称，该 ID 不能包含空格，可以使用下画线，不能使用 Python 关键字
是否具有分割条	菜单命名之间是否具有分割条
是否为快捷菜单	是否为快捷菜单

注：*为必填的内容。

菜单可以添加的元素包括菜单和按钮，如图 7.12 所示。菜单和工具面板是容器（工具面板中可以新增工具），不响应事件；按钮、工具和组合框可以响应事件。

如果用户需要响应地图文档的操作，可以新增扩展，则可以右击添加相关扩展，如添加基础图层“Add Base Layer”。假设新建如图 7.13 所示基础图层，可以在右侧进一步设置该基础图层的属性信息，属性信息设置和含义如表 7.3 所示。

增加了所有界面的操作功能后，可以单击 Python Add-In 向导界面的右下角“Save”按钮，将相关的插件定制信息进行存盘。单击“Open Folder”按钮，可以自动定位到工程所在的目录。在该目录下，自动出现两个目录和三个文件，如图 7.14 所示。

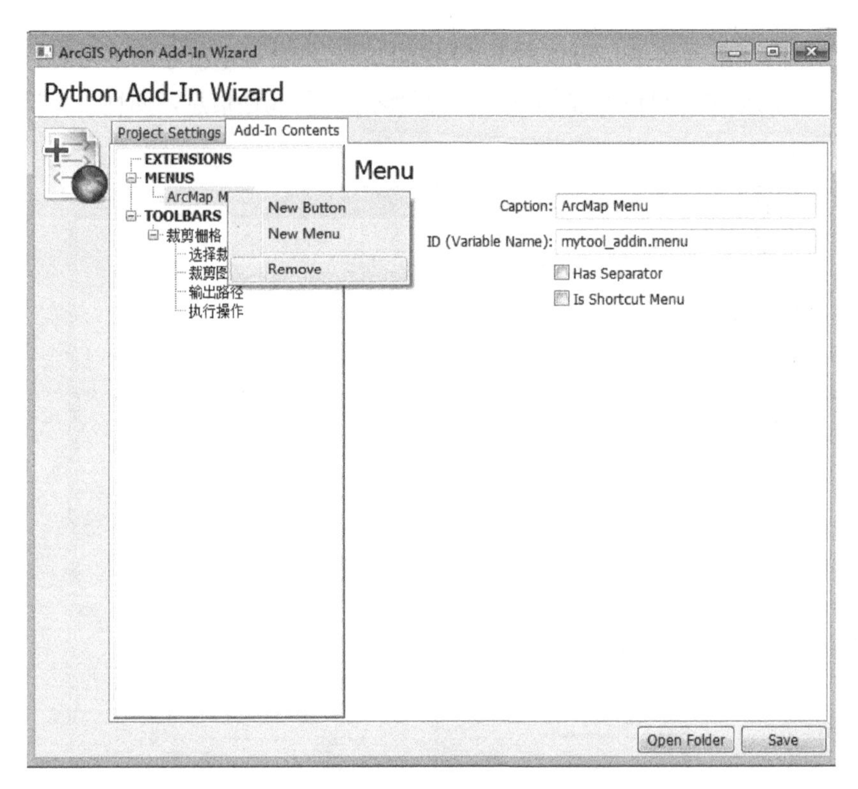

图 7.12　菜单可以添加的元素

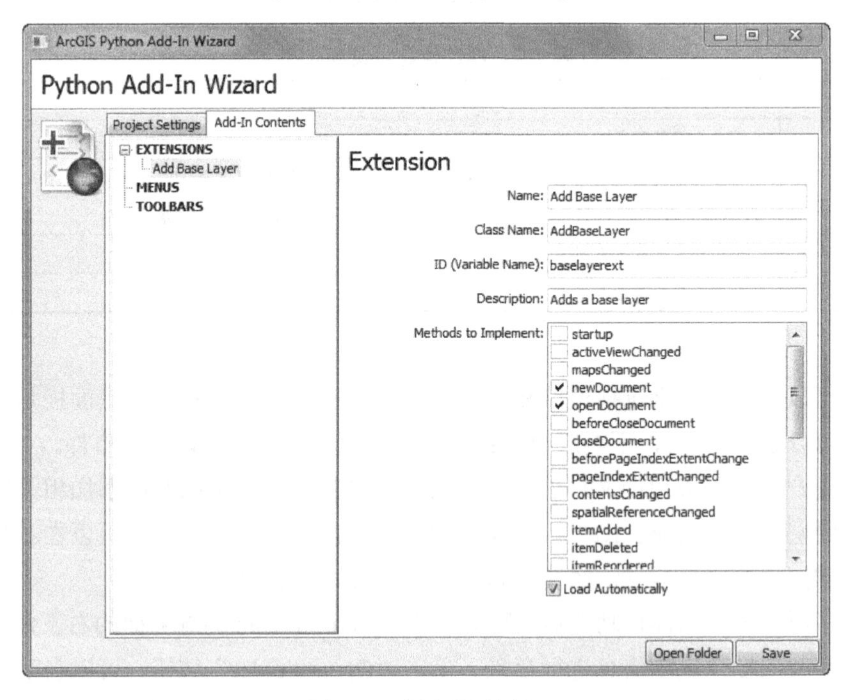

图 7.13　新建基础图层

表 7.3　扩展栏新建元素属性信息设置和含义

属　　性	描　　述
标题 Caption*	菜单命令的标题
ID*	唯一标识符，在一个项目中可能有多个按钮，不同按钮 ID 不能重复。使用者应该命名更有意义的 ID 名称，该 ID 不能包含空格，可以使用下画线，不能使用 Python 关键字
描述 Description	对新增的扩展功能进行描述
要实现的方法	新增扩展的基础图层需要实现哪些方法，如新建地图文档、打开地图文档等，可以在复选框前面的小方框中进行勾选，选中后系统会在代码中自动出现相应的响应函数

注：*为必填的内容。

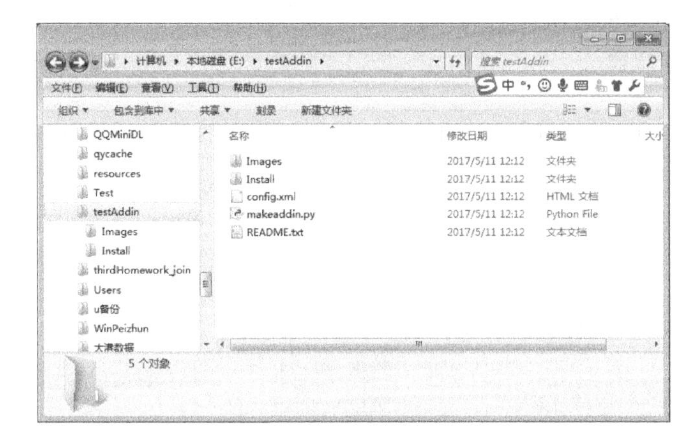

图 7.14　定制框架后在目录下自动出现的内容

Install 目录用于保存插件的源代码，里面一般会生成 mytools_addin.py 文件，如果重新设计界面，则会有一系列的文件，命名方式为在文件名后面加上数字编号。一些初始化代码会写在该文件中，从文件中可以看到，已经创建好了这些界面元素的一些配置和事件，后续工作只需要对该文件补充实现代码即可。如图 7.15 所示是根据框架在 Python 文件自动添加所有事件的函数体。

```
import arcpy
import pythonaddins

class ButtonClass1(object):
    """Implementation for mytool_addin.button (Button)"""
    def __init__(self):
        self.enabled = True
        self.checked = False
    def onClick(self):
        pass

class ButtonClass2(object):
    """Implementation for mytool_addin.button_2 (Button)"""
    def __init__(self):
        self.enabled = True
        self.checked = False
    def onClick(self):
        pass

class ButtonClass3(object):
```

图 7.15　根据框架在 Python 文件自动添加所有事件的函数体

config.xml：记录这插件的各种配置信息，如文字说明，以及关联的图片、界面元素类型等。由于在设计器中使用了一些中文输入，所以配置文件中会存在一些编码的转化，如图 7.16 所示。

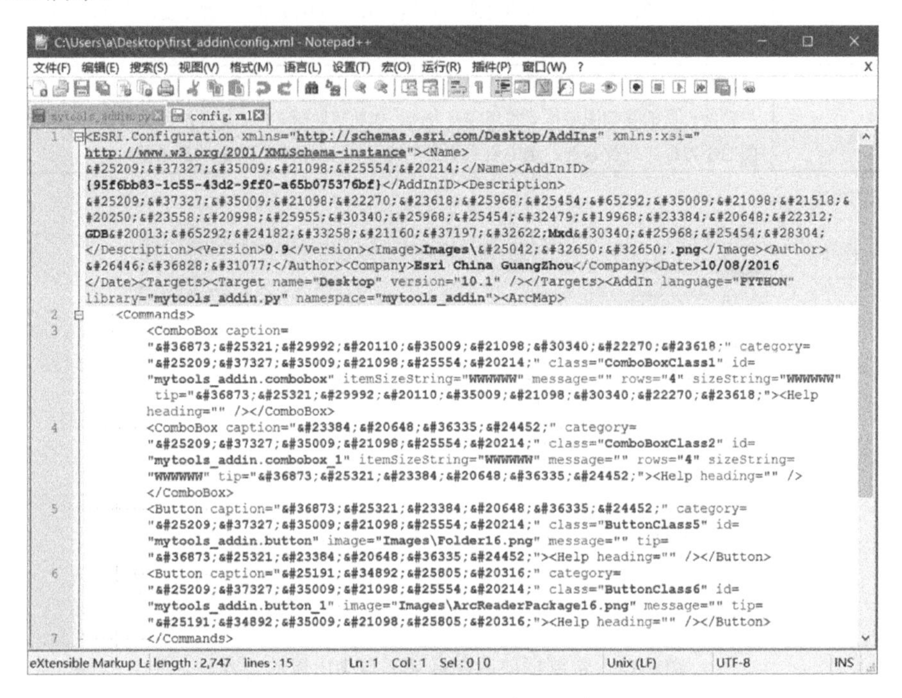

图 7.16　config.xml 中的内容

makeaddin.py：生成的插件的运行脚本，运行这个脚本会自动编译插件，并在该工程目录下生成最终可以安装的插件。该文件也是个 Python 脚本，是明码编写的，也可以用文本打开查看，但不要修改其代码，因为后面还需要用 Python 环境运行它。

双击 makeaddin.py，系统会自动调用 python.exe 来运行该程序（安装 ArcGIS 时会自动安装 Python 环境，这个不需要自行安装），系统会自动在该目录下生成插件的压缩文件，文件名是文件夹名，后缀名为 esriaddin，如文件夹名为 mytool，则压缩的 Add-In 文件为 mytool.esriaddin，如图 7.17 所示。

如果要对插件的内容进行编辑，需要利用 Python Add-In 向导打开 Add-In 所在的文件夹（项目文件夹），这样就可以编辑项目设置及 Add-In 内容。

单击“Save”按钮将产生一个新的 Python 文件，原先 Install 目录的 Python 文件会自动进行备份，备份文件名最后会产生一个阿拉伯数字。如果 Python 文件没有变化，删除新产生的 Python 文件，把备份的 Python 文件重命名到原先的名称；如果增加新的元素或类的名称有变化，则根据情况复制备份文件中的代码到新的 Python 文件中。

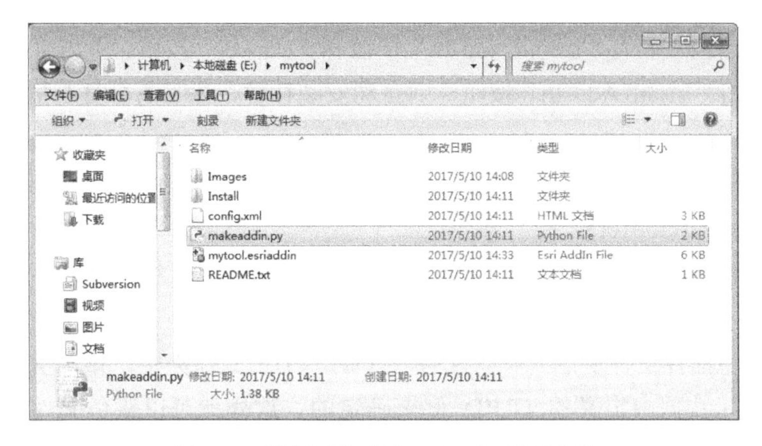

图 7.17　编译后生成的 esriaddin 压缩文件

7.3　安装和共享插件

7.3.1　安装插件

一旦生成了 esriaddin 插件，就可以双击这个插件进行安装了。直接双击生成的插件文件后，会弹出插件安装界面，在该界面上可以看到前面创建工程时输入的插件说明信息，并显示作者名称、插件描述及该插件是否包含一个数字签名，如图 7.18 所示。这个工具可以通过流行的电子邮件应用程序如 Outlook 和基于发布 Add-In 文件的网页程序如 ArcGIS Online 和 Windows 的 Explorer 进行操作。这些信息可以用来帮助用户判断是否安装该插件。用户在安装插件时可以查看插件的作者、描述、版本、数字签名信息。这个验证步骤的作用是确保文件被复制到合适的位置，确保文件名字没有冲突，还要确保已经存在的 Add-In 插件不被老版本的插件覆盖。

图 7.18　插件安装界面

在安装界面上主要有“Install Add-In”按钮和“Cancel”按钮。单击“Cancel”按钮，取消安装；单击“Install Add-In”按钮，则自动安装插件，该工具会复制插件文件到默认的插件文件夹。

需要注意的是，在 Windows 环境下，该默认文件夹为 C:\Users\<username>\Documents\ArcGIS\ AddIns\Desktop10.X。

插件不兼容旧版本，10.1 版本的插件不能在 10.0 版本下运行，但是可以在 10.2 版本下运行。

插件工具将插件文件复制到默认文件夹下的一个子文件夹中，该子文件夹的名称是根据在该文件元数据中定义的 GUID 值来确定的，这样就可以避免文件夹名称冲突。well-known 文件夹位置和插件安装后的目录如图 7.19 所示。

（a）well-known 文件夹位置

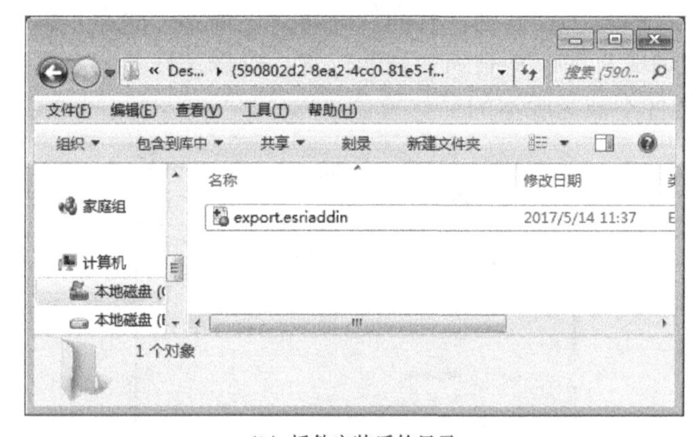

（b）插件安装后的目录

图 7.19　well-known 文件夹位置和插件安装后的目录

ArcGIS 应用启动后，会在指定文件夹（称为 well-known 文件夹）中查找是否有 Add-In 文件，如有 Add-In 文件，就会自动加载该 Add-In 文件。

在 Windows 环境中，默认的 well-known 文件夹也是 C:\Users\<username>\

Documents\ArcGIS\AddIns\Desktop10.X，这和插件发布后安装的目录是相同的。

安装好插件后，启动 ArcMap，系统就会加载自定义的插件，如图 7.20 所示，ArcMap 加载了定义的裁剪栅格插件。如果用户没有看到这个插件，可以在 ArcMap 工具栏位置右击，在右键菜单命令中也可以找到已经安装好的插件。

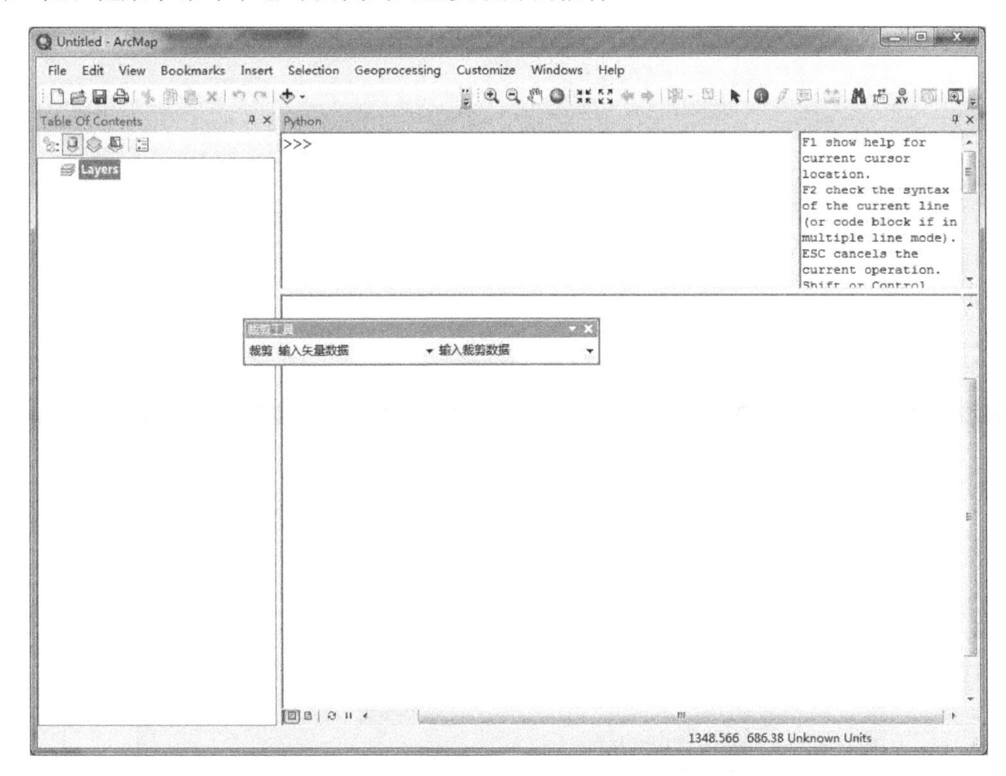

图 7.20　新建插件安装后在 ArcMap 中自动加载

如果 Python 文件存在语法错误，则工具条上的工具或按钮不能按定义的图标或名称显示，而是显示 Missing，如图 7.21 所示，这时用户需要找出错的原因和位置，再进行修改。

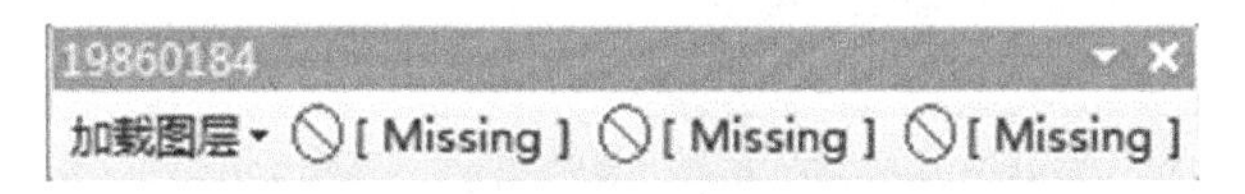

图 7.21　Python 文件存在语法错误时

单击 ArcacMap 的 Custiomize 菜单下的 Add-In Manager（见图 7.22），在 Add-In Manager 的 Option 选项卡上可以增加自定义的 well-known 文件夹，如图 7.23 所示。用户可以把需要的文件夹通过“Add Folder”按钮添加进来，也可以把现有的目录通过“Remove Folder”按钮移除。ArcMap 会根据这个选项卡里的目录自动寻找是否有插件，如果有，则自动加载。

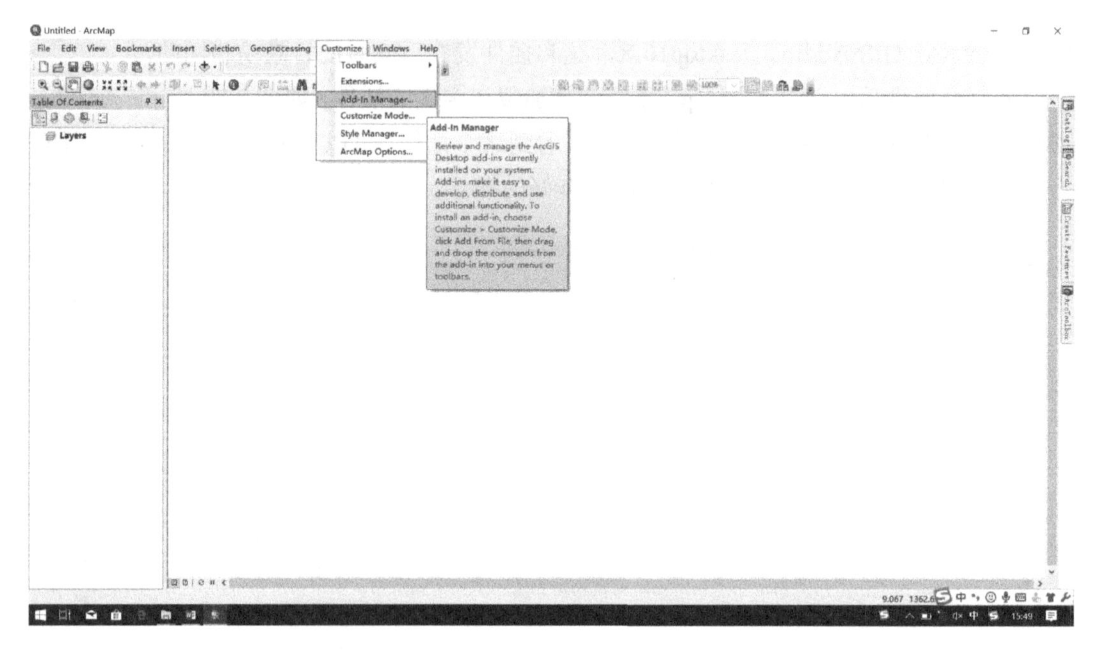

图 7.22　单击 Add-In 管理器

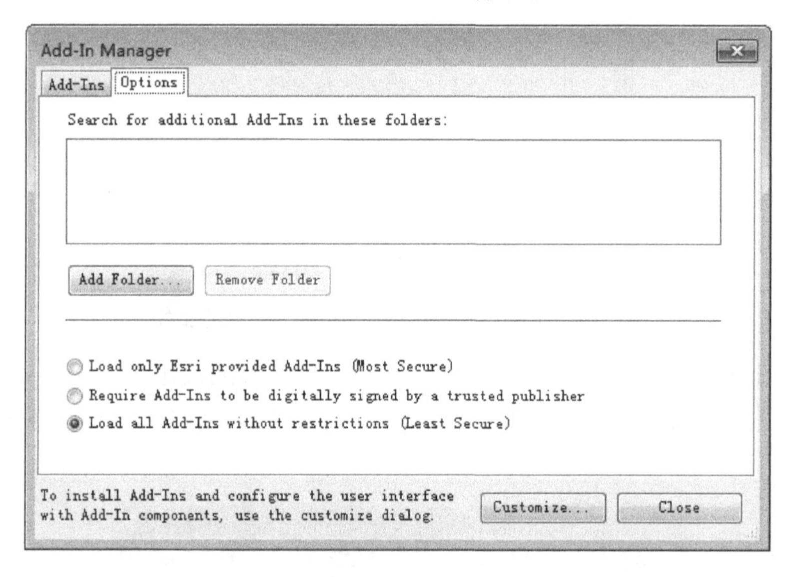

图 7.23　增加自定义的 well-known 文件夹

7.3.2　共享插件

共享 Python 插件的关键是共享 esriaddin 文件。为了获取该插件功能，其他用户只需要在本机执行安装操作或通过网络引用该插件即可。

可以在内部网通过网络共享的方式发布插件。把插件文件复制到指定位置，客户端只要将该位置增加到插件目录中就可以自动获取这些插件。通过插件管理（定制主菜单下的 Add-In Manager）可以增加共享文件夹，其作法同样是在图 7.23 中单击“Add Folder”按钮，选择“网络”，可以进一步找到网上共享插件的地址，采用该方案，多个用户可以从一个固定的位置获取插件。如果需要更新插件，可用新版本的插件覆盖现有版本（在使用中也没关系）。客户端在下次启动客户端程序时，会自动使用更新的版本。

7.4　管理 Add-In

插件安装后，可以在 ArcMap 的自定义（Custiomize）菜单下单击“Add-In Manager”，在 Add-In Manager 界面中对插件进行管理，如图 7.24 所示。

从图 7.24 可以看出，Add-In Manager 的 Add-Ins 选项卡显示了本地插件及网络上共享的插件，单击某个插件后，在右侧显示该插件相关的属性信息。如果要删除某个插件，只需要单击“Delete this Add-In”按钮即可。这里的删除只是将插件从 well-known 文件夹删除，删除后的插件下次启动时不会再进行加载。所以严格来说，上述操作可以称为插件卸载，插件卸载只对本地的 Add-In 插件有效。如果要重新使用删除了的插件，则必须将插件重新安装才能再行使用。

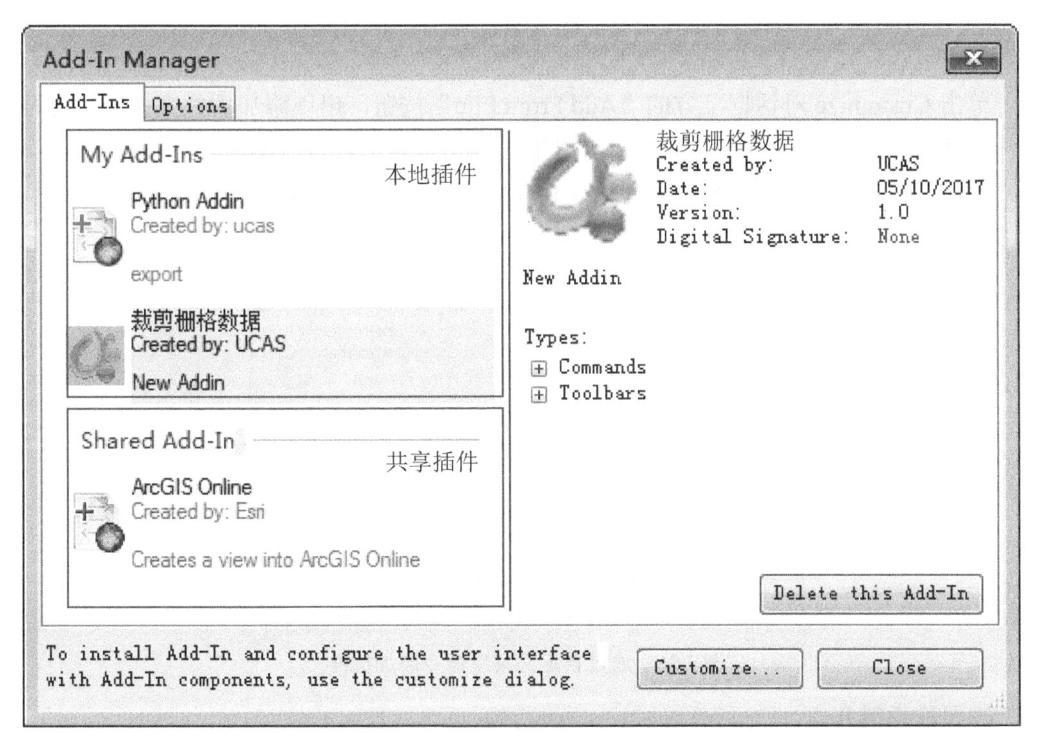

图 7.24　Add-In Manager 界面

Add-In Manager 每次在应用程序启动时会在 well-known 文件夹和自定义插件文件夹里自动搜索所有 Add-In 插件。这个操作对使用以中心网络的方式分享 Add-In 的情况特别有用。在不登录客户机的情况下，可以添加、删除、更新 Add-In 插件。如果更新了 Add-In 插件，系统会通过“反射机制”在下次启动时自动更新插件。

除了在 Add-In Manager 中添加插件，也可以通过右击工具栏，在弹出的快捷菜单中选择 Customize 命令来添加。弹出 Customize 对话框后（见图 7.25），单击“Commands”命令选项卡，能够看到已经安装的插件。

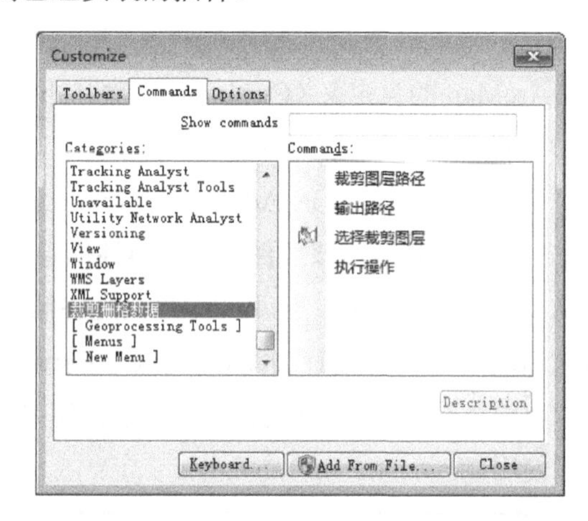

图 7.25　自定义菜单命令对话框

单击 Customize 对话框下方的“Add From File”按钮，出现添加插件文件的“打开”文件对话框，如图 7.26 所示，同样也可以把插件文件添加到 ArcMap 中。

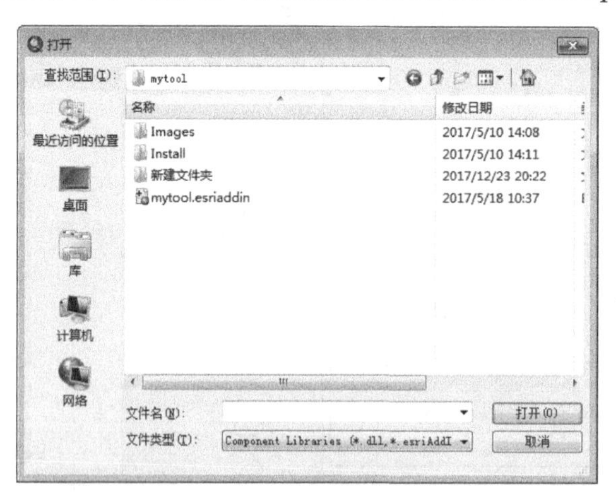

图 7.26　通过自定义菜单命令添加插件

需要注意的几点：

文件夹名是最终 Add-In 压缩文件的文件名；项目名称是 Add-In 安装后在 ArcGIS Desktop

中看到的 Add-In 名称；工具条和菜单的标题（Caption）是 Customize 对话框中显示的工具条和菜单的名称。三者可以相同也可以不相同。

在 Add-In 中新建的内容（工具条、菜单、扩展）和在工具条与菜单中增加的要素都有一个 ID（Variable Name），ID 名称不能相同。当这些对象相互作用时，需要利用对象的 ID（不需要加前缀）。

7.5　插件编程方法及实例

7.5.1　ArcPy 中插件相关的类和模块

前面几节介绍了插件的定制、安装和管理方法，本节介绍插件事件的响应，也就是编写代码，让插件能够完成用户需要的任务。

1. ArcPy 中插件相关的类

插件程序编写主要是针对前面添加的各个插件对象而言的，所以首先需要了解 ArcPy 中这些插件类型的对象是如何定义的。

ArcPy 的插件对象主要有以下四个类：

✓ Button 类

✓ Tool 类

✓ Combo Box 类

✓ Extension 类

在 ArcGIS 中，单击 Button 后往往直接对图层起作用，比如放大功能，单击后地图直接响应 Button 事件，比如将地图放大。而 Tool 往往在单击以后要和地图操作进行联动，比如拉框放大。单击该工具后，用户需要在地图上进行框选，框选后地图才会根据用户的操作放大。

每个类有相应的属性及响应事件的函数，下面列出各个类的属性和方法。

1）Button 类

Button 类属性及其含义如表 7.4 所示。

表 7.4　Button 类属性及其含义

属　性	含　义
checked	按钮状态，即“按下”或“未按下”，默认为 False（未按下）
enabled	按钮是否可用，默认为 True；如设置为 False，按钮不能操作。可以根据状态设置按钮是否可用，如对图层的操作，在没有图层的情况下，按钮设置成不可用

Button 类函数（响应事件）及其含义如表 7.5 所示。

表 7.5　Button 类函数（响应事件）及其含义

函　　数	含　　义
init(self)	Python 内置函数，默认情况下，checked 和 enabled 属性被初始化
onClick(self)	单击 Button 时执行的函数

2）Tool 类

Tool 类属性及其含义如表 7.6 所示。

表 7.6　Tool 类属性及其含义

属　　性	含　　义
enabled	同 Button
cursor	Cursor ID 值，定义单击工具后光标的显示形式，默认为 0。不同 ID 值对应的光标形状如图 7.27 所示
shape	设置在地图上绘制的图形类型，绘制的图形可用于选择要素、定义范围或作为地学数据处理工具的输入。有三种类型图形：直线、矩形和圆，用户可以根据需要选择图形，比如框选放大，可以选择矩形

Tool 工具里鼠标形状 cursor 和地图绘图类型 shape 一般要根据 ArcGIS 操作习惯进行设置，比如要进行直线段测距，可以选择 cursor 为 3，shape 为 Line。

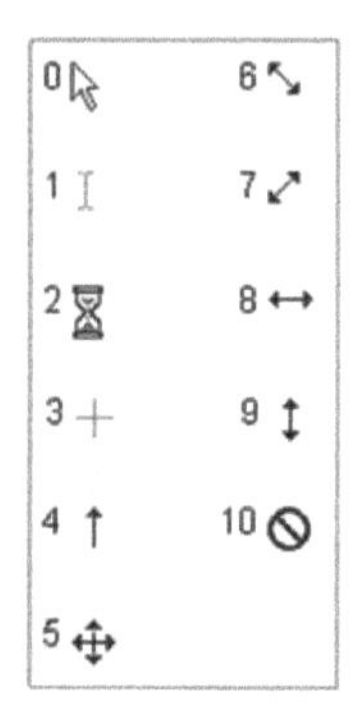

图 7.27　不同 ID 值对应的光标形状

Tool 类函数及其含义如表 7.7 所示。

表 7.7　Tool 类函数及其含义

函　　数	含　　义
init(self)	Python 内置函数，默认情况下 cursor 和 enabled 属性被设置
onDblClick(self)	在工具活动状态下，双击时执行的函数
onLine(self, line_geometry)	在地图上画线后双击时执行的函数，line_geometry 表示所画的线对象
onCircle(self, circle_geometry)	在地图上画圆后松开鼠标按钮时执行的函数，circle_geometry 表示所画的圆对象（或多边形对象）

（续表）

函　　数	解　　释
onRectangle(self, rectangle_geometry)	在地图上画矩形后松开鼠标按钮时执行的函数，rectangle_geometry 表示所画矩形对象（多边形对象）
onMouseDown(self, x, y, button, shift)	在工具活动状态下，松开鼠标按钮时执行的函数 对 onMouseDown 和 onMouseUp，x 和 y 表示按下或松开鼠标按钮时的窗口坐标；对 onMouseDownMap 和 onMouseUpMap，x 和 y 表示按下或松开鼠标按钮时的地图坐标 button 指示哪个鼠标按钮被按下 shift 指示在鼠标按钮松开时 Shift 键、Ctrl 键或 Alt 键是否按下
onMouseUp(self, x, y, button, shift)	
onMouseDownMap(self, x, y, button, shift)	
onMouseUpMap(self, x, y, button, shift)	
onKeyDown(self, keycode, shift)	在工具活动状态下，当键盘上一个键被按下（onKeyDown）或松开（onKeyUp）时执行的函数
onKeyUp(self, keycode, shift)	
deactivate(self)	使工具不再是活动工具

在程序设计中，Tool 工具响应键盘和鼠标操作的编码及其含义如表 7.8 和表 7.9 所示。

表 7.8　Keycode 的值与对应的操作

键代码	按下的键
0	无键
1	Shift 键
2	Ctrl 键
3	Shift + Ctrl 组合键
4	Alt 键
5	Shift + Alt 组合键
6	Ctrl + Alt 组合键
7	Shift + Ctrl + Alt 组合键

表 7.9　Buttoncode 的值与对应的操作

鼠标键代码	按下的鼠标键
1	左键
2	右键
3	左键加右键
4	中键
5	左键加中键
6	右键加中键
7	所有键

3）Combo Box 类

Combo Box 类属性及其含义如表 7.10 所示。

表 7.10　Combo Box 类属性及其含义

属　性	含　义
enabled	是否可操作，默认情况下为 True
editable	是否可编辑，默认情况下为 True。在 True 情况下，用户可以在组合框中输入新的值；在 False 情况下，用户只能从组合框提供的选项中进行选择
items	组合框内容，如果列表框包含固定选项，则可以在属性中设置；如果列表框中的选项是动态的，可以通过其他函数来设置或删除
width	组合框可见字符的长度，如只显示五个字符，width 属性值为 WWWWW
dropdownWidth	下拉列表框长度
value	返回或设置组合框的值，在设置值后，利用 Refresh()方法使之可见

Combo Box 类函数及其含义如表 7.11 所示。

表 7.11　Combo Box 类函数及其含义

函　数	含　义
init(self)	组合框初始化时执行的函数，设置 items、editable 和 enabled 等属性，如果已经知道组合框的内容，可以在初始化时加入
onSelChange(self, selection)	在用户选择新的选项时执行的函数，selection 为用户选择的选项值
onEditChange(self, text)	在 editable 属性为 True 情况下，用户在组合框中输入新的文本时执行的函数，text 为用户输入的文本
onFocus(self, focused)	在 editable 属性为 True 情况下，组合框得到焦点或失去焦点时执行的函数。focused 为 True 表示组合框有焦点，focused 为 False 表示组合框没有焦点
onEnter(self)	在 editable 属性为 True 情况下，当用户输入文本后按下 Enter 键时执行的函数
Refresh(self)	刷新组合框

4）Extension 类

Extension 类主要用于对 ArcGIS 程序功能进行扩展。在 ArcGIS 系统中，其扩展功能需要通过 Customize 菜单的“Extensions”菜单命令来选择。Extensions 里提供了 ArcGIS 默认的扩展功能，如“3D Analyst”“ArcScan”和“Geostatistical Analyst”等，如果用户需要使用扩展，必须一开始就在桌面版程序里进行勾选。除默认的扩展功能外，ArcPy 提供的 extension 类可以对空间数据处理进行进一步扩展，这里先介绍 extension 类的主要属性和方法。

extension 类的属性及其含义如表 7.12 所示。

表 7.12　Extension 类的属性及其含义

属　　性	含　　义
enabled	扩展的状态。如果设置为 True，则启动扩展。如果此属性设置为 False，则关闭扩展。此属性可在下列任意函数中进行更改
editWorkspace	当前正在编辑的工作空间的路径
currentLayer	当前 Layer 对象
currentFeature	当前要素 Geometry 对象
editSelection	当前正在编辑的所选要素的对象 ID 值列表

Extension 类函数及其含义如表 7.13 所示。

表 7.13　Extension 类函数及其含义

函　　数	含　　义
init(self)	用于定义初始变量的 Python 内置函数
startup(self)	当启动应用程序时响应
activeViewChanged(self)	当活动视图发生变动时响应。添加或移除数据框及从数据视图转换到布局视图时，活动视图会发生变动
mapsChanged(self)	仅当添加或移除数据框时响应
newDocument(self)	当创建新文档时响应
openDocument(self)	当打开文档时响应
beforeCloseDocument(self)	在关闭文档之前响应
closeDocument(self)	当文档关闭时响应
beforePageIndexExtentChange(self, old_id)	数据驱动页面的范围发生变动之前响应。该方法在下一数据驱动页面之后但页面范围发生变动之前被调用。old_id 表示当前页面发生变动之前的 ID
pageIndexExtentChanged(self, new_id)	数据驱动页面的范围发生变动时响应。new_id 表示页面的新 ID
contentsChanged(self)	当视图的内容发生变动时响应，如更改图层的属性或符号系统
spatialReferenceChanged(self)	当更改数据框的空间参考时响应
itemAdded(self, new_item)	每次添加新图层或将新元素添加到页面布局时响应。元素包括图形和数据框，new_item 将为图像和图形等项目返回 None
itemDeleted(self, deleted_item)	每次移除图层或从页面布局中删除元素时响应。元素包括图形和数据框，deleted_item 将为图像和图形等项目返回 None
itemReordered(self, reordered_item, new_index)	对内容列表中的图层重新排序或添加新图层时响应。在更改页面布局中，图形的顺序时也会出现，如将图形向前或向后移动。在地图视图中，对图形重新排序时不会响应
onEditorSelectionChanged(self)	在编辑会话期间，当要素选择发生更改时响应
onCurrentLayerChanged(self)	在编辑会话期间，当当前图层发生更改时响应
onCurrentTaskChanged(self)	在编辑会话期间，当当前任务发生更改时响应
onStartEditing(self)	每当启动编辑会话时响应
onStopEditing(self, save_changes)	每当编辑会话结束时响应

（续表）

函　　数	说　　明
onStartOperation(self)	每当编辑操作开始时响应
beforeStopOperation(self)	在编辑操作停止前出现。利用这个机会，可以在将编辑操作提交到地学数据库之前对编辑操作中发生的更改执行初步分析
onStopOperation(self)	当成功完成操作时响应
onSaveEdits(self)	每当在编辑器中执行保存编辑内容命令时出现
onChangeFeature(self)	每当要素发生变动时响应
onCreateFeature(self)	每当创建新要素时响应
onDeleteFeature(self)	每当删除要素时响应
onUndo(self)	每当撤销编辑操作时出现。例如，如果移动了一个要素然后调用撤销，则将撤销刚做的移动
onRedo(self)	每当恢复编辑操作时响应。例如，如果移动了一个要素然后调用恢复，则重做刚做的移动

2．pythonaddins 模块

在编写插件程序时，会用到一类特殊的模块：pythonaddins 模块，常用于支持 ArcPy 中对空间数据的访问或操作，如打开文件、存储文件等。pythonaddins 模块比较特殊，它只能在 Python 加载项内使用，而无法用于独立脚本或地学数据处理脚本工具。下面介绍 pythonaddins 模块常用的函数及其参数含义。

1）打开空间数据文件对话框

```
    OpenDialog({title}, {multiple_selection}, {starting_location},
{button_caption}, {filter}, {filter_label})
```

打开对话框以选择一个或多个 GIS 数据集。此函数返回所选数据集的完整路径。如果选择多个数据集，将返回一份完整路径列表。打开对话框不能过滤不同类型的数据集（例如，打开对话框不能仅显示点要素类的文件）。

- ✓ title：对话框标题。
- ✓ multiple_selection：布尔型参数，True 表示可以选择多个项目，默认情况下为 False。
- ✓ starting_location：起始位置的路径。
- ✓ button_caption：用于“打开”按钮的说明文字。
- ✓ filter：可调用过滤器参数。
- ✓ filter_label：在对话框的显示类型，下拉框中会显示该文本。

2）保存空间数据文件对话框

```
    SaveDialog({title}, {name_text}, {starting_location}, {filter},
{filter_label})
```

打开对话框以保存数据。此函数返回要保存的数据集的完整路径。

- ✓ title：对话框标题。

✓ name_text：保存对话框下文本框中数据的文件名。

✓ starting_location：保存数据起始位置的路径。

✓ filter：可调用过滤器参数。

✓ filter_label：在对话框的显示类型，下拉框中会显示该文本。

3）打开工具对话框

```
GPToolDialog(toolbox, tool_name)
```

打开地学数据处理工具对话框。

✓ toolbox：工具箱位置。

✓ tool_name：工具名称。

比如要使用 Clip 工具，只需要输入以下代码。

```
import pythonaddins
pythonaddins. GPToolDialog("Analysis Tools","Clip")
```

调用 Clip 工具的界面如图 7.28 所示。

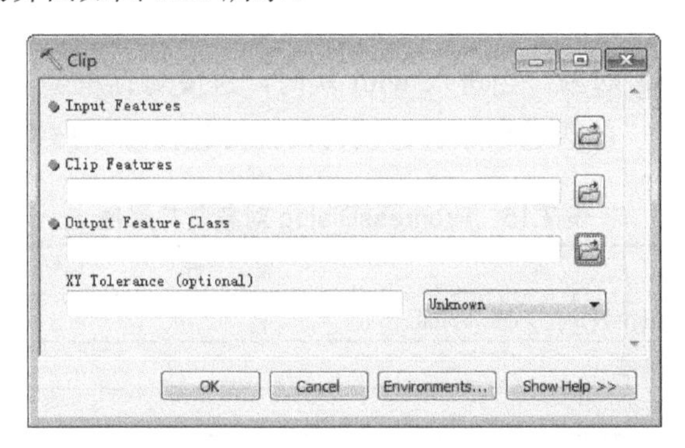

图 7.28　Clip 对话框界面

4）消息对话框

```
MessageBox(message, title, {mb_type})
```

显示消息框，此函数返回表示按下的消息按钮的字符串值。

✓ message：要显示的消息。

✓ title：消息框标题。

✓ mb_type：要显示的消息框类型，默认选项为 0（确定消息）。有关 mb_type 代码的完整列表，可参阅表 7.14。

表 7.14　mb_type 代码

mb_type 代码	消息框类型
0	仅确定
1	确定/取消

（续表）

mb_type 代码	消息框类型
2	中止/重试/忽略
3	是/否/取消
4	是/否
5	重试/取消
6	取消/重试/继续

5）获取选中的 TOC 或数据框架

```
GetSelectedTOCLayerOrDataFrame()
```

返回内容列表中的所选图层或数据框。

6）获取目录窗口中返回所选项目的完整路径

```
GetSelectedCatalogWindowPath()
```

在目录窗口中，返回所选项目的完整路径。

7）进度对话框

```
ProgressDialog()
```

返回 ProgressDialog 对象。当进入 with 块时，进度对话框会自动可见并在退出时消失。进度对话框的属性一般通过程序进行设置，主要包括表 7.15 所示的属性。

表 7.15　ProgressDialog 对象及其属性

ProgressDialog 对象	属　性
动画	有效值为 None、File、Spiral
描述	详细描述
title	对话标题
已取消	如果已按下取消按钮则返回“真”
canCancel	启用或禁用取消按钮
进度	1 到 100 之间的数字表示条的进度

下面给出一个仿照 ArcPy 帮助编写的进度对话框例子，程序动画类型为 Spiral。

```
import arcpy
import pythonaddins
with pythonaddins.ProgressDialog as dialog:
    dialog.title = "Progress Dialog"
    dialog.description = "Copying a large feature class."
    dialog.animation = "Spiral"
    for i in xrange(1,100,5):
        dialog.progress = i
        time.sleep(0.5)
        if dialog.cancelled:
            raise Exception("Ooops")
```

程序运行后出现的对话框如图 7.29 所示。

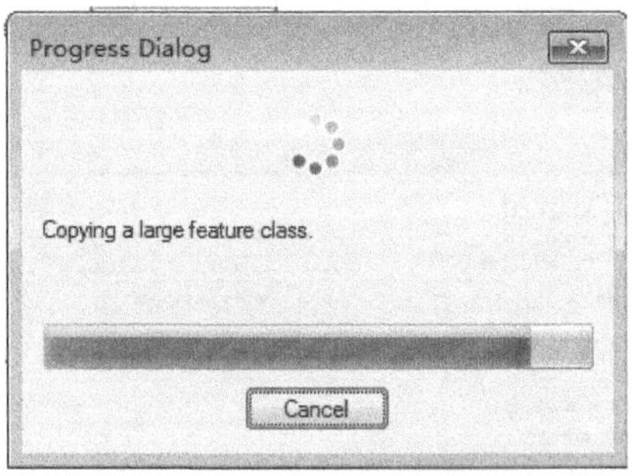

图 7.29　进度对话框运行结果

如果对话框的 animation 属性选择 File，则对话框上出现复制文件式样的动画，所以用户可以根据需要选择不同的 animation 属性。

7.5.2　ArcPy 中插件编程方法及实例

ArcPy 中插件编程是制作插件的关键步骤。在 Python 编程环境中打开 install 文件夹中的 Python 文件，根据要响应的事件，在相应的函数体中编写代码。初试代码不同的对象下面会默认产生对象的响应代码，只是每个响应函数下面只有一句“pass”，也就是不做任何处理，我们需要根据插件的功能针对不同的响应函数编写程序。编写正式程序时一般要把“pass”删掉，然后在代码编写区编写程序，如图 7.30 所示。

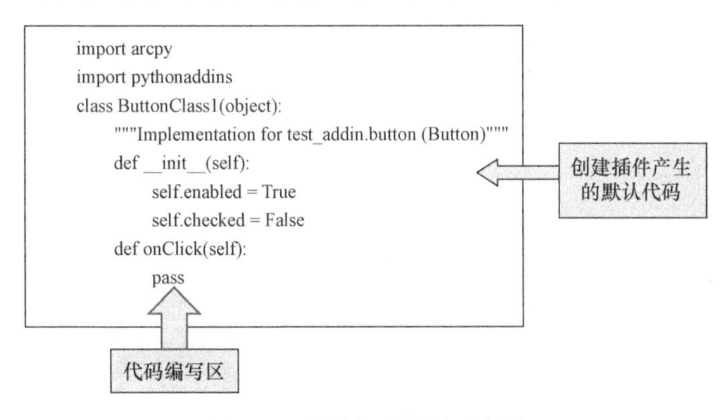
import arcpy
import pythonaddins
class ButtonClass1(object):
"""Implementation for test_addin.button (Button)"""
def __init__(self):
self.enabled = True
self.checked = False
def onClick(self):
pass
创建插件产生的默认代码
代码编写区

图 7.30　插件代码编写示意图

下面举几个例子，介绍不同插件类型的使用方法。由于插件在 ArcMap 中运行，因此下面几个例子均以 chinamap.mxd 打开作为前提，使用的是当前的地图文档。

1. 输出不同分辨率的图版（Layout）

新建 export 工具条，在工具条中增加一个按钮和一个菜单，其中按钮用于输出图版到PDF文件，菜单中有三个按钮，以不同的分辨率（分辨率分别为100dpi、200dpi和300dpi）输出图版的 jpg 格式的文件。插件框架设计如图 7.31 所示。这个例子的重点是介绍按钮和菜单的定制及相关代码的编写。

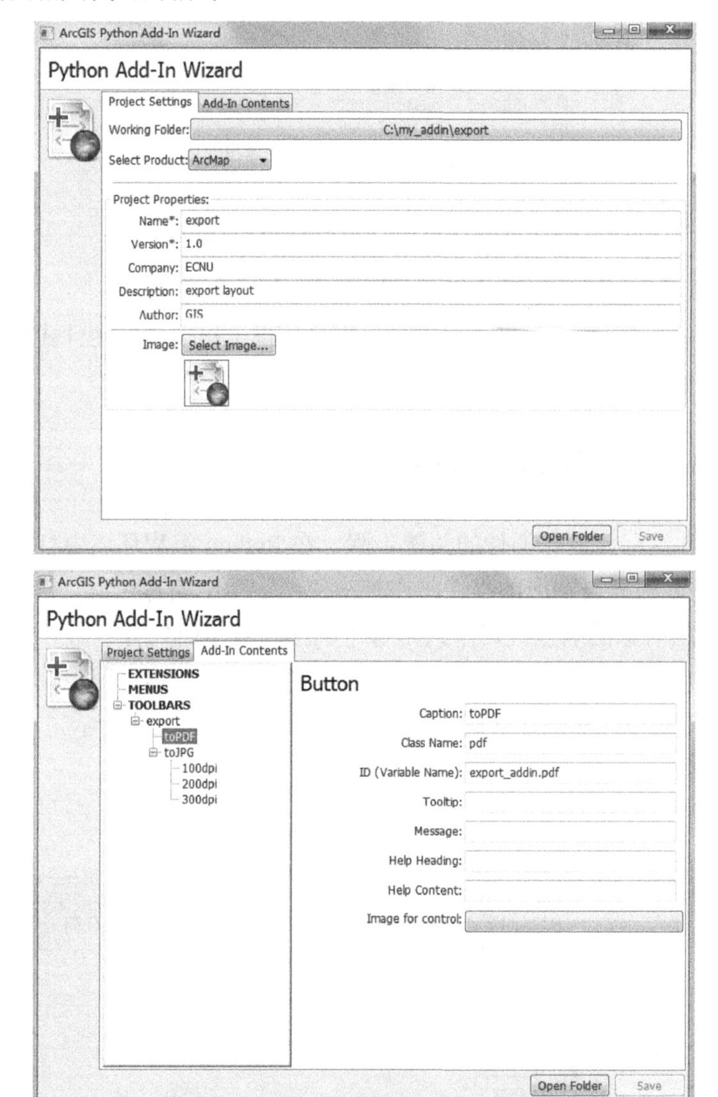

图 7.31　例 1 插件框架设计

本例的代码实现如下，主要代码写在不同按钮对象的 onClick 事件中。

```
class ButtonClass1(object):
    def __init__(self):
        self.enabled = True
        self.checked = False
    def onClick(self):
```

```
            mxd = arcpy.mapping.MapDocument("CURRENT")
            arcpy.mapping.ExportToPDF(mxd,"c:\\data\\tmp\\test.pdf")
            del mxd

    class ButtonClass2(object):
        def __init__(self):
            self.enabled = True
            self.checked = False
        def onClick(self):
            mxd = arcpy.mapping.MapDocument("CURRENT")
            arcpy.mapping.ExportToJPEG(mxd,"c:\\data\\tmp\\test100.jpg",
resolution=100)
            del mxd

    class ButtonClass3(object):
        def __init__(self):
            self.enabled = True
            self.checked = False
        def onClick(self):
            mxd = arcpy.mapping.MapDocument("CURRENT")
            arcpy.mapping.ExportToJPEG(mxd,"c:\\data\\tmp\\test200.jpg",
resolution=200")
            del mxd

    class ButtonClass4(object):
        def __init__(self):
            self.enabled = True
            self.checked = False
        def onClick(self):
            mxd = arcpy.mapping.MapDocument("CURRENT")
            arcpy.mapping.ExportToJPEG(mxd,"c:\\data\\tmp\\test300.jpg",
resolution=300)
            del mxd
```

2. 画矩形并在矩形内产生随机点

新建一个 rectangle 工具条，在工具条中增加一个画矩形工具，根据所画矩形的范围产生 100 个随机点，并显示矩形面积（利用 MessageBox 函数）。插件框架设计参数和选项如图 7.32 所示。这个例子的重点是介绍工具的定制及相关代码的编写。通过这个例子，可以区别工具与按钮在功能上的区别。同时，这个例子还介绍了 pythonaddins.MessageBox 的使用方法。

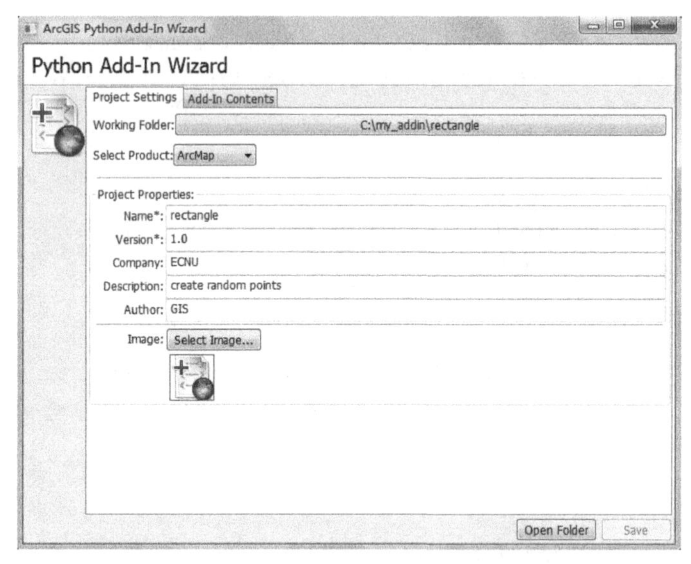

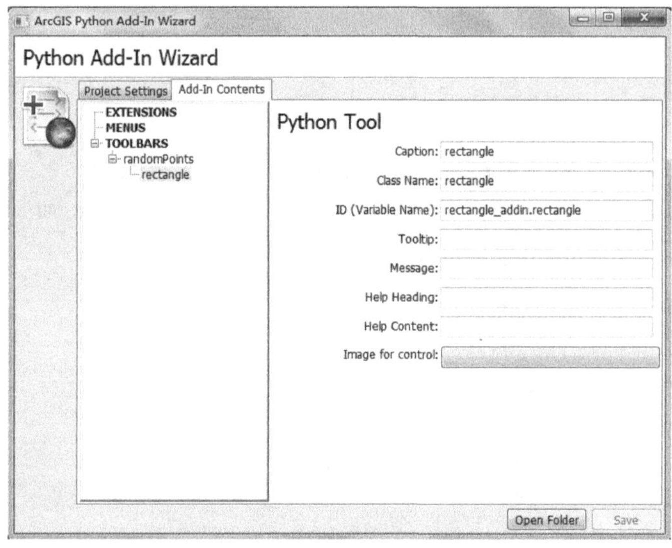

图 7.32　例 2 插件框架设计

本例的代码实现如下，主要代码写在工具对象的 onRectangle 事件中，在初始化时将鼠标形状变成十字形。

```
    def __init__(self):
        self.enabled = True
        self.cursor = 3
        self.shape = "Rectangle"

    def onRectangle(self, rectangle_geometry):
        from arcpy import env
        env.overwriteOutput = True
```

```
                ext = rectangle_geometry
                area = ext.width * ext.height
                #弹出提示信息
                pythonaddins.MessageBox("the area of rectangle is %f"%area,
'INFO', 0)
                arcpy.CreateRandomPoints_management("e:\\out",
"samplepoints", "",ext, 100)

arcpy.MakeFeatureLayer_management("e:\\out\\samplepoints.shp", "lyr")
                mxd = arcpy.mapping.MapDocument("CURRENT")
                df= arcpy.mapping.ListDataFrames(mxd)[0]
                featureLayer = arcpy.mapping.Layer("lyr")
                featureLayer.name = "samplepoints"
                arcpy.mapping.AddLayer(df, featureLayer)
                arcpy.RefreshTOC()
```

3. 选择图层进行切割操作

新建一个 clip 工具条，在工具条中增加两个组合框和一个 clip 按钮，单击组合框时，显示当前文档中的所有图层名，前一个组合框选中的图层作为输入图层，后一个组合框选中的图层作为切割图层，单击“clip”按钮将进行切割处理，并输出切割结果。插件框架设计如图 7.33 所示。这个例子的重点是介绍组合框的定制及相关代码的编写。本例中组合框中的内容主要在 onFocus 事件中填写。

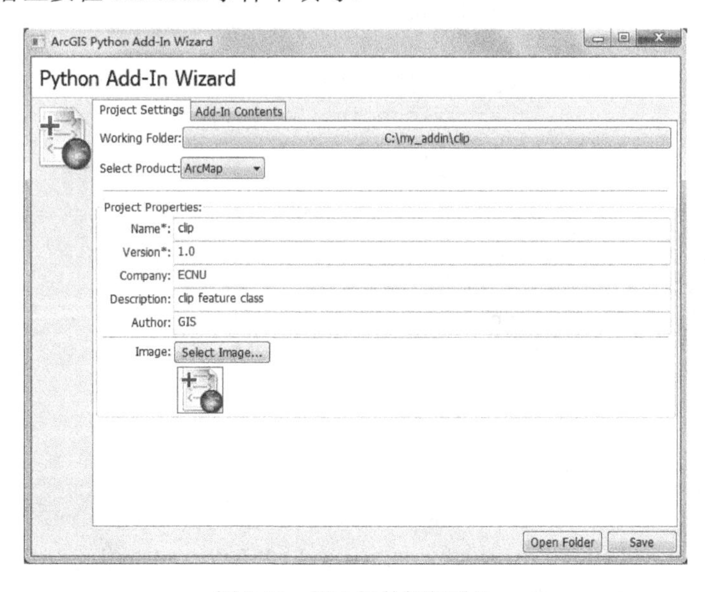

图 7.33 例 3 插件框架设计

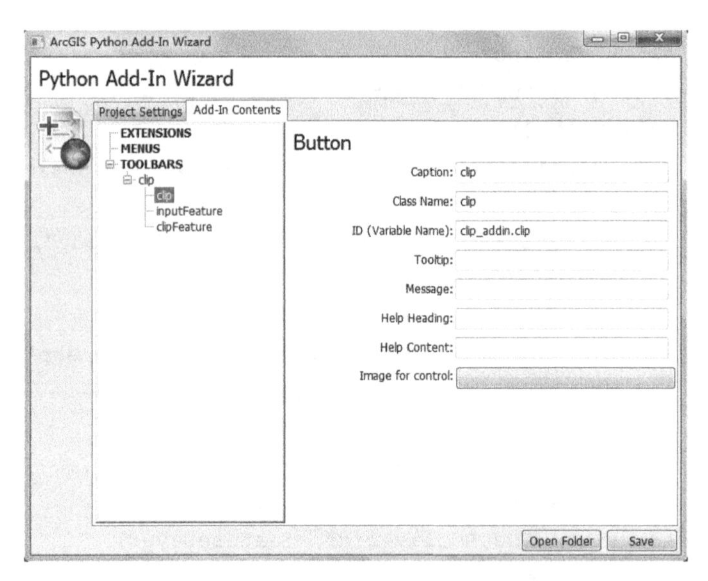

图 7.33　例 3 插件框架设计（续）

本例的代码实现如下，组合框中允许用户输入图层名，然后将当前地图文档的图层加载到组合框中。

```
#用于选择输入要素类的组合框响应函数
class inputFeature(object):
    def __init__(self):
        self.editable = True
        self.enabled = True
    def onFocus(self, focused):
        if focused:
            mxd = arcpy.mapping.MapDocument("CURRENT")
            layers = arcpy.mapping.ListLayers(mxd)
            self.items = []
            for layer in layers:
                    self.items.append(layer.name)

#用于选择切割要素类的组合框响应函数
class clipFeature(object):
    def __init__(self):
        self.editable = True
        self.enabled = True
    def onFocus(self, focused):
        if focused:
            mxd = arcpy.mapping.MapDocument("CURRENT")
            layers = arcpy.mapping.ListLayers(mxd)
            self.items = []
            for layer in layers:
                    self.items.append(layer.name)
```

```
#切割按钮响应函数
class clip(object):
    def __init__(self):
        self.enabled = True
        self.checked = False
    def onClick(self):
        mxd = arcpy.mapping.MapDocument("CURRENT")
        inputLayer = arcpy.mapping.ListLayers(mxd,inputFeature.value)[0]
        inputFC = inputLayer.dataSource
        clipLayer = arcpy.mapping.ListLayers(mxd,clipFeature.value)[0]
        clipFC = clipLayer.dataSource
        arcpy.Clip_analysis(inputFC, clipFC,"c:\\data\\tmp\\clip")
        MakeFeatureLayer_management ("c:\\data\\tmp\\clip.shp", "lyr")
        featureLayer = arcpy.mapping.Layer("lyr")
        featureLayer.name = "clip"
        arcpy.mapping.AddLayer(df, featureLayer)
        arcpy.RefreshTOC()
```

4．加载 Add-In 中的数据

新建一个 addLayer 工具条，增加一个菜单（名称为“加载图层”），菜单下增加两个按钮，名称分别为“河流”和“绿地”，插件框架设计如图 7.34 所示。单击按钮将加载相应数据，数据存放在 Add-In 的 install 文件夹中的 data 目录下，随 Add-In 一起共享。这个例子的重点是介绍数据作为资源的一部分如何在插件中配置。

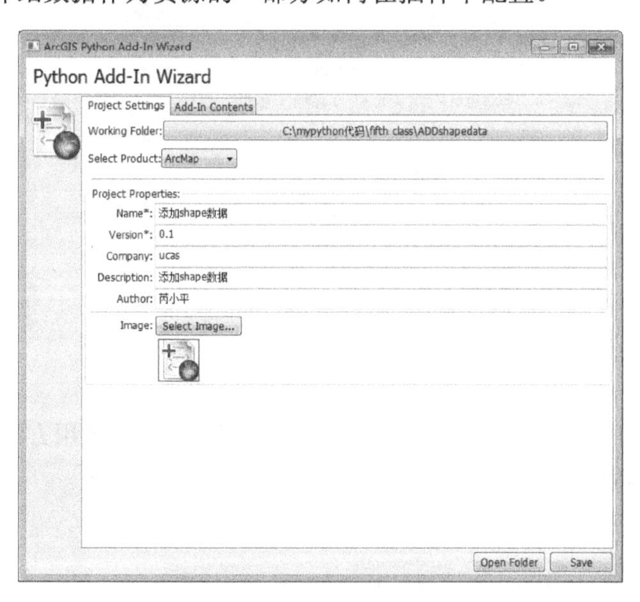

图 7.34　例 4 插件框架设计

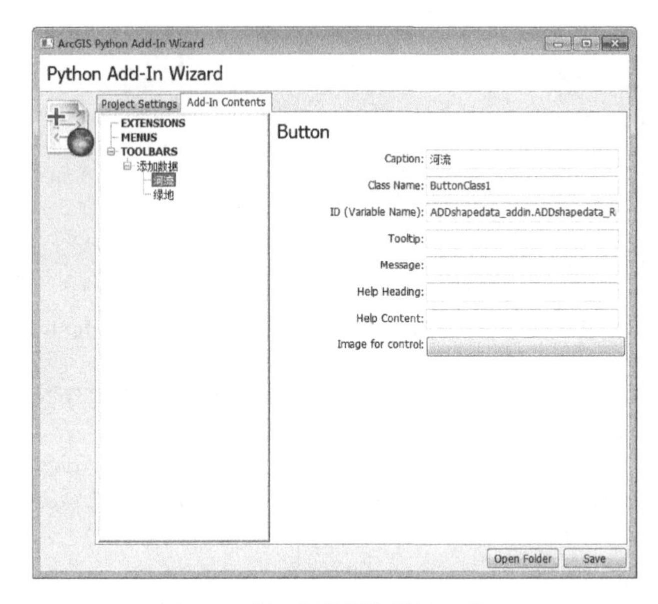

图 7.34　例 4 插件框架设计（续）

利用 Python Add-In 向导生成 Add-In 框架后，在 Add-In 的 install 文件夹中新建 data 目录，并把相应数据复制到该目录下，如图 7.35 所示。

由于 Add-In 在其他机器安装的路径是不确定的，所以要通过 os.path.dirname(_file_) 语句确定安装后插件所在路径，根据该路径再确定数据的路径。

利用 MakeFeatureLayer 工具产生图层后，会同时加载该图层。

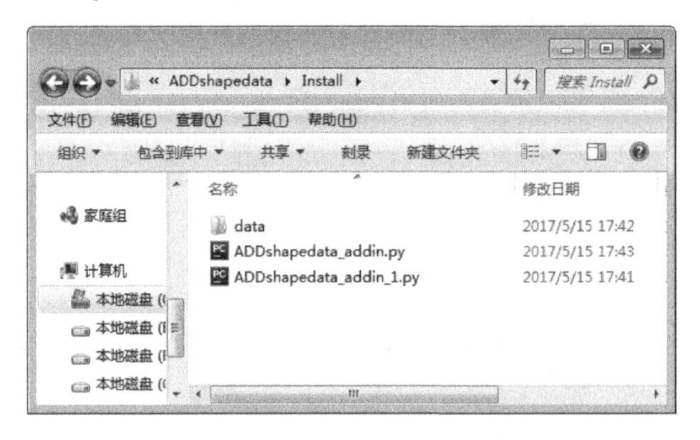

图 7.35　Install 目录的内容

本例的代码实现如下，读者应注意插件编程中相对目录的使用方法。

```
class ButtonClass1(object):
    """Implementation for addLayer_addin.button_1 (Button)"""
    def _init_(self):
        self.enabled = True
        self.checked = False
```

```
    def onClick(self):
        import os.path
        mxd = arcpy.mapping.MapDocument("CURRENT")
        df = arcpy.mapping.ListDataFrames(mxd)[0]
        shp = os.path.join(os.path.dirname(__file__), "data\\green.shp")
        arcpy.MakeFeatureLayer_management (shp, "green")
        arcpy.RefreshTOC()

class ButtonClass2(object):
    """Implementation for addLayer_addin.button_2 (Button)"""
    def __init__(self):
        self.enabled = True
        self.checked = False
    def onClick(self):
        import os.path
        mxd = arcpy.mapping.MapDocument("CURRENT")
        df = arcpy.mapping.ListDataFrames(mxd)[0]
        shp = os.path.join(os.path.dirname(__file__), "data\\river.shp")
        arcpy.MakeFeatureLayer_management (shp, "river")
        arcpy.RefreshTOC()
```

5．新建文档时自动加载默认地图数据

每次新建地图文档时，都加载中国行政区图作为地图底图。插件框架设计如图 7.36 所示。

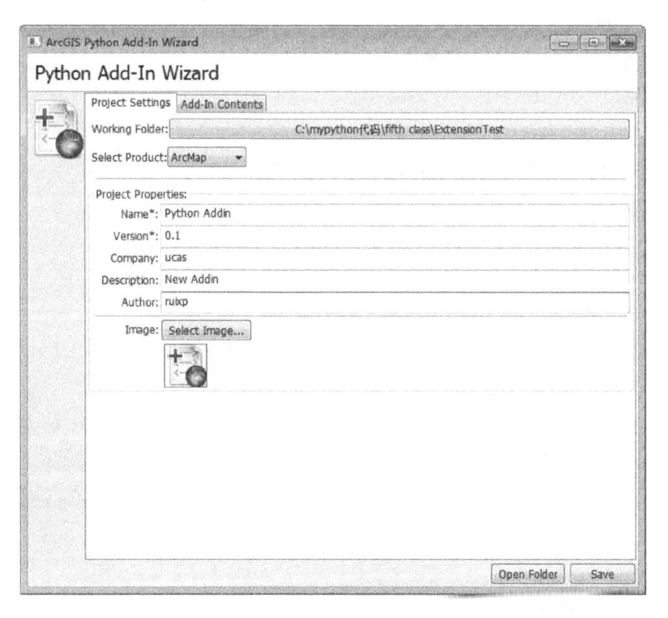

图 7.36　例 5 插件框架设计

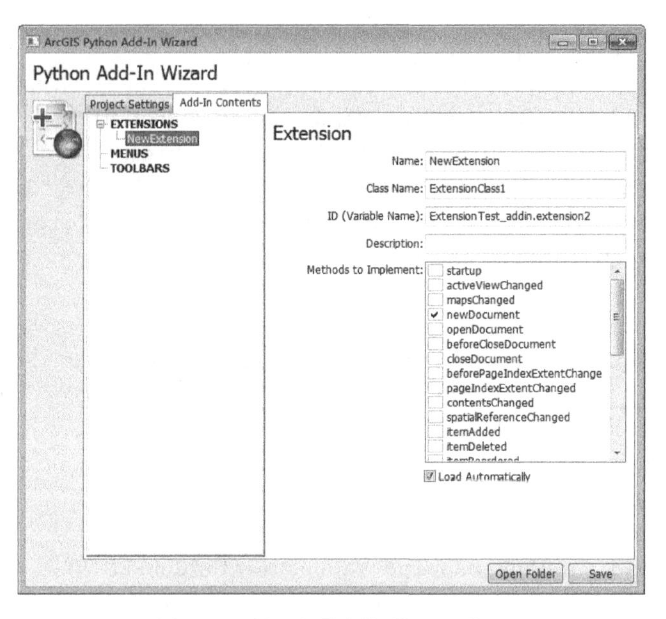

图 7.36　例 5 插件框架设计（续）

本例的代码实现如下，主要编写响应 newDocument 事件的代码。

```
import arcpy
import pythonaddins

class ExtensionClass1(object):
    """ExtensionTest_addin.extension2 扩展功能的实现"""
    def __init__(self):
        # 为了提高效率，把所有无关的代码都删掉
        self.enabled = True
    def newDocument(self):
        #添加固定地图作为新建地图文档的底图
        base_layer = r'e:\chinamap\china.lyr'
        base_layer_name = '中国政区'
        mxd = arcpy.mapping.MapDocument('current')
        active_view = mxd.activeView
        df = arcpy.mapping.ListDataFrames(mxd, active_view)[0]

        if arcpy.mapping.ListLayers(mxd, base_layer_name) == []:
            print base_layer
            arcpy.mapping.AddLayer(df, arcpy.mapping.Layer(base_layer))
            arcpy.RefreshTOC()
        else:
            return
```

这个插件定制安装好以后，进入 ArcMap，需要在 ArcMap 的扩展对话框中选中新建

的扩展模块，如本例中，扩展模块的名称即为类的名称“NewExtension”，因此为了使该扩展插件生效，需要选中该扩展插件，如图 7.37 所示。

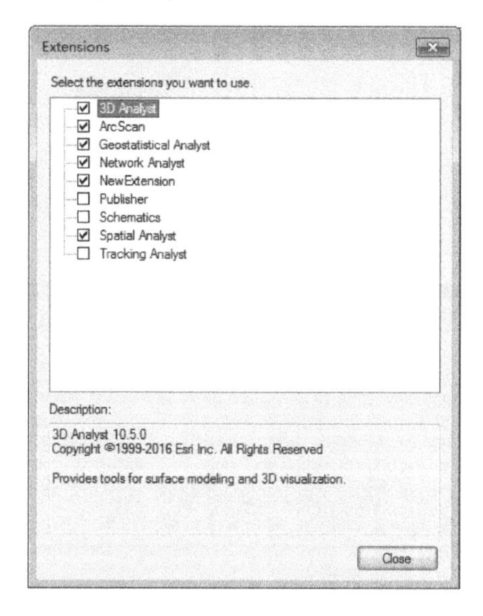

图 7.37　选中新建的扩展插件

选中扩展插件后，可以新建地图文档。可以看到，新建的地图文档自动加载了“中国政区”图层，如果打开 Python 窗口，还能看到程序中的打印语句打出了图层信息，如图 7.38 所示。

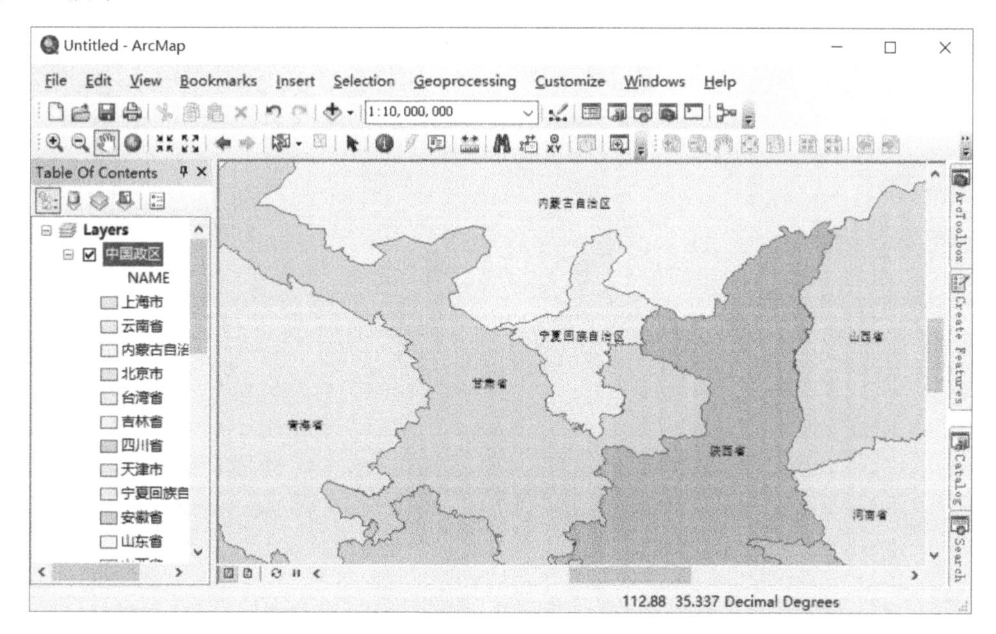

图 7.38　扩展插件运行后新建文档出现的结果